JN310984

近世の墓と石材流通

秋池　武著

高志書院

はじめに

墓地に混在する多数の近世墓石は，江戸時代の庶民層が先祖供養とそれを通して自らの二世安楽を願って造塔したもので，造塔の広がりと推移は日本歴史の中で初めて庶民全体が墓石造塔を手がけた歴史であるとともに各時期の村や地方の動向をも伝えている。

これらの墓石は，天保5年(1834)の『祠曹雑識』巻27（汲古書院 1981)に，

「諸寺院ノ内二百年ノ石塔少キハ，或ハ石垣ニ用ヒ，或ハ踏石トナスカ故ナリサレハ，三百年外ノ青石梵字碑ヲ見ル□ハ府内近郊ヲカケテ幾許モナシ，往々土中ヨリ堀出スハ墓地ノ碑トテイツシカ埋メケルカ，又ハ寺地変遷ノ時カク埋メ隠シケルカ，余壮歳アル寺ノ墓門ニ久々御附届無之ハ石塔ヲ引候ト記セシヲ見ル，又アル寺ニテハ無縁ノ石塔ヲ工人ニ與ヘ磨直シテ賣ラシメタリト聞ク，イカニ末法ノ沙門ナレハトテカヽル所業コソ浅猿ケレ，此亦古キ石塔ノ散逸スル所以ナリ」

と記載され，

① 200年程前の石塔が少ないのは石垣や踏石として転用されたためである。

② 300年程前の青石梵字碑(板碑)は江戸や周辺部には余りない。時々土中から掘り出されるのは墓地にあったものがいつしか埋められたものか，または寺院が移動した際に埋め隠されたものか。

③寺の墓門には永く付け届けの無い者は石塔を片づける旨を記されていたのを見た。

④ある寺では，無縁の石塔を石工に与えて磨き直して販売させたと聞いている。

すでに江戸時代に当時の墓地や墓石にかなり手が加わっていたことが分かる。

このような時代をくぐりぬけて今日に伝えられて来た墓石は，歴史的情報を多く含むにもかかわらず，墓石が個人の信仰対象物であったことから，こ

れまで学問的手法による体系的な調査や検討はほとんど行われることがなかった。しかも，昭和の高度経済成長以来墓地の改修は，都市部のみでなく全国各地に及び，数百年間伝えられてきたこれらの墓石は急速に失われる事態となっている。

このような墓石が何ら学問的手だてを経ずして消滅することは，庶民の仏教信仰や墓石造塔の実態，さらには墓石の果たした歴史的役割を検証する機会を失うことになろう。

このため，2005年にはまず中世の石造物についてそれまでの資料をまとめ『中世の石材流通』(高志書院)として刊行したところである。

本書は，これにつづく近世の墓石の調査と使用石材を中心にまとめたものである。本書を通じて近世墓石の使用石材と型式の推移が，庶民の先祖供養や仏教信仰だけでなく，生活や経済状況，天災，疫病など地方や地域の人々の生活動向を示していることなども明らかにしたい。同時に，中世の供養塔と墓石の造塔，関東と本州各地の墓石動向とも比較して，大都市江戸を含む関東地方の動向が，本州各地の墓石型式や産業経済に与えた影響などの歴史的意義を考察し，各地に残る墓石の学問的調査の必要性を訴えたいと考えている。

なお，使用した行政区画は，既刊の『中世の石材流通』，『市町村調査報告書』との整合性，また，本書の基礎資料が旧市町村単位となっていることから，平成17年(2005)時点の地方自治体名の呼称を基本としている。

末尾になりましたが，『中世の石材流通』に引きつづき，本書の刊行を快く引き受けていただいた高志書院濱久年氏には心よりお礼申し上げます。また調査でお世話になりました皆様にはこの紙面をお借りしてお礼申し上げます。

目　次

はじめに

1章　墓石の型式と石材……5
　1　調査の方法　5
　2　調査の結果　6
　3　型式と造塔方法　19

2章　墓石型式と使用石材の広がり……26
　1　関東地方の概要　26
　2　各都県の詳細　27

3章　墓石造塔の本格化と年代的推移……55
　1　没年と造塔年の関係　55
　2　墓石型式別の造塔傾向　56
　3　造塔の年代的推移　61
　4　主な寺院の墓石造塔推移　69

4章　墓石造塔の詳細と背景……95
　1　造塔の本格化と推移　95
　2　墓石制限令との関係　113
　3　造塔者の推移　115

5章　墓石の石材……123
　1　石材利用の推移　123

2　石材産地の動向　*126*
3　石材の主な特性　*160*

6章　墓石型式と石材移行……165
1　中世の供養塔・墓石と近世の墓石型式　*165*
2　西湘〜伊豆石材から七沢石への移行　*166*

7章　流通体制と墓石造塔費用……173
1　丁場と石材管理　*173*
2　流通の体制　*174*
3　運搬と方法　*184*
4　墓石造塔費用　*192*

8章　本州各地の墓石利用……199
1　東北・北陸・中部・近畿・山陽地方の墓石概要　*199*
2　墓石造塔傾向の比較　*219*

終章　墓石の歴史……237
1　墓石造塔の本格化　*237*
2　墓石造塔の推移　*241*
3　墓石石材の在り方　*245*
まとめ　*245*

参考・引用文献　*250*
巻末資料1　関東地方の調査寺院等一覧表　*251*
巻末資料2　本州各地の調査寺院等一覧表　*255*
巻末資料3　墓石型内訳式一覧　*256*
巻末資料4・5　墓石型式年代推移　*260*
巻末資料6　墓石石材占有率　*264*

1章　墓石の型式と石材

1　調査の方法

本書では，近世石造物の中で最も大量でしかも普遍的に分布する墓石と使用石材の実態を把握し，墓石造塔と石材流通が江戸時代に果たした社会的役割を明らかにしたい。そのための調査方法は，次の手順に従って実施した。

①関東地方全体の墓石動向を把握するために，調査寺院の選定に当たっては一定距離の想定の網をかぶせ，この範囲を基準として調査墓地150ケ所を選定したが，墓地の所在する地理的な環境や宗派は考慮しなかった。

②墓石の現地調査では，限られた時間の中で多数の情報把握が必要なことから，あらかじめ設定した15型式に調査墓石をあてはめ，同時に没年や石材等の必要事項を記載する方法を採用した。

③設定した墓石型式は，1989年に筆者が「牛伏砂岩製墓標」で発表した型式と東京都新宿区自證院遺跡出土の墓石型式を組み合わせて作成した合計15型式とした。

④これらの調査により得られた資料の中には，造塔後の改修や墓石の廃棄，破損，風化による消滅，銘の判読困難などにより様変わりしているものもあり，留意する必要があった。

⑤江戸を含む関東地方の墓石造塔の結果と，東北・北陸・中部・関西・山陽地方の13寺院と一地域の調査結果を比較し，関東地方における墓石造塔の国内的位置を明らかにする。

これらの現地調査からデータ分析，更に本書へのまとめまでの手順は以下の通りである。

①調査墓地の選定

②現地調査

・調査票による墓石型式，没年，石材調査の実施

③調査票データの分析と検討

・地域，型式，時期，石材別分析と検討

・検討項目の設定とデータの整理

・時代背景と検討項目との考察

・関東地方と本州各地との比較検討

④本書へのまとめ

2　調査の結果

(1) 調査寺院と墓石数

本書で調査対象とした関東地方の墓地・墓所の位置は図1に，所在地は巻末資料1の寺院一覧表に示した。その対象墓地は栃木県17カ所，群馬県24カ所，埼玉県27カ所，茨城県34カ所，千葉県22カ所，東京都11カ所，神奈川県15カ所の合計150カ所である。調査墓石総数は22,910基，この内，年号の確認できたものは17,326基である。また，関東地方の調査成果と比較するために東北地方盛岡市1寺，仙台市1寺，北陸地方新発田市1寺，中部地方名古屋市2寺，関西地方奈良市2寺，大阪市3寺，神戸市1寺，山陽地方尾道市2寺の13寺院で合計4,226基の墓石を調査した。この他，静岡県伊東市が実施した市内墓石調査結果を準用した。この位置は図1に，それぞれのデータは巻末資料2に示した。

これらの調査地の中には，都市化の波により江戸時代から続いた墓石は既に一隅に整理されている墓地も含まれている。

東京を始め神奈川県北東部，千葉県西部，埼玉県南部，御影石の産地である茨城県中央部では特に新しい墓地への改修が進み，埼玉県から千葉県西部，茨城県西部や栃木県では風化しやすい石材が多く，年代判読率が低い墓石が多くなっている。墓石は所在環境や岩質が残存率に影響することが多く，集計時にはこれらの条件にも留意する必要が感じられた。

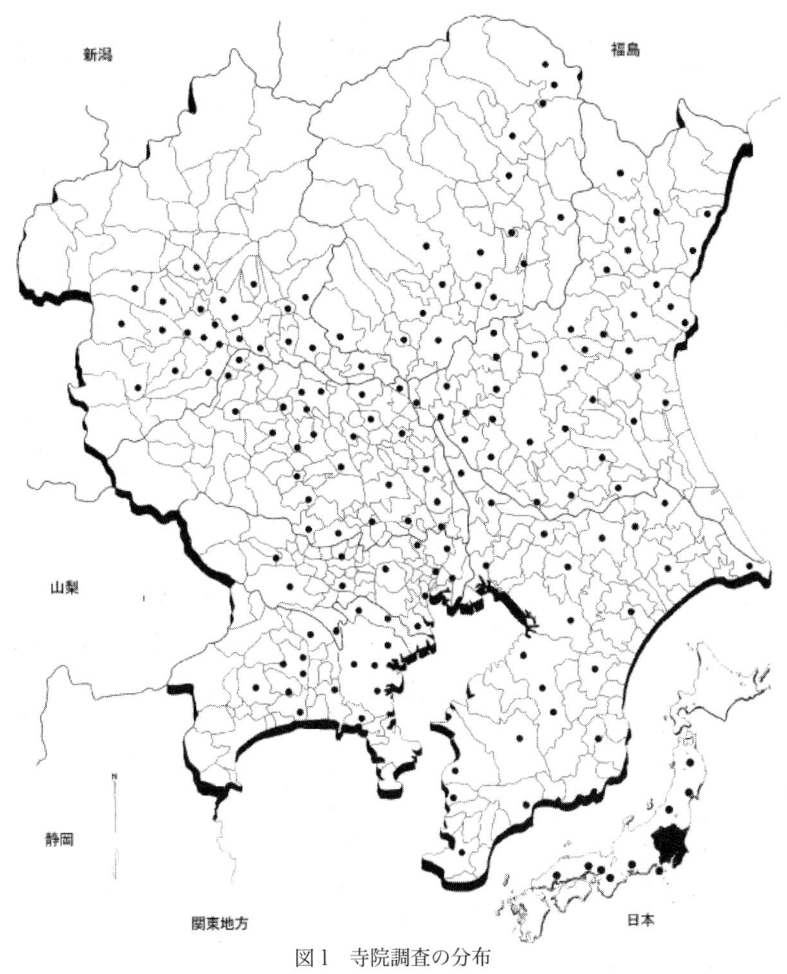

図1　寺院調査の分布

⑵墓石型式の分類と使用石材

石田茂作は『日本佛塔の研究』中で，江戸時代の墓石型式と利用について「封建制度が最も確立した江戸時代には，仏塔，特に墓石造塔にも様々な制約が設けられ，天皇御墓は九重塔，宮家御墓は三重塔，将軍家御墓は宝塔，大名墓は五輪塔，旗本士族墓は宝篋印塔，僧侶墓は無縫塔，庶民墓は駒形塔等となっている」と記し，墓石造塔にはこのような制約があったことを指摘している。また，庶民の墓石型式については「駒型塔は庶民の墓とあって，殊に江戸においては，それへの工夫が顕著である。台石に蓮花を浮彫りしたり，頭書の文字への新工夫もさまざまだった。頭書に「帰元」とか「帰寂」とか書く代わりに「烏八臼」の文字が用いられたのもこの時代である。駒形塔の変種として頭を三角にせず櫛形にした櫛形塔や，それにもっと奥行きを持たせた方柱塔も作られた。そしてただの駒形塔は百姓町人の墓に多く，櫛形塔は儒者・書家・医師・兵法家の墓に多く見られ，方柱塔は国学者・画師の墓に多いことも注意すべきである」と記している（石田 1969）。

本調査では，職業別区分についての調査項目はないが，このような江戸時代の墓石型式が身分制度とどのように関わるのかも併せて検討してみたい。

①墓石型式分類の比較

表 1 は，『日本佛塔の研究』・『日本石仏事典』（縣敏夫 1975）・静岡県『伊東市の石造文化財』（伊東市教委 2005）と本書の墓石型式区分を比較したものである。この内『日本石仏事典』では江戸時代の墓石型式を板碑型・光背

表 1　江戸時代墓石型式区分の比較

本書の墓石区分（略号）			日本石仏事典	伊東市の石造文化財	日本の佛塔
無縫塔型		（A型式）	無縫塔	無縫形	天皇御墓は九重塔,宮家御墓は三重塔,将軍家御墓は宝塔,大名墓は五輪塔,旗本士族墓は宝篋印塔,僧侶墓は無縫塔
五輪塔型		（B型式）	五輪塔	五輪塔形	
宝篋印塔型		（C型式）		宝篋印塔形	
石殿型		（D型式）			
石仏型	立像	（E型式）	光背型	仏像光背型	
	座像	（F型式）		仏像丸彫形	
板碑型		（G型式）	板碑型・板駒型・駒型	板碑型（1形・2形・3形）	類型板碑
柱状型	正面形		柱状型		
	頂部丸形額有	（H型式）	丸角型	蒲鉾形	庶民墓は駒型塔,櫛形塔,方柱塔
	頂部平形額有	（I型式）	平角型	角柱平頭形	
	頂部山形額有	（J型式）	山角型	角柱尖塔形	
	頂部山形額無	（L型式）	山角型		
	頂部皿形額無	（M型式）	皿角型		
笠付型（笠塔婆）		（K型式）	笠付型	笠付形	
自然石型		（N型式）	自然石型	自然石	
その他型		（O型式）	丸彫り型 雑型	不定形・角柱突頭形・光背五輪塔・一石五輪塔	

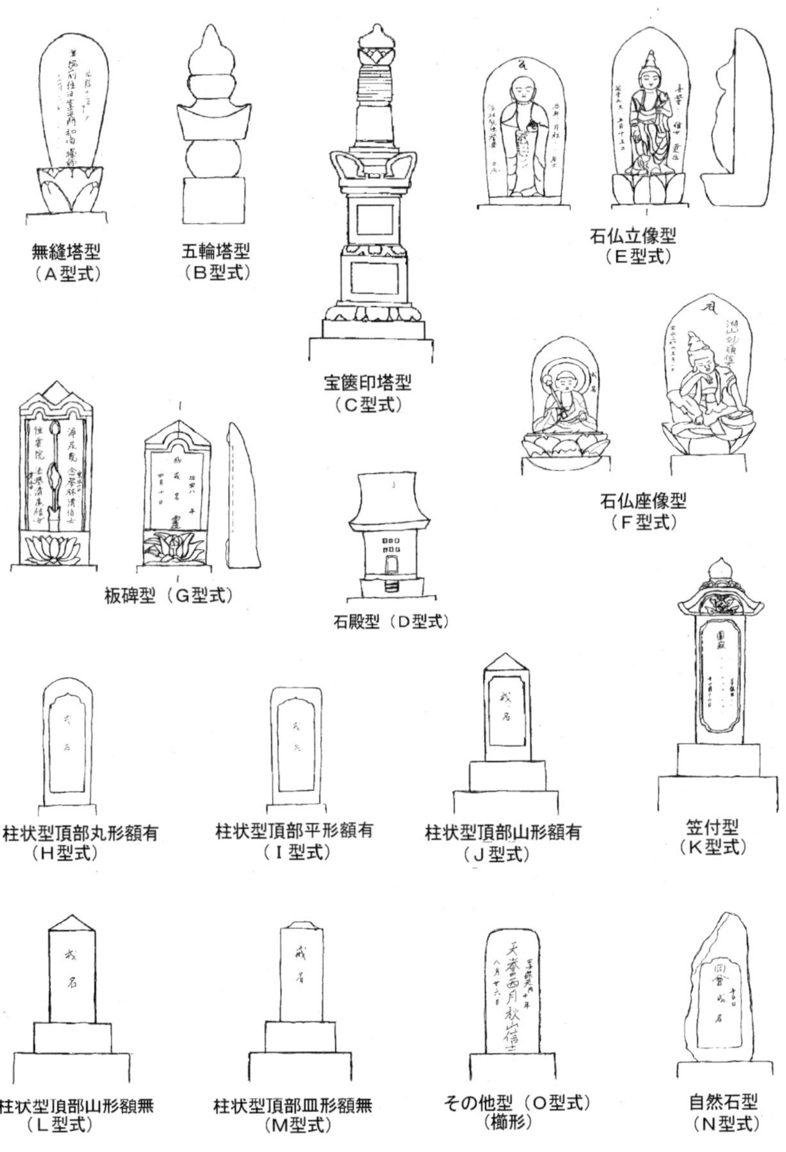
無縫塔型
（A型式）
五輪塔型
（B型式）
宝篋印塔型
（C型式）
石仏立像型
（E型式）
石仏座像型
（F型式）
板碑型（G型式）
石殿型（D型式）
柱状型頂部丸形額有
（H型式）
柱状型頂部平形額有
（I 型式）
柱状型頂部山形額有
（J型式）
笠付型
（K型式）
柱状型頂部山形額無
（L型式）
柱状型頂部皿形額無
（M型式）
その他型（O型式）
（櫛形）
自然石型
（N型式）

図2　墓石形模式図

表２　本書の墓石型式の詳細

墓石区分		（略号）	墓石型式の特徴
無縫塔型		（Ａ型式）	・中世からの型式を引き継ぐ ・卵塔形と台、積石からなる。型式の時代差や地域差がある。
五輪塔型		（Ｂ型式）	・中世からの型式を引き継ぐ ・風空火水地輪と台石からなる。 ・大名を中心とした大型五輪塔の他に小型五輪塔がある。この小型五輪塔が中心である。時代や地域により型式差がある。
宝篋印塔型		（Ｃ型式）	・中世からの型式を引き継ぐ ・相輪、屋蓋、身、基礎と積石からなる。 ・大名や旗本を中心とした大型宝篋印塔の他に小型宝篋印塔がある。この小型宝篋印塔が中心である。地域や時代により型式差がある。
石殿型		（Ｄ型式）	・中世からの型式を引き継ぐ ・宝珠、屋根、本体と台石からなる。 ・墓地にあり戒名を持つものを基本とした。内仏に石仏や五輪塔を納め正面に戒名没年を記すが、鳥居を設え内神が祭られたものもある。時代や地域性により型式差がある。
石仏型	立像	（Ｅ型式）	・戒名があり舟底型光背を持つ。聖観音菩薩立像や地蔵菩薩立像等である。 ・小型の者に幼児戒名が多い。
	座像	（Ｆ型式）	・戒名があり舟底型光背を持つ。如意輪観音座像を中心に地蔵等の座像も含めた。 ・女性戒名が多い。
板碑型		（Ｇ型式）	・類型板碑に含まれる。 ・身と台石からなる。 ・正面形は、頂部が三角形で左右側線は下方でやや広がり底部は水平に調えられる。正面加工は、頂部三角形下を長方形に彫り下げ額を設け中に戒名等を記す。この上部には円相が、額下には蓮等が彫られるものがある。側面から見ると平板状の石材前面を平坦に仕上げ、背面は頂部から塔身背面に向かい次第に絞り込み、基部に近い部分で大きく裾を広げて自立させる。 ・全体として大型から小型へ、厚いものから薄いものへ、頂部山形の高いものから低いものへ、飾や額部分が簡略化される等の年代変化や地域変化がある。同じ五輪塔型式を二次元で表現した武蔵型板碑と類似する点もあるが、江戸時代になり西湘～伊豆石材や海上搬送を強く意識して新たに型式化された。関東地方周辺石材で製作されたものには厚くて背後の絞り込みの少ない類型板碑に近いものが多いが関東地方ではこの板碑型（Ｇ型式）の影響が強いと見られる。
柱状型	頂部丸形額有	（Ｈ型式）	・板碑型墓石から移行したと見られる型式。 ・竿石と台石で構成される。 ・竿はやや扁平の角柱で、頂部を蒲鉾型に仕上げこの部分と下部に余白を残して前面を額仕上としている。 ・本形式中には、頂部三角形部分に縦線が引き継がれたもの、背面が湾曲して自立するもの等、Ｇ形式との連続性を示すものがある。
	頂部平形額有	（Ｉ型式）	・竿石と台石で構成される。 ・竿はやや扁平の角柱で、頂部を平坦にし角に丸味を持たせた仕上とする。下部を残し前面を彫り下げ額仕上としている。
	頂部山形額有	（Ｊ型式）	・竿石と台石と積石で構成される。部材数が多い。 ・竿は角柱で、頂部を四角錐に仕上げる。前面を長方形の額仕上としている。 ・前半期は竿が長く頂部山形が高い。後半期は長さに対して幅が広い。
	頂部山形額無	（Ｌ型式）	・竿と台石と積石で構成される。 ・竿は角柱で、頂部は四面からの傾斜により山形に仕上げる。前面は額を設けず平面仕上としている。

頂部皿形額無（M型式）	・竿と台石と積石で構成される。 ・竿は角柱で、平坦な頂部中央を丘状形に仕上げる。前面は額を設けず平面仕上としている。
笠付型（笠塔婆）（K型式）	・笠塔婆から移行した型式と見られる型式。 宝珠、笠石、竿、台と積み石で構成される。 ・笠部分は破風、宝形造、廟所風、寄棟などの造りがある。軒先には前半期には雲形や円相があるが、後には家紋が記されるものも多い。 ・竿は角柱で、戒名を記す前面を彫り下げ額仕上としている。 ・部材数が多く、装飾性も高い。大型で時代や地域により規格、装飾、加工等に変化が見られる。
自然石型（N型式）	・自然石の竿と台石で構成される。 ・転石や崩落岩に銘文を刻むことを原則としたが、正面の一部を平坦化して額を造り出すもの、片岩等板状剥離したもの等も含まれる。
その他型式（O型式）	・上記までの形式に含まれない櫛型額無、角型額無他。

型・板駒型・笠付型・駒型・柱状型・自然石型・丸彫り型・雑型の9型式とし，柱状型を更に5形式に，『日本佛塔の研究』では庶民層の墓石として駒型塔と櫛形塔，方柱塔の3型式に，『伊東市の石造文化財』では17型式に区分している。

墓石は通常，本体である「竿」とこれを支える「台石」により構成されることから，本書では，表の如く，①部材数と全体型，②竿頂部と正面加工方法，③使用推移に注目した。

中世石造物から型式を引き継いだ無縫塔型，五輪塔型，宝篋印塔型，石殿型，石仏立像型，石仏座像型，笠付型と江戸時代になり本格化した板碑型と柱状型5型式に，自然石型を加えた14型式を設定し，これらにおさまらないものをその他型式とした。

これら調査墓石の型式別内訳は巻末資料3に，年代推移一覧は巻末資料4・5にそれぞれ具体的データを掲載した。

②石材

近世関東地方の各墓石は，関東とその隣接地である伊豆半島から採石された石材により造塔されている。

以下各県ごとに，利用された本書での石材名と所在地，特色をあらかじめまとめておく。これら石材産地は図3に示した。

・栃木県

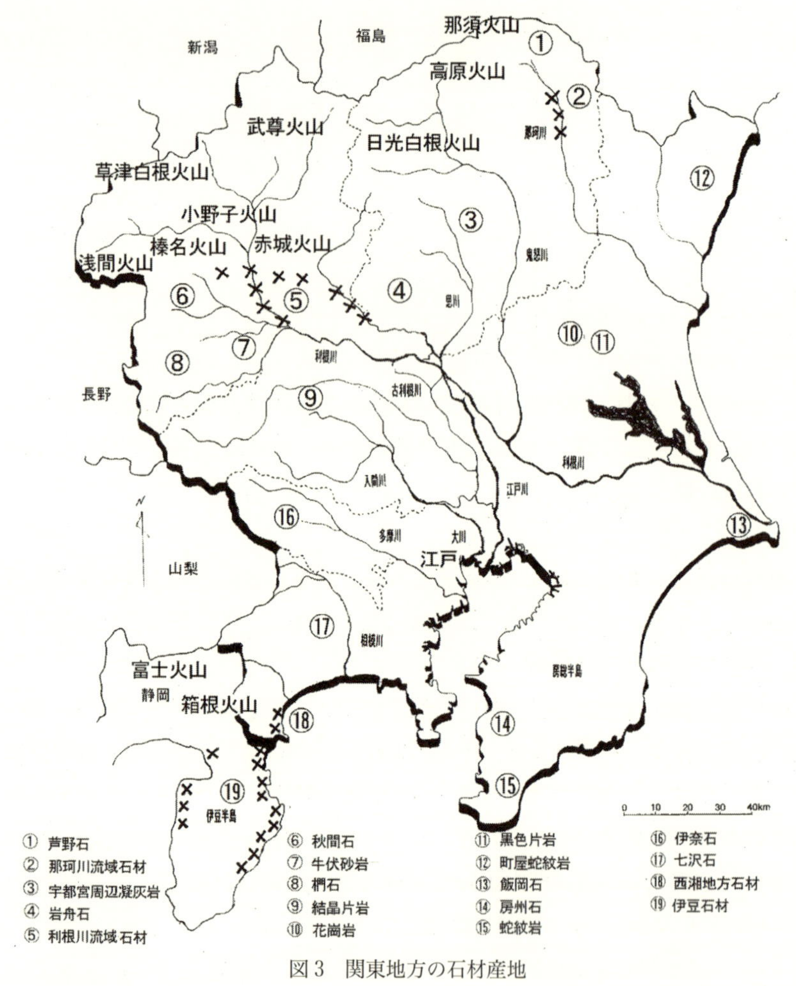

図３　関東地方の石材産地

①芦野石

栃木県那須町にある白河火砕流中の芦野火砕流堆積層や流域転石から採石された石材。福島県境に近い芦野地区にはこの石材の丁場がある。石材は「白目」が多く色調は灰白色で一部に「赤目」があり灰白～紫灰～灰褐色をしている。性質は加工性，耐水性，耐熱性に優れている。輝石デイサイト質溶結凝灰岩で，レンズ状につぶれた特徴的な溶結構造を含んでいる。稜線を残した板状の転石をそのまま使用する場合と切石型の墓石として使用する場合がある。

②那珂川流域の転石石材

［大沢山真石］

八溝山地に続く烏山市街東方の大沢山山麓の硬く均一で細かい砂岩質転石を使用する。風化した表面は茶褐色だが新鮮な割れ口は灰青色である。角が摩耗した板状や柱状の自然石に戒名を刻んでいる。

［那珂川河川敷の転石］

特に那須町～小川町付近までの那珂川両岸で使用が顕著な河川転石石材。やや硬質の自然石に戒名を刻むが岩質は多様である。

③宇都宮周辺凝灰岩（大谷石・岩原石・坂本石・田下石・立岩石・寺沢石・石室石・多気石）

大谷石に代表される石材であるが，採石地点や質により多様な呼称がある。

大谷石は，中期中新世の宇都宮群大家層に属し宇都宮市北西の大谷地区を中心に東西 4km，南北 6kmに分布する流紋岩質の軽石と同質の火山灰からなる。緑泥石などの緑色の鉱物を多量に含み色調は灰緑～青緑白色の凝灰岩（軽石質凝灰岩）で，層中の軽石は変質してミソと呼ばれる暗緑色～褐色の粘土鉱物を生じて風化すると空洞となる。また，栃木県東部の茂木町周辺の八溝山地中川層群に伴う凝灰岩は，大谷石より緻密で，岩石中に安山岩の岩片と鱗状の雲母片を含み薄赤褐色化している。これら両地方の凝灰岩を含めて宇都宮周辺凝灰岩とした（酒井・天野 1991）。

④岩舟石（南蛮石）

足尾山系の岩舟山から採石される石材で，新生代に珪石上に噴出した安山岩が周囲にある小石を巻き込んでできた安山岩質角礫凝灰岩である。径が 0.5 ～ 3cm程の軽石，小転礫，チャート片など多量の色彩豊かな礫を密に含んでいる。色彩は黄褐色，灰褐色等で風化すると茶褐色から黒褐色で礫が凸部となる粗粒の石材である。

・群馬県

⑤利根川流域安山岩

群馬県の墓石石材利用の特徴の一つに，山麓や河川に流入して堆積した安山岩転石を石材とすることがある。その代表は，浅間山を給源とした安山岩が利根川流域に流入して中流に堆積した転石や，榛名山や赤城山麓沢筋の多孔質黒色系安山岩，赤城山を給源として同山南面の粕川流域や渡良瀬川流域に堆積した灰色系安山岩がある。山麓や河川で混在した自然石から採石することから耐久性に優れたものが多いが，造塔された墓石は多彩な色調や岩質を示す(秋池 1998)。

ａ渡良瀬川系

渡良瀬川流域の群馬県大間々町，桐生市，栃木県足利市の河原に分布する転石。輝石安山岩で基質がやや粗流のものと灰質のものがあり，赤城山麓や渡良瀬川寄りでは角閃石をやや多く含むものがある。色調的には無色の鉱物を多く含み，白色・灰色の岩石が主体だが，薄赤・薄紫色・暗灰色のものも含まれる。

ｂ利根川系

[孔質黒色系安山岩]

浅間山や赤城火山，榛名火山の活動により山麓や利根川流域に放出された岩石。それぞれの山麓の外に利根川本流の渋川市から本庄・深谷市間に堆積した石材を両岸で採石して利用している。火山活動が盛んな関東地方には類似岩石が各所に点在するが，大型転石が継続的にしかも大量に山麓や河川流域に堆積しているのは利根川のみである。流域には地質時代に浅間山が崩壊して形成された前橋台地基盤層があり，この層中にも含まれている。また，天明３年(1783)の浅間火山活動により吾妻川流域に流れて利根川中流に堆積した大型岩塊も墓石等に使用されている。岩質的にはやや孔質の輝石安山岩や紫蘇輝石安山岩等を主体とし，色調は黒色・黒褐色・赤褐色など多様で基質がやや粗粒である。

⑥秋間石

新生代第三紀秋間層中の最上層の溶結凝灰岩を中心に採石した。この岩層は松井田町～安中市北部西上秋間大戸貝付近から茶臼山を経て丘陵上を東に進み城山・天神山に達している。色調は淡紅色～褐色で暗褐色の斑を持つものがある。粗粒で特有の流理があり，斜長石，輝石の斑晶は破損して断片に分かれているものが多い。風化した墓石は表面が薄茶褐色，灰褐色で所々が赤褐色～茶褐色化していて灰部が流され含有鉱物によるざらつきを持つものが多い(秋間団研グループ 1971)。

⑦牛伏砂岩(天引石・小幡石・多胡石・平井石)

新生代第三紀中新世の海成砂岩層で，東西約 10.5km，南北約 2km，西の富岡市岡本地区から甘楽町国峰，平岩，天引地区，吉井町東谷，大沢地区，藤岡市西平井，金井地区へと帯状に連続している。岩質は軟質，砂質で加工が容易である。中心地域の牛伏山や朝日岳などの付近では長石などの鉱物がしっかり噛み合い風化しにくい。水酸化鉄の集合が木目状に入る特徴的な石材である。基質は灰質(カオリン)で石英長石を多く含む。色調は黄褐色～灰色である。墓石には水酸化鉄の集合層が木目状に入る部分は適さない。縁辺部に行くに従って組成が灰質化していて耐火性は増すが耐水性が低下している(秋池 2005)。

⑧南牧川上流椚石(椚石・磐戸石)

鏑川上流の南牧川流域に露頭部がある石英安山岩で黄灰色～青灰色を示し緻密である。斜長石の石基中には，石英・斜長石・黒雲母・方解石などの斑昌があり基質が細かく耐久性にも優れた石材である。

・埼玉県

⑨荒川流域の緑泥片岩石材

三波川変成帯に所属する結晶片岩で，緑色の泥岩に点紋を含む点紋緑泥片岩とこれを含まない緑泥片岩が使用されている。この層は，関東山地の東北縁に沿って帯状に連続するが，西から群馬県甘楽町雄川流域，藤岡市鮎川流域，鬼石町三波川流域，埼玉県神川町，児玉町大駄，長瀞町，荒川左岸，一端途切れて小川町槻川流域に露頭部があり，それぞれの場所で岩質に個性がある。江戸時代の墓石には不整形の板状墓石として使用されることが多い。

この他，この荒川中流にはやや泥岩質で露天では赤褐色，茶褐色を示し，鉱物，特に長石が白点として目立つ風化の進んだ転石を墓石として使用する地域がある。また，比企から岩殿丘陵の黄褐色～灰褐色で基質が細かく均一でやや泥岩質な凝灰岩はこの付近の墓石に一部使用されている(秋池 1999)。

・茨城県

⑩笠間市～加波山～筑波山周辺花崗岩石材(稲田みかげ・真壁みかげ)

筑波山周辺花崗岩は，八溝山地南端で栃木県境に近い笠間市，西茨城岩瀬町から真壁町加波山，つくば市筑波山に連なる南北約 25km，幅 5 ～ 8kmの山岳地帯を構成している。江戸時代には笠間市を中心とした地域で採石されていたことが知られているが，花崗岩山地周辺の墓地では良く利用されている(端山 1991)。

［稲田みかげ］(含角閃石黒雲母花崗岩)は，茨城県笠間市稲田町稲田を中心に採石される雲母，長石，石英の鉱物が結晶して出来た中流の黒雲母が混入する白色系の黒雲母花崗岩である。

［真壁みかげ］(黒雲母花崗岩)は，茨城県真壁郡真壁町白井・長岡を中心に採石される加波山及び足尾山に分布する細粒の両雲母花崗岩(加波山花崗岩)で，稲田みかげと比べると細粒で有色鉱物が多い。

⑪筑波山東麓黒色片岩(平沢石)

八溝山地南端の筑波山塊は，主に花崗岩と筑波変成岩で構成される。黒色片岩は南東麓の茨城県つくば市北条東部，平沢，小田，新治郡新治村東城寺，新治郡千代田町雪入，新治郡八郷町根小屋間の，東北から西南に延びる長さ 10km，幅 5kmの範囲に分布している。この岩石は主として泥岩，シルト岩で堅く緻密である。黒褐色で細かい雲母の反射が特徴的である(端山 1991)。

⑫町屋蛇紋岩

常陸太田市町屋町の東方に位置する高鈴山西山麓に分布する蛇紋岩である。北沢，広畑地区に丁場跡が残る。ここの蛇紋岩は，白色と緑泥色の組み合わせにより「牡丹石」，「笹石」「霜降り石」等と呼称されていた。石材の総称がないことから本書では採石地の字名により「町屋蛇紋岩」と呼称した。岩質は軟質，比較的緻密で蛇紋岩の特徴を示す。風化の進んだものは全体に茶褐色化するが遺存状況の良いものが多い。

この他，茨城県ではひたち中市を中心に太平洋岸の露頭や崩落砂岩を採石して沿岸墓地で使用している。また，日立市西の変成岩層の結晶片岩や石灰岩等の板状石材も使用されるが量は少ない。

・千葉県

⑬飯岡石(銚子砂岩)

千葉県銚子市，飯岡町付近に分布する中生代ジュラ紀の主に愛宕群層，新生代第三紀〜第四紀の犬吠層群(名洗・飯岡・豊岡層)中の軟石砂岩を石材として使用する。基質は細かく均等で含有鉱物の石英，長石などは細い。やや厚く板状に剥離しやすい部分を墓石に使用している。色調は黄褐色〜灰褐色である。この他，犬吠崎西方の愛宕山周辺採石場や海岸崖面や岩場露頭部から切石や転石を墓石として使用する(近藤 1991)。

⑭房総半島凝灰岩(房州石＝元名石・金谷石・堤ケ谷石・本胡麻石)

富津市海良〜君津市黄和田畑〜勝浦町鵜原にかけて分布する竹岡層中の凝灰岩で，鋸南町鋸山を中心とした比較的堅い部分が採石の中心となっている。全体的に黒色スコリア・白〜灰〜黄〜桃軽石・岩片を多量に含む凝灰岩ないし凝灰質砂岩で風化しやすい(徳橋 1997)。

⑮房総半島泥岩

鴨川地域に採石地があると見られる砂岩である。基質は細かく黒雲母と緑泥を含み軟質である。色調は茶褐色，黄褐色であるが，緑泥と黒雲母を斑状に含むものは一見蛇紋岩風である。この石材の墓石には，切石と転石のままの使用があることから房総半島先端部の加茂川右岸の嶺岡山地山頂部，平久里中から鴨川市大田代山中の蛇紋岩地滑り崩落層との関係が考えられる。

・東京都

⑯伊奈石(高尾石，樽石)

新生代第三紀中新世に海底に堆積した砂岩で高尾石，樽石も広義の伊奈石とされている。

伊奈石は，一般に色調が黄褐色で，風化が進むと赤褐色を示すものが多い。岩質は比較的均一で，基質中に長石，石英の他に小豆色，黒褐色，淡緑色の小角礫の混入がある。石材採石地は秋川左岸のあきる野市横沢入地区と右岸高尾・網代地区に採石の痕跡が残り，富田ノ入・天竺山東尾根遺跡群，釜ノ久保遺跡群，荒田ノ入遺跡群，富田西沢遺跡群，富田東沢遺跡群，釜ノ久保・宮田の遺構，高尾法光院跡の遺構，高尾・網代地区の遺構群など合計14カ所が調査され，丁場からは加工中の墓石が出土している。

樽石は，多摩川上流のあきる野市五日市町樽地区を中心に分布する砂岩やチャートの亜角礫〜亜円礫からなる礫岩層と中粒〜粗流砂岩層中の砂岩層を採石したもの。高尾石はあきる野市五日市町高尾地区を中心に分布する細流砂岩と泥岩で，上部が礫質となる横沢砂岩泥岩部層の砂岩を採石したものとされている（十菱・樽1996，上本・柴田・山本1995）。

・神奈川県

⑰七沢石（相模青石・煤ケ谷石・日向石）

七沢石は，相模湖から仏果山，高取山を経て厚木市街西方の白山，高松山に連続するデイサイト質凝灰岩層中の鐘ケ嶽周辺地域で採石される石材。狭義には七沢地区の七沢石，北部の清川村谷太郎川流域の煤ケ谷石，南部の伊勢原市日向地区の日向石に区分されている。肉眼の観察では，大きな角礫を含む角礫凝灰岩と凝灰岩質砂岩の石材がある。角礫凝灰岩は粗粒で黒色の角礫〜亜角礫の玄武岩質安山岩スコリアを主体に，赤色スコリア，黒曜石，白色〜灰色の亜円礫の玄武岩質安山岩の他に，黄白〜茶色の亜円礫の石英安山岩やこの小礫が含まれる。凝灰岩質砂岩は円磨された細かい鉱物主体の細粒砂岩である（厚木市教委1995，上本・柴田・山本1995）。

⑱⑲西湘〜伊豆半島安山岩等（小松石・伊豆石・堅石）

この地方の石材は，主に箱根火山と湯河原火山からの噴出物が相模湾岸から伊豆半島にかけて堆積した岩層を海岸に近い露頭部から採石している。

この内，箱根火山の噴出物が真鶴半島周辺地域に堆積した灰色の輝石安山岩は，流理構造がほとんど認められず，色調が灰褐色や薄小豆色の基質で風化して白点化した長石やこれが抜けた窪みを持つものや，細かい輝石の斑晶を含む特徴を示す小松石が中心である。その周辺には赤褐色系の溶岩流最上部や基底部の「赤ボサ」があるがこれも含んでいる。

真鶴半島から伊豆半島北部の湯河原火山に起因する黒色や灰色系の孔質安山岩や玄武岩質の石材は，小松石に比べると肌理が粗く，斑昌鉱物として斜長石を多く含み流理構造が見られる(大木 1991)。

これらの2カ所の石材は，流通先で厳密な区分が困難なものが含まれることから，西湘～伊豆石材として一括して扱うことにした。

これら石材の多くは中世から江戸時代にそのまま継承されたが，中世に使用が盛んであった榛名山給源の多孔質角閃石安山岩，赤城山山麓の天神山凝灰岩，三浦半島の凝灰岩(鎌倉石)の使用は姿を消し，武蔵型板碑石材として関東地方のみならずその周辺部まで広く流通した荒川流域結晶片岩(緑泥片岩)は石材産地隣接地に流通範囲を狭めている。

3　型式と造塔方法

一般的に墓石の型式や規格は，故人や造塔者の信仰心や財力を示すと見られるが，封建制度のもとでは一定の制約も存在したことがうかがえる。葬儀後一連の仏事の中で行われることからこれらの仏事は財力の弱い庶民層にとっては財政的負担が大きい行為であった。

天保5年(1834)麻谷老愚により編集された『祠曹雑識』巻27中には，新井白石時代の正徳3巳年(1713)と見られる史料に，「惣而諸侯并御旗本格別諸家藩中等武家方百姓町人共葬式之節一躰取計方差別有之候哉又ハ施物之多少ニ依而差別有之義ニ候哉之旨御尋ニ御座候」とあり，幕府から寺院に対して諸侯(大名)・旗本・格別諸家・各藩武家・百姓・町人たちの葬式に「取計らいに施物」の多少によって葬儀供養に差別があるのかどうかの調べが行われたことが記されている。

これに対して増上寺の返答書の要点は以下の通りであった。

①諸家や藩の武家方へは，施主家の懇望が無くてもその格式に応じて院号居士号等を授与してきている。

②百姓や町人に対しては院号居士号を簡単に許していない。しかしその寺に格別に由諸があるか，または修造の功績があれば院号を与えることがある。

③葬式については，法義の取り計らいは武家や町家と差別無く行っている。もちろん棺槨の模様や道具，狭箱等の有無，菩提所での礼儀の厚薄等はその家の家禄の高，格式の高下にかかわることで法義によるものではない。

④葬式の際の僧侶数の違いは，施主家の望み次第で武家でも少人数のことがあり，百姓や町人でも多人数の場合がある。

ここで特に注目されるのは，この墓石下に納める「棺槨」の紋様や道具，狭箱の有無などはその家の「禄高」や「格式」によると記している点で，このことから墓石の規格も，これに準じたものと考えられるが，型式についてはどうであろうか。

高野山長州藩毛利家墓所，安芸藩浅野家墓所，加賀藩前田家墓所や福岡県東長寺の福岡藩主黒田家墓所，都内各所の大名墓所には大型五輪塔が造塔されていることや，また旗本から大名に取り立てられた，群馬県伊勢崎市天増寺の稲垣平右衛門長茂や埼玉県鴻巣市の勝願寺牧野家累代の墓，関東代官頭の伊奈忠次，その子忠治の墓石には大型宝篋印塔型が造塔されていることなどから，武士については仏事に対するある種の常識として墓石の型式が存在したことがうかがえる。しかし，同じ大名でも新発田市宝光寺の新発田藩主溝口氏の墓は初代は笠塔婆で，夫人は代々宝篋印塔型であることや，鴻巣市勝願寺の牧野氏累代夫人や真田小松姫の墓石は三重塔を使用しているなどの例外も散見している。

これらのことから推測すると，それぞれの家のそれまでの造塔経過や被葬者の出自等の条件により許容される範囲が存在したことが考えられる。

このような大名や大身旗本の墓石造塔の傾向は，特に配下の武家にも及び，分相応の小型規格の五輪塔や宝篋印塔型の造塔が行われたと考えられた。

この内小型五輪塔は一般武士や地侍などに，宝篋印塔型は埼玉県嵐山町の浄空寺幕臣菅沼氏の例などから幕府に仕える旗本や幕府の地方支配に関わっていた名主などにも許容された型式と見られる。

庶民層の墓石型式は，このような制約よりは幅広いものと考えられたが，当初には，板碑型(G)とされたと見られ，その後一般庶民層に広がる中で柱状型頂部丸形額有(H)，平形額有(Ⅰ)，山形額有(J)，山形額無(L)，皿形額無(M)へと移行している。この他，主に僧職に使用された無縫塔(A)や在地有力者に使用されたと見られる石殿(D)，武士や富裕庶民層に造塔された笠付型(K)，自然石(N)がある。

これら墓石の詳細は次章以降で検討する。

墓石造塔の具体的な方法は，古くは古代の「慈恵大僧正御遺告」「拾骨所」(群書類従第24巻)の項に詳しく記載されているが，ここでは，近世庶民層の墓石造塔の手順について上野国桐生町で化政期から天保期に工場的手工業と綾機を取り入れ多様な織物を生産して財を成した「吉田清助屋」の史料を通して明らかにし，次項以下の墓石分析作業の手がかりとしたい。

史料は，安政6年(1859) 3月，去る文政13年(1830) 2月28日に亡くなった先代の吉田安兵衛英信当時78才と夫人の墓石の立て替えを計画し，隣接地の大間々町一丁目(群馬県みどり市大間々町在住)の梅蔵を請人として浅原村(みどり市大間々町浅原在住)石工師直吉に発注したものである(吉田幌文書，群馬県立文書館)。

史料1

差入申金一札之事

一　石塔極念入弐積通　例壱積右何れも左右花立之霊水入附
　外に櫛形竿古石塔江スリン壱大ナマコ壱追加古霊水入御紋鐫付
　五輪古石塔之三方文字鐫直しスリン壱追加古霊水入り江御紋鐫付
　　代金五拾三両印　　極メ

一　右者寸法格好巨細之御図面上下候通りニ而
　文字丸深鐫萬事念入御指図通り之
　上仕上ケニ仕来ル五月下旬迄ニ御但山
　浄運寺境内迄急度運送可仕候但し

組立之節者別段通例之手間銀御拂
申下候筈右相定之通り毛頭違変無御座候
仍而一札如件

安政六年巳未年二月　　　　浅原村
　　　　　　　　　　　　　　石工師　　直　吉　印
　　　　　　　　　　　　　　大間々一丁目
　　　　　　　　　　　　　　請　人　　梅　蔵　印

桐生町
　吉田　清助屋

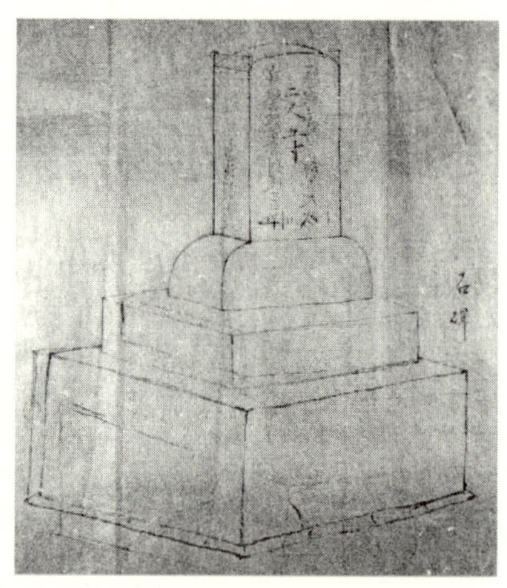

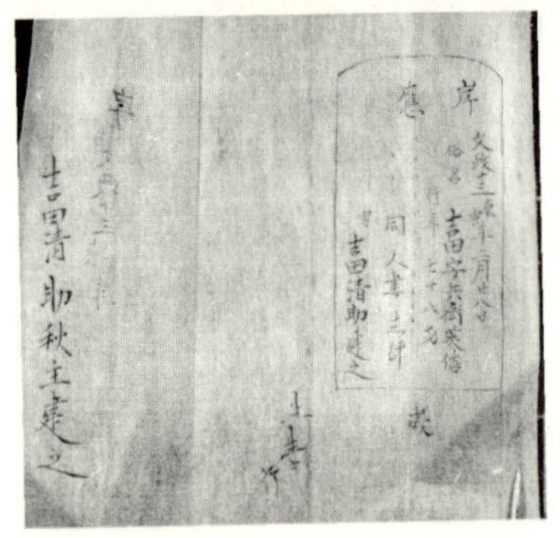

指図　右：表　左：裏

見積書では代金は総額で53両,「極メ」と記されていることから金額はこの時総額が確認されたことが分かる。

見積書は，造塔内容と仕様に分かれているが造塔内容は,

①極念入仕上げで，弐積の石積上の墓石に左右花立の霊水入を付した一基と通例仕上げで壱積の石積上の墓石に左右花立の霊水を付した一基の計二基。

②外に，櫛形竿古石塔にスリン壱，大ナマコ壱を追加し，古霊水入御紋鐫付と五輪古石塔の三方文字を鐫直し，スリン壱追加，古霊水入り江御紋鐫付の改修。

である。

見積書には「但し組立之節者別段通例之手間銀御拂申下候筈」との一文が含まれ，この2月だけの見積で見ると，この他組み立て時には別途通常の手間賃が支払われる内容になっているが，翌3月の見積書は墓石を二塔に分け下記の如くの表題となっている。

一　石塔　花立霊水入附　弐積　外ニ古石塔スリン中壹追加
　　代金弐拾五両

一　同　花立霊水入附 壱積　外ニ古石塔文字鐫直スリン追加
　　代金五両

新たに造塔する二積の墓石は花立霊水入付で，これに全く別な古石塔のスリン中台の追加分が予算上含まれ，この経費が金25両，同様に一積の墓石には花立霊水入付で，これに古五輪塔文字を鐫直とスリン追加分が予算上に含まれ計5両と記され,両者を併せたものが30両となっている。この数字は,2月の見積書と比較すると23両の差があり，この差は「但し組立之節者別段通例之手間銀御拂申下候筈」に該当する運搬組み立て費等と考えることが出来る。いずれにしても4塔分の造塔改修経費が53両であったと理解できる。

墓石の仕様は，石材指定はないが二積の墓石は竿部分が櫛形，加工は「極念入」で，磨きと文字は深彫り「上」仕上げとし，左右の霊水入れのついた花立附きとすることが記載されている。残り一基の石塔は「通例」の仕上げで，左右の霊水入れの付いた花立附きとすることが記載されている。両墓石

とも5月下旬には菩提寺の浄運寺に設置する条件等が明記されている。

2月の見積書に添付された指図は，いずれも二積の墓石のもので正面向かってやや右側からの櫛形墓石全体図とそれを裏返して背面側からなぞった全体背面図1枚と，櫛形竿正面図1枚，同背面図が1枚の計3枚がある。

①二積の櫛型墓石斜め全体図正面の竿には「岸譽繋念到彼居士」「應譽宣了妙善大姉」の戒名が並列して書き込まれ，側面には「吉田清助秋建之」と記されている。この背面には全体型を裏側からなぞった背面図が描かれ，前面にはない櫛形竿の高さが「二尺五寸」，幅が「一尺三寸」と寸法が指定されている。竿頂部には丸味を出すための補助線が描かれている。塔の右端には「石碑」と記載されている。

②櫛形竿部分の正面図は，額がなく平坦面に前述の戒名が記されている。この背面図には，「岸　文政十三年庚寅年二月廿八日　俗名　吉田安兵衛英信　行年七十八才」と「應・・同　人妻志け？」が並立して記され，左端には向かって右側面に記載される「吉田清助秋建之」が記されている。この裏面には向かって左側に記される「岸　文政十三庚寅年」と記されている。

菩提寺の桐生市浄運寺の吉田家墓地にはこの時造塔された孔質黒色安山岩石材製の墓石が現在に伝えられる。

墓石本体は指図通り櫛形の「竿」一石とそれを支える台石一石の合計2石で構成されている。その下には方形石材3石を並べた上部とその下に大型石材数石を横揃えに並べ，角を隅丸仕上げにした石積二段(弐積)が設けられている。この墓石は遠目には三段の大型「櫛形墓石」の如く見えるが，墓石本体は3尺4寸の高さである。

本史料からは，この時代の富裕商人の墓石造塔が請け人を通して石工棟梁に発注し，造塔者の意向をもとに仕様や納期，納品場所を記載し書類に指図を添付していること，着工時から完成後数ヶ月にわたり経費が分割払いされていることなど，江戸時代の墓石造塔手順や手厚い供養を心がける近世商人の墓石造塔への姿勢を窺うことが出来る。

近世の墓石造塔は，この他造塔者が直接石工に発注する場合や葬儀や祭事の際に菩提寺が仲立ちとなって没後余り時間を経ずして造塔される場合もあった。

このような石切の墓石加工の具体的な姿は，江戸時代に描かれた『今様職人尽百人一首』，『江戸職人歌合』や『摂津名所図会』，『和泉名所図会』などに石切場面があり，江戸時代の多くの墓石造塔は，このような史料に描かれた造塔手順，加工方法により行われてきたことが分かる。

2章　墓石型式と使用石材の広がり

1　関東地方の概要

調査した関東地方150寺院の墓石数は22,910基で14型式に区分した。この型式に97.7%が含まれるが，これに収まらないもの2.3%をその他型(O)とした。

この内訳は，以下の通り。

①柱状型頂部丸形額有(H)　4234基
②板碑型(G)　3513基
③石仏型立像(E)　2463基
④柱状型頂部山形額有(J)　2024基
⑤笠付型(K)　1661基
⑥柱状型頂部平形額有(I)　1605基
⑦自然石型(N)　1429基
⑧石仏型座像(F)　1230基
⑨柱状型頂部皿形額無(M)　1104基
⑩柱状型頂部山形額無(L)　1084基
⑪無縫塔型(A)　934基
⑫その他型(O)　527基
⑬石殿型(D)　456基
⑭五輪塔型(B)　357基
⑮宝篋印塔型(C)　289基

これら各墓石型式の分布概要は表3に示した。

関東地方の墓石型式は，地域性が強い石殿型と自然石型を除くと，東京と

表3　関東地方の墓石型式比率

都県名	A	B	C	D	E	F	G	H	I	J	K	L	M	N	O	
栃　木	5.6	1.2	1.3	0.2	7.9	5.2	7.7	9.4	3.1	13.7	18.9	8.9	2.2	13.8	0.9	2407
群　馬	3.8	0.7	1.6	6.8	8.1	4.1	14.7	19.5	4.8	12.5	6.5	1.5	7.3	3.8	4.1	5763
埼　玉	1.0	1.7	1.4	0.5	12.2	5.0	13.3	20.9	12.1	10.2	5.6	5,3	3.7	5,2	1.9	4338
茨　城	7.8	1.5	0.5	0.2	10.3	6.2	18.4	14,3	5.9	4.5	5.1	4.6	5.0	14.0	1.9	4368
千　葉	2.5	0.9	0.8	1.1	13.4	7.4	16.2	19.3	9.4	6.5	6.5	8.4	4.7	1.0	1.7	2512
東　京	4.1	3.4	2.5		11.3	5.3	16.6	21.5	8.2	3.5	8.7	7.1	5.5	0.1	2.0	1625
神奈川	3.6	3.6	0.7	0.1	16.0	5.5	22.6	27.6	5.5	6.0	3.1	1.1	2.4	0.7	1.5	1897
計	4.1	1.6	1.2	2.0	10.8	5.4	15.3	18.5	7.0	8.8	7.3	5.7	4.8	6.2	2.3	22910

表4　関東地方の墓石使用石材内訳

石材・墓石数・県	栃木県	群馬県	埼玉県	茨城県	千葉県	東京都	神奈川県	計
①芦野石	４２５			５				４２５
②転石	３０４	１３７	４６	２７２	１５		４	７７８
③宇都宮周辺凝灰岩	７５７							７６２
④岩舟石	１０９							１０９
⑤利根川流域石材	１４４	４１４５	８４５		１１			５１４５
⑥秋間石		２１９	４１					２６０
⑦牛伏砂岩		５４４	７１					６１５
⑧椚石		２１０						２１０
⑨荒川流域結晶片岩		８	２２１			１		２３０
⑩筑波山周辺花崗岩	２８			８２１	２			８５１
⑪筑波山周辺黒色片岩				２８７	５			２９２
⑫町屋蛇紋岩	４６			３９９				４４５
⑬飯岡石				１０４	１０５			２０９
⑭房州石					１２２			１２２
⑯伊奈石			９６			２４	１	３３７
⑰七沢石	１００	９０	７３２	３５２	４１９	４３２	１０７９	３２０４
⑱⑲西湘～伊豆石材	３５４	３２１	２２２５	１６６８	１６７２	９２１	７９８	７９５９
その他⑮含む	１４０	８９	６１	４６０	１６１	３１	１５	９５７
計	２４０７	５７６３	４３３８	４３６８	２５１２	１６２５	１８９７	２２９１０

神奈川・千葉・埼玉・茨城県南部の墓石型式と推移は類似傾向を示し標準型に近く，群馬・栃木と茨城県北部では個性的な型式や推移を示す。

これらの墓石に使用した主な石材は，表4に示したように18石材(西湘・伊豆別分)がある。近世関東地方の墓石造塔は，広域に流通する西湘～伊豆石材，七沢石，利根川流域安山岩石材が核になり，周辺地域の石材がこれに加わって関東地方全体の墓石造塔を支えているが，墓石や石材の在り方は各県の地域性を,石材産地との関係からは墓石流通の方向を知ることができる。

2　各都県の詳細

本項では，都県を単位に墓石型式と使用石材の詳細を示し，それぞれの造塔型式，数量，使用石材をもとに地域特性を明らかにする。

表中の数字は，墓地内調査墓石の型式別占有率を表したもので，アンダーラインは最も高い比率の型式を示している。

(1)栃木県

栃木県での調査寺院は17寺院。

本県では，北方の那珂川流域，中央部の鬼怒川中流域，東南部の鬼怒川左岸，西南部の思川流域と渡良瀬川流域に分けて検討すると理解しやすい。

表5の如く，墓石型式別造塔数は造塔前期に多い無縫塔型（A）～石殿型（D），後半に多い柱状型頂部平形額有（Ⅰ），山形額無（L），皿形額無（M）と自然環境が影響する自然石型（N）で少ない寺院が目立つ。南部の寺院で造塔比率が高い墓石は板碑型（G），丸形額有（H），平形額有（Ⅰ），北部寺院では山形額有（J），笠付型（K），自然石型（N）である。

墓石型式と石材の関係を検討すると，笠付型が18.9％と最も高く，造塔数が特に多いのは龍光寺（喜連川町）・浄蓮寺（高根沢町）・慈眼寺（市貝町）・満願寺（上三川町）で，この他の寺院でも比較的造塔率が高い。次いで自然石型が13.8％で法輪寺（大田原市）・善念寺（烏山町）など北部で特に高くなっている。

表5　栃木県の墓石型式（百分率）

	寺院名	（造塔数・型）	A	B	C	D	E	F	G	H	I	J	K	L	M	N	O
1	西光寺（那須町）	288	3.1		0.3		1.7	0.3	12.2	4.5		28.8	2.8	27.8	8.7	9.4	0.3
2	専称寺（那須町）	73					1.4	4.1	9.6	11.0	6.8	26.0	6.8	5.5	5.5	23.3	
3	法輪寺（大田原市）	171	1.8	2.3			15.2	11.1	11.7	2.3		3.5		1.8		50.3	
4	善念寺（烏山町）	181		0.6	0.6		5.0	2.2	0.6	1.7	1.7	1.1	2.8	2.8		81.2	
5	洞泉院（大田原市）	95					6.4	12.8	9.6	5.3	2.1	34.0	27.7	1.1		1.1	
6	龍光寺（喜連川町）	163			2.5		8.6	2.5	3.7	5.5	6.7	6.7	29.4	9.8	0.6	23.3	0.6
7	浄蓮寺（高根沢町）	107	3.7	0.9			4.7	7.5	1.9	13.1		29.0	33.6	4.7			0.9
8	慈眼寺（市貝町）	126	4.0	2.4			3.2	3.2	2.4	7.1	3.2	5.6	50.0	8.7	1.6	8.7	
9	荘厳寺（真岡市）	84		21.4			9.5	7.1	25.0	3.6		13.1	17.9		2.4		
10	成高寺（宇都宮市）	148	35.1		0.7		2.0	2.0		12.8		2.0	31.8	12.2	1.4		
11	龍蟠寺（鹿沼市）	170	0.6		0.6	1.8	7.6	10.6		11.2		31.2	28.2	8.2			
12	満願寺（上三川町）	165	6.7				7.9	6.7		1.8	0.6	9.1	62.4	3.6	0.6	0.6	
13	壬生寺（壬生町）	63	6.3				20.6	9.5	7.9	30.2		6.3	9.5	9.5			
14	天翁寺（小山市）	130	7.7	0.8	1.5		2.3	3.8	22.3	15.4	12.3	5.4	8.5	8.5	6.2	2.3	3.1
15	恵生院（岩舟町）	126	7.9		1.6		19.0	6.3	8.7	23.8	6.3	1.6	3.2	12.7			8.7
16	福厳寺（足利市）	147	11.6				11.6	6.1	14.3	11.6	14.3	14.3	4.8	8.2	2.0		1.4
17	福厳寺（足利市）	170	4.7		11.8	1.8	15.3	2.9	9.4	18.2	1.8	13.5	12.9	4.1	2.9		0.6
	栃木県全域	2407	5.6	1.2	1.3	0.2	7.9	5.2	7.7	9.4	3.1	13.7	18.9	8.9	2.2	13.8	0.9

また，山形額有（J）は13.7％で5寺で依存率が高い。石仏型立像（E）は7.9％である。無縫塔型，五輪塔型，宝篋印塔型は西光寺を除いて確認数が少ない。石殿型は鹿沼市龍蟠寺，足利市福源寺など群馬県寄りで確認できる。

観音像や地蔵を中心とする石仏型立像（E）は各寺院に分布し満願寺・壬生寺・福巌寺で多い。如意輪観音像を中心とする石仏型座像は北部で少なく洞泉院・法輪寺・龍蟠寺など南部で比率が高い。板碑型（G）は北部，南部，中央部にやや多く，この地の荘厳寺・西光寺・天翁寺で特に比率が高い。

柱状型頂部丸形額有（H）は，北部と南部で多く壬生寺では特に比率が高い。宇都宮を含む中央部では低い。

柱状型頂部山形額有（J）は，南部と中央部で造塔数が多いが北部では少ない。専称寺・西光寺・洞泉院・龍蟠寺ではこの型式の造塔比率が高い。

笠付型（K）は宇都宮と南部に造塔数が多く各寺院とも小型簡略化したものが多い。慈眼寺・満願寺・龍光寺・浄蓮寺でこの型式の造塔比率が最も高い。

柱状型頂部山形額無（L）は，北部の西光寺と中部の成高寺・龍光寺，南部の恵生院・壬生寺など，南部で高く中央でやや低い。転石をそのまま墓石とした自然石型（N）は那珂川流域の北部善念寺と中央部法輪寺で比率が高い。

栃木県の墓石調査数の石材別内訳は，

①宇都宮周辺凝灰岩 757基（31.4％）　②芦野石 425基（17.7％）
③西湘～伊豆石材　354基（14.7％）　④転石　304基（12.6％）
⑤利根川流域石材　144基（6.0％）　⑥その他 140基（5.8％）
⑦岩舟石　109基（4.5％）　⑧七沢石 100基（4.2％）
⑨町屋蛇紋岩　46基（1.9％）　⑩筑波山周辺花崗岩 28基（1.2％）

10石材が使用されている。

県外から搬入される③西湘～伊豆石材と⑧七沢石の使用は主に南部に，⑨町屋蛇紋岩は東の茨城県北部から流通し東部を中心に分布する。

各寺院の墓石石材の使用状況を巻末資料6「墓石石材と利用率」に基づいて観察すると，那珂川流域の芦野西光寺で芦野石100％，伊王野専称寺で芦野石100％，法輪寺は芦野石36.8％，那珂川流域転石50.3％，西湘～伊豆石材2.4％である。転石は，那珂川流域や沢筋から採石され，稜線を残すもの

西光寺(那須町)　芦野石製

善念寺(烏山町)　砂岩製

満願寺(上三川町)　凝灰岩製

や円礫に近いものがある。下流の烏山町善念寺では81.2%が大沢山転石，宇都宮周辺凝灰岩1.7%，岩舟石0.5%に加えて，町屋蛇紋岩3.3%，西湘～伊豆石材2.8%が含まれ，渡良瀬川流域，茨城県久慈川下流や江戸方面からの石材が混在している。西湘～伊豆石材は石仏に見られるが僅かである。この流域の凝灰岩は風化し，含有鉱物が表面に露出してざらついたものが多く芦野火砕流に伴うものと考えられる。

鬼怒川中流は，各時代を通して凝灰岩製墓石への依存が高い。宇都宮を中心とした石材産出地に近い鹿沼市龍蟠寺は凝灰岩97.6%，町屋蛇紋岩2.4%である。宇都宮市成高寺は凝灰岩87.1%，町屋蛇紋岩6.8%，江戸方面からの西湘～伊豆石材約6.1%，である。この東方の喜連川龍光寺は凝灰岩53.4%，那珂川流域転石23.3%，西湘～伊豆石材5.5%である。転石と安山岩石材の使用比率が高い。宇都宮周辺地域の凝灰岩製墓石には軽石を含む粗粒のものと，青灰色細粒で均一な凝灰岩があり，前者の使用は板碑型(G)使用でやや早く，後者は柱状型頂部山形額有(J)を中心に使用率が高い。東南部の鬼怒川左岸の市貝町慈眼寺は凝灰岩73.8%，町屋蛇紋岩約9.5%，西湘～伊豆石材2.4%，七沢石0.8%，岩舟石0.8%で，凝灰岩を主体として町屋蛇紋岩の組み合わせでこれに西湘～伊豆石材，岩舟石が加わっている。南部の真岡市荘厳寺は中世石造物が周辺凝灰岩製であるが，江戸時代の墓石は西湘～伊豆石材42.9%，七沢石3.6%，筑波山周辺花崗岩29.7%，岩舟石5.9%で凝灰岩，地石の比率が減少し，江戸を経由する西湘～伊豆石材，七沢石が増加し，これに地元の花崗岩，岩舟石が使用されている。

西南部の思川流域は壬生町壬生寺で西湘～伊豆石材52.1%,凝灰岩42.9%,町屋蛇紋岩3.1%である。これより南部の小山市天翁寺は西湘～伊豆石材60.8%，七沢石約16.2%，利根川流域安山岩9.2%，凝灰岩約3.8%，岩舟石1.5%で江戸方面からの西湘～伊豆石材,伊奈石が主体となり凝灰岩,岩舟石,安山岩など地域石材への依存率が低くなっている。但し岩舟石採石地に隣接する岩舟町恵生院では岩舟石56.5%，七沢石21%，西湘～伊豆石材20.4%である。

渡良瀬川流域の足利市福厳寺は利根川支流の渡良瀬川転石76.5%，七沢石14.1%，西湘～伊豆石材6.5%で，この河川転石石材を主体として中央関東からの伊奈石，次いで西湘～伊豆石材を使用している。

栃木県の墓石，石材の特徴は，次の通り。

① 18.9%を占める笠付型(K)は軟質の宇都宮周辺凝灰岩製で独自の形態を示すものが多い。これらに使用される石材は北部では巻末資料6の如く芦野石，宇都宮と周辺地域では凝灰岩である。上三川町満願寺では凝灰岩と西湘～伊豆石材が混在し，これより南部では西湘～伊豆石材の比率が高まっている。これに次ぐ柱状型頂部山形額有(J)は，竿正面頂部前面が軒状にせり出すものが多く，石材利用とともに型式でも独特の型式圏が見られる。北部では芦野石，大田原付近では西湘～伊豆石材と那須火山に伴う安山岩製のものが混在する。また北部は転石を使用した自然石型(N)の造塔比率が高い。板碑型(G)は南部では西湘～伊豆石材製である。丸形額有(H)は北部は芦野石，

宇都宮市と周辺地域では凝灰岩，壬生町壬生寺では凝灰岩と西湘～伊豆石材が混在している。分布地域は茨城県，埼玉県寄りの県南部である。石仏型（E・F）型式は南部の上三川町満願寺・真岡市荘厳寺・壬生町壬生寺等では西湘～伊豆石材製であるが，北部の大田原市洞泉院・法輪寺では芦野石や宇都宮周辺凝灰岩製である。石殿型（D）は群馬県山沿いから連続するものが僅かに見られる。北部は転石が多くなっている。

②使用石材は，巻末資料6「墓石石材と占有率」栃木県各寺院に見られる如く，宇都宮周辺凝灰岩，西湘～伊豆石材，芦野石，転石石材，七沢石，町屋石，岩舟石，利根川流域安山岩，筑波山周辺花崗岩など種類が多いが，北部は，芦野石，中川流域転石石材，中部は宇都宮周辺凝灰岩，町屋蛇紋岩，西湘～伊豆石材，七沢石，南部は西湘～伊豆石材，七沢石，利根川流域安山岩が主として流通している。西湘～伊豆石材と七沢石は，江戸方向から，町屋石は茨城県常陸地方，花崗岩は筑波山～栃木県境からの搬入石材である。南部に江戸方面からの石材が多いのは，この地域が関東平野の中央部にあり適材が得にくいため，中世の武蔵型板碑同様に利根川や江戸川を利用して江戸から内陸に運搬されたためである（内山 2002）。

(2)群馬県

調査24寺院の墓石型式を表6に基づいて観察すると，無縫塔型（A）～宝篋印塔型（C）型式と柱状型頂部山形額無（L）で造塔が確認できない寺院が目立つ。板碑型（G）と丸形額有（H）が造塔の中心である寺院が多い。

墓石型式ごとに観察すると最も多いのは丸形額有（H），次いで山形額有（J），石仏型立像（E），皿形額無（M）の順である。

丸形額有（H）は19.5％で，この型式が最大なのは11カ寺で中毛から東毛地域である。続いて板碑型14.7％が6カ寺で中毛と西毛の地である。山形額有（J）が3カ寺で西毛の地である。石仏型立像（E）と皿形額無（M）がそれぞれ1カ寺である。石仏型立像が多いのは桐生市浄運寺である。石殿型（D）は20寺に分布し高崎市大信寺が22.9％，全透院（倉渕村）が21.6％，この他大圓寺（群馬町），龍泉寺（高崎市），九品寺（高崎市）で造塔数が多い。栃木県境の

表6　「群馬県の墓石型式」（百分率）

寺院名	（造塔数・型）		A	B	C	D	E	F	G	H	I	J	K	L	M	N	O
1	成就院（大泉町）	164	3.0	0.6	4.9	3.0	13.4	6.1	9.8	32.9	11.0	7.9	2.4	2.4			2.4
2	善長寺（館林市）	171			1.1		20.1	2.9	18.4	27.0	24.1	1.7	1.7	1.1			1.7
3	浄運寺（桐生市）	140		2.9	9.3	2.1	26.4	0.7	5.7	15.7	3.6	20.7	7.1	2.1	1.4		2.1
4	明王院（尾島町）	181	2.1		4.2		14.2	2.6	3.7	46.3	4.7	6.3	2.1		4.2		9.5
5	龍得寺（新田町）	150	19.3		4.7	2.0		1.3	10.0	49.3		3.3	2.7	0.7	2.0	0.7	4.0
6	大聖寺（伊勢崎市）	156	7.1		1.3	0.6	3.2	13.5	10.3	37.2	1.3	10.3	1.3	2.6	0.6	5.1	5.8
7	南光寺（笠懸町）	159	0.6	0.6	2.5	8.8	15.7	9.4	15.1	19.5	1.9	16.4	3.8	3.1	1.9	0.6	
8	長善寺（大胡町）	110	1.8	4.5	6.4	9.1	4.5	4.5	18.2	41.8	0.9	1.8	2.7	1.8	0.9		0.9
9	石原寺（渋川市）	154	1.3			3.9	7.8	4.5	42.2	20.1	1.3	7.8	4.5	0.6	3.2	0.6	1.9
10	日輪寺（前橋市）	138				2.2	10.9	8.0	15.2	41.3	5.1	7.2	2.9	0.7	4.3		2.2
11	善勝寺（前橋市）	180	10.6			2.8	9.4	22.8	29.4	19.4	1.1	0.6			1.1	0.6	2.2
12	大圓寺（群馬町）	353	4.0	2.3	5.1	13.0	10.2	5.4	31.4	6.5	0.3	7.1	9.1		4.8	0.6	0.3
13	大信寺（高崎市）	236	13.1	0.4		22.9	4.2	1.3	8.1	7.2		17.4	18.6	0.8	4.7	0.4	0.8
14	常楽寺（玉村町）	306	5.6	2.6	1.0	1.6	7.5	7.8	12.4	25.5	2.0	14.4	5.6	4.9	6.5	1.3	1.3
15	龍泉寺（高崎市）	391	3.3	0.8	0.3	14.3	12.8	3.1	12.3	24.8	2.0	12.3	4.9	2.8	5.9		0.5
16	九品寺（高崎市）	645	3.3	0.3	0.8	14.4	5.7	3.1	7.1	18.3	1.4	19.4	12.4	3.1	10.2	0.2	0.3
17	天龍護国寺（高崎市）	180	2.8	1.7	3.9	6.7	5.6	2.2	10.0	18.3	4.4	25.0	3.3	1.7	7.8	3.9	2.8
18	光明寺（榛名町）	145	15.2			6.2	11.0	4.1	16.6	5.5	6.9	14.5	7.6	2.8	6.9	2.8	
19	全透院（倉渕村）	199	1.0		3.5	21.6	13.1	4.0	7.0	17.1	5.5	17.1	3.5	3.0	2.0		1.5
20	北野寺（安中市）	68	8.8	7.4		4.4	4.4		38.2	8.8	4.4	10.3	11.8	1.5			
21	補陀寺（松井田町）	327	0.6	0.6		6.7	4.6	0.3	33.0	12.2	5.8	2.8	0.3		0.3	32.7	
22	今宮寺（甘楽町）	364	2.5		0.3		7.1	1.1	10.4	4.7	14.8	21.2	4.4		12.6		20.9
23	高原禅寺（藤岡市）	598	0.2		0.5		0.7	1.3	6.9	7.0	4.2	17.7	9.5		28.9	12.0	11.0
24	常住寺（下仁田町）	238	1.3			0.4	5.9	2.1	16.4	28.2	13.0	4.6	13.4	1.7	1.3	3.8	8.0
	群馬県全域	5763	3.8	0.7	1.6	6.8	8.1	4.1	14.7	19.5	4.8	12.5	6.5	1.5	7.3	3.8	4.1

渡良瀬川流域，赤城山，榛名山麓，碓氷川流域，鏑川流域から埼玉県西北部に連続するが，赤城山麓～榛名山麓は最も密集度が高い。これに使用される石材は，それぞれの地域にある多孔質黒色系安山岩，多孔質各閃石安山岩，牛伏砂岩である。

墓石調査数5,763基の石材別内訳は，

①利根川流域石材　4145基(71.9%)　②牛伏砂岩　544基(9.4%)

③西湘～伊豆石材　323基(5.6%)　④秋間石　219基(3.8%)

⑤椚石　210基(3.7%)　⑥転石　137基(2.4%)

⑦七沢石　90基(1.6%)　⑧その他　89基(1.5%)

⑨荒川流域結晶片岩8基(0.1%)

の9石材で，地域石材の種類が多く使用率も高い。県外から搬入される③西湘～伊豆石材と⑦七沢石は主に東部に分布する。

群馬県の石材利用は，榛名山麓，赤城山麓，利根川上流域，渡良瀬川流域，碓氷川流域，鏑川流域など山岳地と河川流域に分けて考えることが効果的である。

次に，この地域の石材利用を巻末資料6「墓石石材と利用率」をもとに考察する。

渡良瀬川流域では，桐生市浄運寺が利根川（渡良瀬川）流域安山岩 86.9％，西湘～伊豆石材 13.1％，対岸の笠懸町南光寺は利根川（渡良瀬川）流域安山岩 95.6％，西湘～伊豆石材 3.2％。更に下流に向かい大泉町成就院は利根川（渡良瀬川）流域安山岩 36.6％，西湘～伊豆石材 39％，七沢石 15.2％，館林市善長寺は利根川（渡良瀬川）流域安山岩 2.3％，西湘～伊豆石材 77％，七沢石 17.8％となる。渡良瀬川流域も利根川寄りと下流に行くに従って西湘～伊豆石材と七沢石の比率が高まっている。

赤城山麓の大胡町長善寺は利根川流域安山岩 100％，利根川左岸の前橋市日輪寺は利根川流域安山岩 98.6％，西湘～伊豆石材 0.7％，伊勢崎市大聖寺は利根川流域安山岩 93％，荒川流域結晶片岩 4.5％，西湘～伊豆石材 0.6％，尾島町明王院は利根川流域安山岩 37.9％，西湘～伊豆石材 41.6％，七沢石 17.4％である。山麓と利根川流域と渡良瀬川流域から採石された安山岩を使用する地域で，山麓から大間々扇状地上を下ると，西湘～伊豆石材，七沢石の流入がある。南端の尾島町安養寺明王院では，七沢石と西湘～伊豆石材の合計比率が 59％である。

榛名山麓では，東山麓にある渋川市石原寺で利根川流域安山岩 96.8％，秋間石 0.6％，その他 2.6％。南山麓にある群馬町大圓寺は利根川流域安山岩 98.8％，秋間石 0.3％，転石 0.6％。高崎市大信寺は利根川流域安山岩 95.4％，西湘～伊豆石材 2.5％，秋間石 1.3％。高崎市九品寺は利根川流域安山岩 90.2％，秋間石 4.1％，牛伏砂岩 2.3％，西湘～伊豆石材 1.2％。玉村町常楽寺は利根川流域安山岩 97.7％。利根川流域安山岩は山麓から利根川流域が主体で南部ではこれに秋間石，西湘～伊豆石材，牛伏砂岩石材など西と南か

常住寺(下仁田町)　椚石製

天竜護国寺(高崎市)
利根川流域安山岩製

らの石材が流通している。殊に，利根川水運を利用して内陸と江戸の物資の搬送拠点となった倉賀野宿所在の九品寺には小松石を含む西湘〜伊豆石材製大型墓石が多い。

碓氷川流域の安中市では，北野寺で秋間石 95.6%，利根川流域石材 2.9%，松井田町浦陀寺で安山岩 63%，転石 32.4%である。秋間石を主体として利根川流域石材がこれに加わるが周辺地域ではその比率が下がり，西方の松井田町では碓氷川真石転石(安山岩)の使用が高く，一部に妙義山の角礫凝灰岩が使用されている。秋間丘陵を挟んで北側の烏川流域は秋間石を主としてこれに烏川の真石が加工されたものと転石石材が利用される(榛名町光明寺)。これより下流では烏川真石が主体で秋間石の使用比率が急減している(高崎市宝福寺)。秋間石は安山岩石材主体の碓氷川下流の高崎市では一定の流通量があり(高崎市天龍護国寺で約 7.2%)，この流域を通して高崎から埼玉県中山道沿いに流通している。

鏑川流域上流は下仁田町常住寺で椚石 88.2%，転石 3.8%，牛伏砂岩 2.1%。椚石は富岡市西部から鏑川上流に流通する石材である。中流の富岡市から吉井町，藤岡市にかけては牛伏砂岩石材が主体でこれに利根川流域の安山岩石材が加わっている。

群馬県の墓石・石材の特徴は次の通り。

①墓石型式では，中世からの系譜を引く無縫塔型（A）～石殿型（D）の比率が高い。

②石殿型の造塔数は関東地方で最も多く，特に赤城・榛名山麓に集中している。

③石材は，巻末資料6「墓石石材と利用率」群馬県各寺院に見られる如く，榛名山麓，赤城山麓，利根川流域，渡良瀬川河川敷の利根川流域石材と秋間丘陵の秋間石，鏑川流域の牛伏砂岩，椚石，妙義角礫凝灰岩，赤城山麓凝灰岩，薮塚石の組み合わせにより構成されて，利根川沿岸から東毛地方には西湘～伊豆，七沢石材製墓石が流通し多様な石材利用が見られる。

④崩落岩や河川転石の利用率が高い。

⑤転石石材利用にともない竿部分の長径が短い墓石が多い。

(3)埼玉県

埼玉県は地形的に秩父盆地，利根川中流右岸，荒川中流，入間川流域，旧利根川低地帯に分けて観察することが効果的である。

本県調査27寺院の墓石型式は，表7の通りである。これをもとに寺院ごとに傾向を観察すると，無縫塔型（A）～石殿型（D）と柱状型頂部山形額無（L），皿形額無（M），自然石型（N）で空白の寺院が目立っている。

埼玉県で，最も多いのは丸形額有（H）で20.9%を占め11カ寺で全県に広がっている。次いで板碑型（G）13.3%で3寺，山形額有（J）10.2%が3寺で最も依存率が高い。

西部の光明寺（長瀞町）では61%，浄空院（嵐山町）が15.9%で緑泥片岩板状石材製の自然石型が多い。笠付型（K）は報土院（越谷市）で依存率が最も高い。

石殿型は，神川町・本庄市・熊谷市・小川町・嵐山町・入間市など群馬県寄りで確認できる。

この地域の石材利用を巻末資料6「墓石石材と利用率」をもとに考察すると，埼玉県の墓石調査数4,338基の石材別内訳は，

①西湘～伊豆石材 2,225基（51.3%）　②利根川流域石材 845基（19.5%）

③七沢石 732基（16.9%）　④荒川流域結晶片岩 221基（5.1%）

⑤伊奈石　96 基(2.2%)　⑥牛伏砂岩　71 基(1.6%)
⑦その他　61 基(1.4%)　⑧転石　46 基(1.1%)
⑨秋間石　41 基(0.9%)

の 9 石材である。

本県は，県外から搬入される石材に依存するが，西湘～伊豆石材と七沢石は埼玉県全域で，利根川流域石材は北部での使用が主体である。

秩父盆地出口に近い長瀞町光明寺は，簡易な加工を施した板状結晶片岩石材 52.8%，西湘～伊豆安山岩 24.4%，転石 9.8%。中世には利根川流域の石

表 7　「埼玉県の墓石型式」(百分率)

	寺院名	(造塔数・型)	A	B	C	D	E	F	G	H	I	J	K	L	M	N	O
1	興国禅寺(上里町)	273	1.1				7.3	3.7	11.4	28.2	8.1	19.8	1.8	2.6	13.6	0.7	1.8
2	光明寺(神川町)	270	0.7		0.4	0.7	5.2	2.2	20.0	18.1	3.3	24.1	1.1	5.2	14.8	3.0	1.1
3	長松寺(本庄市)	175	1.1		2.3	5.7	7.4	4.0	8.0	18.3	1.7	30.9	15.4	1.7	2.9		0.6
4	龍淵寺(熊谷市)	85	9.4	1.2	12.9		3.5		15.3	17.6	5.9	14.1	11.8	2.4	5.9		
5	正光寺(熊谷市)	151		0.7	0.7	0.7	9.3		10.6	33.1	15.9	13.2	6.0	3.3	3.3	2.0	1.3
6	万福寺(川本町)	173			0.6		11.0	9.8	2.9	26.0	13.9	11.0	1.2	1.2	4.6	17.9	
7	光明寺(長瀞町)	123	0.8		0.8		8.1	3.3		8.1	0.8	13.8	2.4	0.8		61.0	
8	保泉寺(江南町)	131					10.7	3.8	6.9	31.3	9.2	2.3	2.3	0.8	2.3	30.5	
9	大梅寺 (小川町)	164				1.2	5.5	4.3	11.0	25.0	3.7	4.9	12.2	14.6	3.7	10.4	3.7
10	浄空院(嵐山町)	126	3.2	2.4	7.9	0.8	10.3	2.4	10.3	8.7	8.7	2.4	16.7	5.6		15.9	4.8
11	妙玄寺(毛呂町)	131					6.9	4.6	9.2	9.2	9.9	19.1	9.2	16.0	4.6	4.6	6.9
12	養竹禅院(川島町)	205	2.9				11.7	2.9	23.4	22.4	17.1	7.3	2.9	3.9	3.9		1.5
13	勝願寺(鴻巣市)	287	1.0	8.2	2.7		9.6	2.4	21.3	22.3	11.7	4.5	10.3	0.3	1.4	0.7	3.4
14	雲祥寺(川里町)	223	0.9	0.9	2.7		8.5	0.9	9.0	29.6	29.1	2.2	8.1	4.9			3.1
15	無量寺(羽生市)	135					29.6	5.9	17.0	25.2	19.3	1.5	0.7	0.7			
16	養性寺(北川辺町)	110			0.9		24.5	11.8	10.9	20.9	5.5	11.8	9.1	4.5			
17	歓喜院(久喜市)	87	1.1	2.3	1.1		6.9	2.3	23.0	26.4	14.9	3.4	8.0	8.0			2.3
18	女楽院(春日部市)	59	1.7				11.9	8.5	10.2	33.9	10.2	10.2	5.1				8.5
19	報土院(越谷市)	73	1.4	1.4			17.8	11.0	9.6	8.2	12.3	1.4	23.3	12.3			12.3
20	長寿寺(日高市)	68	1.5	1.5	2.9		13.2	4.4	7.4	23.5	19.1	13.2	5.9	2.9	2.9		1.5
21	東光寺(入間市)	359	0.6	8.4		1.4	11.1	3.9	15.9	12.8	12.5	10.9	0.3	12.0	2.5	6.1	1.7
22	瑞巌寺(所沢市)	205					26.8	13.2	9.3	14.6	13.2	5.4		10.7	4.9		2.0
23	大仙寺(志木市)	159	1.9				22.6	8.2	4.4	15.1	18.9	11.9	3.8	8.8	1.9		2.5
24	多聞院(大宮市)	60					5.0	11.7	15.0	40.0	21.7						6.7
25	三学院(蕨市)	205	0.5	2.4	5.9		11.7	6.3	17.6	19.5	14.6	9.8	7.3	2.0	1.5		1.0
26	全棟寺(川口市)	149		0.7	1.3		22.8	10.1	24.2	18.1	10.1	4.0	2.7	3.4	2.0		0.7
27	東福寺(草加市)	148	2.0	2.7	2.7		16.9	6.1	13.5	20.3	17.6	0.7	4.7	7.4	3.4		2.0
	埼玉県全域	4338	1.0	i.7	1.5	0.5	12.2	5.0	13.3	20.9	12.1	10.2	5.6	5.3	3.7	5.2	2.0

大梅寺(小川町)　緑泥片岩製

勝願寺(鴻巣市)　西湘～伊豆石材製

材が搬入されたが，この時代には荒川流域の結晶片岩板状石材と転石などの地石が主として使用され，これに西湘～伊豆石材が加わっている。

利根川中流右岸，上里町興国禅寺は利根川流域石材 77.7%，牛伏砂岩 13.6%，秋間石 7.3%，西湘～伊豆石材 0.7%，荒川流域結晶片岩 0.7%。神川町光明寺は利根川流域石材 82.9%，牛伏砂岩 8.9%，秋間石 3.3%，西湘～伊豆石材 1.5%，荒川流域結晶片岩 3%，七沢石 0.4%。本庄市長松寺は利根川流域安山岩 83.4%，牛伏砂岩 5.7%，秋間石 2.3%，西湘～伊豆石材 4.6%，七沢石 3.4%。より下流の熊谷市龍淵寺は利根川流域石材 25.9%，西湘～伊豆石材 65.9%，七沢石 8.2%。同じ熊谷市でも荒川流域に近い正光寺は西湘～伊豆石材 60.9%，利根川流域安山岩 25.1%，七沢石 9.3%，牛伏砂岩 2%，荒川流域結晶片岩 0.7%である。これらの地域は，利根川が山間地から関東平野に流入する場所に近く，北方利根川流域石材の使用率が高くなっている。

荒川右岸の川本町満福寺は，利根川流域石材 42.8%，西湘～伊豆石材 22.5%，七沢石 13.9%，秋間石 1.2%，荒川流域結晶片岩 1.7%の順である。槻川上流の小川町は緑泥片岩石材露頭部があり，同所の大梅寺では緑泥片岩を主とした結晶片岩が 39%，西湘～伊豆石材 25%，七沢石 17.7%，利根川流域石材が 9.2%，七沢石 17.7%に秋間石 0.6%がこれに次いでいる。小川町東方の嵐山町浄空院は西湘～伊豆石材 50%，利根川流域石材 11.9%，七沢石9.5%，結晶片岩15.9%，伊奈石12.7%である。この傾向は，江南町保泉寺では結晶片岩31.3%，西湘～伊豆石材32.8%，七沢石27.4%，利根川流域石材6.9%，秋間石0.8%である。この地域は，中世の武蔵型板碑石材を採石した結晶片岩層に近く使用率が高い地域である。この東方の川島町養竹禅院では西湘～伊豆石材が63.9%と高くこれに七沢石20.5%，利根川流域石材15.1%となっている。結晶片岩石材の使用が比企丘陵に留まっていることが分かる。

東光寺(入間市)　伊奈石製

入間川流域は，上流の日高市長寿寺では西湘～伊豆石材73.5%，七沢石22%，伊奈石が3%でこれに次いでいる。入間市東光寺は西湘～伊豆石材42.3%，七沢石37.9%であるが，伊奈石採掘地に近いことから伊奈石が13.4%を占めている。入間川流域の転石石材の使用も見られる。下流の所沢市瑞巌寺は西湘～伊豆石材が61%で上流と逆転し七沢石が34.6%である。

中山道沿いの鴻巣市勝願寺では西湘～伊豆石材が81.8%で比率が高く，七沢石16.5%，荒川流域結晶片岩0.7%である。蕨市三学院では西湘～伊豆石材が93.7%，七沢石6.3%である。これより下流で江戸に近い川口市全棟寺では西湘～伊豆石材が87.9%，七沢石12%で，下流ではこの2石材が主体となっている。

旧利根川低地帯上流の羽生市無量寺は西湘～伊豆石材81%，七沢石11.9%，安山岩7.4%である。北川辺町養性寺では西湘～伊豆石材が73.7%，七沢石23.6%である。越谷市報土院では西湘～伊豆石材が87.7%，七沢石12.3%である。これより下流で江戸寄りの草加市東福寺では89.1%が西湘～伊豆石材，七沢石9.5%で，西湘～伊豆石材を中心に七沢石が加わっている地域である。

埼玉県の墓石型式と石材の特徴は，次の通り。

①墓石形式は，無縫塔型(A)，柱状型頂部平形額有(I)の若干の相違点を除くと東京とともに関東地方墓石型式の標準的な推移を示している。

②これらに使用される石材は，北部は利根川流域安山岩，牛伏砂岩，西部は荒川流域結晶片岩，伊奈石の影響が若干あるが，中央部は西湘～伊豆石材と七沢石を主体としている。

③中世武蔵型板碑石材に多数使用された荒川流域中流緑泥片岩は，切石による方柱型の近世墓石には不向きであったことから限られた地域でのみ使用されている。石材の多くは県外からの搬入品である。

(4)茨城県

表8に基づいて各寺院の墓石型式を観察すると，茨城県では板碑型(G) 18.4%，丸形額有(H) 14.3%で，石仏型立像(E)，無縫塔型(A)がこれに次ぐが，五輪塔型(B) ～宝篋印塔型(C)の比率は低く，無縫塔型～石殿型(D)と柱状型頂部山形額無(L)，皿形額無(M)は空白の寺院がある。

県内は，地形の特徴から筑波山を中心に県西部と東部に，東部は更に北と南に分けて考察することが効果的である。

茨城県では，石仏型立像(E)と板碑型(G)，柱状型頂部丸形額有(H)を最大数としている寺院が多く，山地や海岸の石材産出地をひかえる地域では自然石型(N)に依存している。

板碑型を最大数とする寺院は，阿弥陀寺(岩井市)・弘経寺(水海道市)・龍勝寺(つくば市)・常林寺(八郷市)・清涼寺(石岡市)・沖州共同墓地(玉造町)・無量寿寺他(鉾田市)など南部に多い。柱状型頂部丸形額有(H)を最大数とするのは多宝寺(下妻市)・常安寺(常陸太田市)・神応寺(水戸市)・華蔵院(ひたち中市)・智教院(常陸太田市)・東聖寺(ひたち中市)・日輪寺(日立市)・無量寿寺他(鉾田市)，無縫塔型は積善院他(筑西市)・大雄院(日立市)・興正寺(石下町)・定林寺(筑西市)など北部寺院が多い。

この他，石仏型立像は常繁寺(猿島町)・長禅寺墓地(取手市)・華蔵院(ひたち中市)・三光院(鉾田市)・寿量院(美浦町)・西泉寺(稲敷市)など茨城県南部の寺院で多い。石殿型は造塔数は少ないが霞ヶ浦から利根川河口に分布して

表８　「茨城県の墓石型式」(百分率)

	寺院名	(造塔数・型)	A	B	C	D	E	F	G	H	I	J	K	L	M	N	O
1	正定寺(古河市)	124	2.4		2.4		12.1	4.0	15.3	19.4	4.8	18.5	18.5	1.6			0.8
2	永光寺(三和町)	78		1.3	1.3		11.5	16.7	5.1	17.9	11.5	2.6	9.0	19.2			3.8
3	常繁寺(猿島町)	135	3.7		0.7		23.7	7.4	14.8	15.6	20.0	4.4	3.7	3.7	2.2		
4	下小橋下陵共同墓地(境町)	83					25.3	12.0	6.0	16.9	30.1	1.2		2.4	6.0		
5	阿弥陀寺(岩井市)	40	2.5		2.5		5.0	2.5	27.5	22.5	17.5	5.0		7.5	2.5		5.0
6	弘経寺(水海道市)	240	21.7	1.3	0.4		9.2	8.8	37.1	7.5	5.4	0.8	4.6		2.5	0.4	0.4
7	多宝寺(下妻市)	86		4.7	5.8		8.1	2.3	11.6	19.8	15.1	1.2	8.1	11.6	8.1		3.5
8	興正寺(石下町)	139	30.9	1.4	1.4		5.8	3.6	25.2	5.8	1.4	1.4	14.4	1.4	6.5		0.7
9	定林寺(筑西市)	128	18.8	6.3			15.6	2.3	10.2	11.7	5.5	3.9	4.7		5.5	14.8	0.8
10	積善院他(筑西市)	94	20.2	9.6			17.0	5.3	2.1	7.4	1.1	3.2	9.6	16.0	3.2	4.3	1.1
11	密弘寺(真壁市)	196	2.0				9.7	5.6	10.2	5.1		8.7	24.5	1.5	14.3	17.9	0.5
12	龍勝寺(つくば市)	357	6.4			1.1	7.3	0.8	42.0	1.7	0.3	1.7	0.3		2.2	35.9	0.3
13	長禅寺墓地(取手市)	152					24.3	22.4	13.8	15.8	9.9	1.3	1.3	2.0	9.2		
14	長福寺(太子町)	89	16.9		1.1		2.2		1.1	22.5	1.1		1.1	1.1		52.8	
15	常安寺(常陸太田市)	149		18.1			6.0	6.0	9.4	31.5	0.7	2.7	0.7	2.7		21.5	0.7
16	大山寺(城里町)	57	1.8				12.3	8.8	5.3	8.8	7.0	3.5		17.5	5.3	28.1	1.8
17	神応寺(水戸市)	154	2.6				5.8	1.9	8.4	37.7	7.1	5.2	0.6	4.5	0.6	15.6	9.7
18	七ケ寺(ひたち中市)	62					1.6	1.6		4.8	9.7	3.2		12.9	59.7	3.2	3.2
19	華蔵院(ひたちなか市)	176	5.1				18.2	9.7	9.7	18.2	7.4	3.4	2.3	7.4	7.4	9.7	1.7
20	盛岸寺(笠間市)	151	9.3				1.3		8.6	8.6	7.3	3.3	14.6		1.3	44.4	1.3
21	光明寺(友部町)	163	3.7				3.1	0.6	17.8	8.0	5.5	14.7	0.6	5.5	0.6	38.0	1.8
22	智教院(常陸太田市)	56	1.8		1.8		1.8			32.1	17.9			8.9	3.6	32.1	
23	東聖寺(ひたちなか市)	126					3.2	11.9	7.9	44.4	2.4	2.4	1.6	6.3	0.8	19.0	
24	大雄院(日立市)	114	57.0				3.5	1.8		10.5	0.9	0.9		3.5		21.9	
25	日輪寺(日立市)	106					3.8	3.8	0.9	42.5	4.7		0.9	5.7		33.0	4.7
26	常林寺(八郷市)	205	9.3				17.1	2.9	39.5	3.4	1.5	6.3	3.9	5.4	7.3	2.4	1.0
27	清涼寺(石岡市)	207	11.6		0.5		5.8	6.8	30.9	9.7	6.3	3.9	2.4	2.4	7.7	10.1	1.9
28	等覚院(土浦市)	135					3.7	5.9	1.5	14.1	3.7	19.3	2.2	6.7	15.6	19.3	8.1
29	沖州共同墓地(玉造町)	162		0.6	0.6	0.6	6.2	1.9	65.4	7.4	3.7		3.7	7.4		2.5	
30	無量寿寺他(鉾田市)	43	4.7				2.3	11.6	20.9	20.9	4.7	7.0	2.3	11.6	9.3		4.7
31	三光院(鉾田市)	66					21.2	12.1	12.1	16.7		9.1	7.6	7.6	4.5		9.1
32	寿量院(美浦町)	80	1.3				23.8	12.5	13.8	11.3	12.5	5.0		5.0	5.0	1.3	8.8
33	大統寺(竜ヶ崎市)	150	2.0	6.0	2.7		16.7	18.7	13.3	12.7	6.0	1.3	12.7	8.0			
34	西泉寺(稲敷市)	65	1.5		1.5	3.1	26.2	13.8	1.5	13.8	10.8	9.2	3.1	4.6	4.6	1.5	4.6
	茨城県全域	4368	7.8	1.5	0.5	0.2	10.3	6.2	18.4	14.3	5.9	4.5	5.1	4.6	5.0	14.	1.9

いる。

石仏型座像を最大数としているのは長禅寺墓地，ついで大統寺である。笠付型には竿が方柱石材で笠石の軒を立ち上げ笠の頂部を四角錐に簡略化した

密弘寺(真壁町)　花崗岩製

型式が含まれる。柱状型頂部平形額有(Ｉ)型式は下小橋下陵共同墓地(境町)，山形額有(Ｊ)は正定寺(古河市)・等覚院(土浦市)，笠付型は正定寺(古河市)・密弘寺(真壁市)，皿形額無(M)は七ケ寺(ひたち中市)の諸寺院で最大数を示している。自然石型を最大数とする寺院は，板状石，円礫やこれら前面を簡略加工した大山寺(城里町)，盛岸寺(笠間市)・光明寺(友部町)・智教院(常陸太田市)・等覚院(土浦市)など筑波山周辺と常陸地方に見られる。

墓石調査数 4,368 基の石材別内訳は，

①西湘～伊豆石材 352 基(38.2%)　②筑波山周辺花崗岩　821 基(18.8%)

③その他　460 基(10.5%)　④町屋蛇紋岩　399 基(9.1%)

⑤七沢石　352 基(8.1%)　⑥筑波山周辺黒色片岩 287 基(6.6%)

⑦転石　272 基(6.2%)　⑧飯岡石　104 基(2.4%)

⑨宇都宮周辺凝灰岩　5 基(0.1%)

の 9 石材である。

県外から搬入される①西湘～伊豆石材，⑤七沢石，⑧飯岡石は南部で使用率が高く，筑波山周辺の中部から北部では地域石材使用率が高い。

この地域の石材利用を巻末資料 6 をもとに考察する。

渡良瀬川左岸で栃木県境にある古河市正定寺では西湘～伊豆石材 83.9%，七沢石 15.3%で構成されている。利根川左岸の境町下小板橋下陵共同墓地では西湘～伊豆石材 67.5%，七沢石 32.5%，この南の岩井市阿弥陀寺では西湘～伊豆石材 60%，七沢石 40%である。この地域の東に繋がる，鬼怒川流域の石下町興正寺では西湘～伊豆石材 79.1%，七沢石 10.8%，花崗岩 8.6%，水海道市弘経寺では西湘～伊豆石材 92.5%，七沢石 5%，花崗岩 1.3%。三和町永光寺では西湘～伊豆石材 64.1%で七沢石 34.6%である。

鬼怒川と小貝川の中間地域にある下妻市多宝院他では西湘～伊豆石材 65.1

%，七沢石 29%，花崗岩 4.7%である。猿島町常繁寺では西湘～伊豆石材 83.7%と七沢石 15.6%である。

小貝川流域の筑西市定林寺では西湘～伊豆石材 49.2%，花崗岩 22.7%，黒色片岩 11.7%，七沢石 9.4%で凝灰岩が少量流入している。同市積善院では西湘～伊豆石材 53.2%，七沢石 24.5%，宇都宮周辺凝灰岩 2.1%，花崗岩 1.7%である。

この地域は利根川寄りで西湘～伊豆石材と七沢石の使用率が高く東に移行するに従って筑波山や加波山系の花崗岩や黒色片岩が混在している。また，北方に行くに従い宇都宮凝灰岩石材が増加する。

千葉県西部と利根川を挟んで接する取手市長禅寺では西湘～伊豆石材 76.3%，次いで七沢石 19.1%でこれに僅かに飯岡石がある。

東部北側地域は，北は福島県境山岳丘陵地，西が栃木県境から水戸市に至る地域で，栃木県から流入する那珂川，福島県から流入する久慈川流域と太平洋岸に開けた地域が中心である。

那珂川水系では，北部山岳中の大子町長福寺では那珂川転石が 80%近くあり，これに町屋蛇紋岩 20.2%と僅かな地域凝灰岩が含まれている。この下流の城里町大山寺では地域の凝灰岩質砂岩が 52.6%で，町屋蛇紋岩が 15.8%を占めている。水戸市神応寺は町屋蛇紋岩 38.3%，花崗岩 28.6%で西湘～伊豆石材 0.6%が流通している。那珂川が太平洋に流入するひたち中市華蔵院では飯岡石と区別不能の地元海岸石材 51.1%，町屋蛇紋岩 21.6%，主として大型墓石に主に使用されている西湘～伊豆石材 8%，花崗岩 9.7%に石灰岩（寒水石）が僅かに流通している。水戸市西方の笠間市盛岸寺では花崗岩 55.7%，黒色片岩板状石材 37%，南の友部町光明寺では花崗岩 43.6%，黒色片岩板状石材 27%，町屋蛇紋岩が約 7.4%，

光明寺（友部町）　黒色片岩製

凝灰岩，西湘〜伊豆石材が僅か流通している。上流からの凝灰岩はこの地が限界で，花崗岩は那珂川下流地域へ連続している。

久慈川水系では，常陸太田市知教院は対岸が町屋蛇紋岩採石地で，67.9%が蛇紋岩製，32.1%が河川転石である。久慈川と那珂川下流中間地にあるひたち中市東聖寺は49.2%が町屋蛇紋岩、42.1%が結晶片岩や石灰岩，砂岩等の板状石材で，8.7%が筑波山周辺花崗岩である。

太平洋岸では，町屋蛇紋岩丁場がある高鈴山東麓の日立市大雄院で49.1%が町屋蛇紋岩，ほぼ同比率で結晶片岩や石灰岩，砂岩等の板状石材である。この傾向はこれより南の日立市日輪寺でも同様である。

この東部北側地域は，那珂川流域上流では河川転石と栃木県境凝灰岩に加えて町屋蛇紋岩を主体とするが，下流の水戸市に向かい町屋蛇紋岩，花崗岩，黒色変岩の組み合わせが多くなっている。西湘〜伊豆石材は僅かに流通するが江戸方面からの石材の影響は少ない。河口のひたち中市は海岸部の砂岩使用率が高いが飯岡石との区分困難なものも多い。地域全体として町屋蛇紋岩への依存が強い地域である。久慈川流域と太平洋岸は町屋蛇紋岩と地域転石石材を利用する地域である。転石石材は結晶片岩，砂岩，石灰岩(寒水石)などの使用が中心であるが江戸の石材は流通していない地域である。

東部南側地域は，霞ヶ浦周辺地域と利根川下流低地帯である。筑波山寄りの八郷町常林寺は花崗岩67.8%，西湘〜伊豆石材19.5%，飯岡石6.8%，黒色片岩2.4%で1%の七沢石がある。石岡市清涼寺は西湘〜伊豆石材55.1%，花崗岩18.8%，黒色片岩板状石材10.1%，飯岡石9.2%，七沢石約5.3%。土浦市等覚寺は土浦市街地にある寺院で西湘〜伊豆石材45.9%，七沢石28.1%，黒色変岩板状石11.9%，飯岡石7.4%，筑波山周辺花崗岩約3%。霞ヶ浦北岸の玉造町沖洲墓地は西湘〜伊豆石材75.3%，飯岡石約11.7%，七沢石約9.3%，筑波山麓黒色変岩板状石約2.5%で，町屋蛇紋岩が少量流通している。鉾田町無量寿寺・円満寺は墓石が少ないが西湘〜伊豆石材67.4%，七沢石18.6%，飯岡石9.3%。北浦北岸の鉾田市街地にある三光院は大型墓石のみが残り西湘〜伊豆石材98.5%で町屋蛇紋岩が僅かに含まれる。霞ヶ浦南岸にある美浦村寿量院では西湘〜伊豆石材63.7%，七沢石約22.5%，飯岡石 11.2%，筑波山麓黒色変岩板状石約 1.3%である。これらより更に南で利根川低地帯の竜ヶ崎市大統寺は西湘～伊豆石材 89.4%，七沢石 9.3%，飯岡石 1.3%。稲敷市西泉寺は西湘～伊豆石材 72.3%，七沢石 15.4%，飯岡石 10.8%，黒色変岩板状石 1.5%。この傾向は対岸の千葉県に継続している。

このように，東部南側地域は太平洋岸と江戸方面から江戸川を遡上して利根川を下る西湘～伊豆石材・伊奈石石材への依存が依然強いが，北部地域ではこれが急減して江戸方面からの石材の限界地域となっている。筑波山周辺石材の花崗岩，黒色変岩板状石はこの筑波山周辺部に多く，東部からは飯岡石が主に石像墓石に利用される。北部の久慈川流域からくる町屋蛇紋岩の流通は急減している。

茨城県の墓石，石材の特徴は，次の通り。

①県内の墓石型式は，北部は茨城県全体の動向とほぼ同様の造塔傾向を示すが，宝篋印塔型(C)を欠き，自然石型への依存率が高い。この地方で丸型額有(H)型式の造塔数が多いのは，町屋蛇紋岩によっている。南部は江戸方面からの石材流通により板碑型など,江戸方向からの墓石型式が多く入るが,小型も多い。丸形額有(H)の造塔数は少なくなっている。西部は無縫塔型，石仏型立像(E)，笠付型(K)が多く，自然石型は筑波山周辺に限られている。筑波山周辺に無縫塔型，五輪塔型が，利根川寄りには宝篋印塔型がやや多い。

②石材は，栃木県境に近い高峯山～加波山～筑波山の花崗岩，筑波山東麓の黒色片岩と久慈川支流の里川左岸で高鈴山西麓の町屋蛇紋岩が広域に流通し，久慈川下流石灰岩(寒水石)及び結晶片岩，砂岩類の海岸部転石など地域石材が流通範囲は狭いが利用されている。県外からの石材は，栃木県から芦野石，江戸方面から西湘～伊豆石材，七沢石，銚子方面からは飯岡石が流通している。

③県外からの石材の流通路は，太平洋経由と利根川経由がある。西部は，中世には東京湾から利根川に通じる水運により運ばれた緑泥片岩製武蔵型板碑造塔が盛んであった地域で，近世でも利根川流域の水運の影響が大きい地域である。

(5)千葉県

千葉県の墓石調査数は2,512基である。表9をもとに各寺院の墓石造塔を見ると，無縫塔型（A）～石殿型（D）と市原市付近の柱状型頂部山形額有（J），皿形額無（M），自然環境に影響される自然石型（N）に空白が多い。最も多い型式は丸形額有（H）で19.3%，板碑型（G）16.2%，石仏型立像（E）13.4%がこれに次いでいる。房州石材の採石地に近い妙典寺では笠付型（K）が半数を占める。石殿型は前面に鳥居を彫りだしたものが多く成田市神光寺・佐原市法界寺・大栄町妙福寺・八日市場市東榮寺・市原市圓明院にあり銚子地方を中心に分布する。北の茨城県霞ヶ浦周辺地域の分布と連続する。

千葉県は，東京都に近い県西部の下総地方と上総・安房地方に分けて考えることが出来る。五輪塔型（B）～宝篋印塔型（C）は造塔数が少なく点在的

表9　「千葉県の墓石型式」（百分率）

寺院名	（造塔数・型）		A	B	C	D	E	F	G	H	I	J	K	L	M	N	O
1	普門寺（野田市）	81	19.8				11.1	8.6	11.1	24.7	19.8	1.2	1.2		1.2		1.2
2	持法院（柏市）	138			1.4		25.0	5.0	26.4	22.1	5.0	0.7	4.3	5.0	5.0		
3	東大寺（印西市）	88		2.3	1.1		13.6	6.8	12.5	21.6	17.0	2.3	2.3	6.8	9.1		4.5
4	海隣寺（佐倉市）	143			0.7		12.6	5.6	10.5	23.8	18.9	9.1	2.8	9.1	4.2	0.7	2.1
5	神光寺（成田市）	46				2.2	8.7		4.3	26.1	23.9	6.5		13.0	8.7		6.5
6	法界寺（佐原市）	148	2.0	1.4	1.4		5.4	2.7	23.0	23.0	0.7	16.9	2.7	8.8	3.4	4.7	4.1
7	妙福寺（銚子市）	141		4.3		0.7	6.4	1.4	4.3	28.4	9.2	12.1	2.1	14.2	9.2	5.0	2.8
8	長興禅院（大栄町）	145				9.7	21.4	11.0	15.2	15.9	1.4	4.1		18.6	2.1		0.7
9	光明寺（成東市）	96					30.2	18.8	11.5	19.8	6.3	8.3	3.1	1.0	1.0		
10	東榮寺（八日市場市）	168		0.6	0.6	6.0	23.8	7.1	7.1	7.7	1.8	17.9	1.8	14.9	7.1		3.6
11	藻原寺（茂原市）	118		0.8	5.9		0.8		14.4	19.5	7.6	2.5	18.6	17.8	8.5	0.8	2.5
12	上行寺（夷隅町）	71					4.2		15.5	25.4	31.0	4.2	7.0	7.0	4.2		1.4
13	法華経寺（市川市）	152		1.3	0.7		4.6	0.7	42.1	22.4	12.5	2.0	1.3	7.9	3.9		0.7
14	金光院（千葉市）	162	2.5	3.7			10.5	17.3	24.1	18.5	11.7		4.3	4.9	2.5		
15	守永寺（市原市）	46	4.3				23.9	17.4	21.7	21.7	10.9						
16	医光寺（市原市）	57	15.8		3.5		24.6	3.5	15.8	14.0	14.0		5.3	1.8			1.8
17	圓明院（市原市）	121	14.0			0.8	24.0	4.1	9.1	31.4	6.6		5.0	1.7	2.5		0.8
18	正原寺（久留里町）	57	15.8		3.5		3.5	15.8	31.6	17.5	12.3						
19	松翁院（富津市）	127					22.0	22.8	15.0	15.7	14.2	0.8	3.9	2.4	2.4		0.8
20	妙典寺（鋸南町）	147		2.0	0.7				26.5	7.5	2.0	4.8	53.7	0.7	2.0		
21	三福寺（館山市）	132	1.5				8.3	8.3	2.3	18.2	9.1	19.7	4.5	19.7	8.3		
22	本覚寺（鴨川市）	126	0.8				15.1	11.1	6.3	11.1	4.8	11.9	2.4	11.9	12.7	6.3	5.6
	千葉県全域	2512	2.5	0.9	0.8	1.1	13.4	7.4	16.2	19.3	9.4	6.5	6.5	8.4	4.7	1.0	1.7

である。石仏型立像から柱状型頂部皿形額無(M)は石仏型立像，板碑型，丸形額有(H)を中心に上総地方内陸部で一定数が継続して造塔されているが，東京湾岸では山形額有(J)，山形額無(L)，皿形額無(M)が少ない。

石仏型立像を最大数とする寺院は，長興禅院(大栄町)・光明寺(成東市)・東榮寺(八日市場市)・守永寺(市原市)・医光寺(市原市)・本覚寺(鴨川市)。石仏型座像(F)は松翁院(富津市)，板碑型は法華経寺(市川市)・金光院(千葉市)・正原寺(久留里町)・柏市持宝院，柱状型頂部丸形額有(H)は野田市普門寺・印西町東大寺・佐倉市海隣寺・成田市神光寺・佐原市法界寺・銚子市妙福寺・藻原寺(茂原市)・圓明院(市原市)・三福寺(館山市)が最大数の寺院である。県内にほぼ均等に見られるが，石仏型立像は東部にやや多い。石殿型墓石を持つのは神光寺(成田市)・妙福寺(銚子市)・長興禅院(大栄町)・東榮寺(八日市場市)・圓明院(市原市)である。

この地域の石材利用を巻末資料6をもとに考察すると，2,512基の石材別内訳は，

①西湘～伊豆石材　1672基(66.6%)　②七沢石　419基(16.7%)
③その他　161基(6.3%)　④房州石　122基(4.9%)
⑤飯岡石　105基(4.2%)　⑥転石　15基(0.6%)
⑦利根川流域安山岩 11基(0.4%)　⑧筑波山周辺黒色片岩 5基(0.2%)
⑨筑波山周辺花崗岩　2基(0.1%)

の9石材である。

地域石材では，房州石が房総半島の一部に，飯岡石が下総地方に流通している。県外からの石材は西湘～伊豆石材を核に七沢石が全県に流通している。

下総地方では，野田市普門寺は西湘～伊豆石材58.1%，七沢石29.6%，利根川流域安山岩11.1%。柏市持宝院は西湘～伊豆石材87.1%，七沢石10%，飯岡石2.9%。印西市東大寺では西湘～伊豆石材69.4%，七沢石26.1%，飯岡石1.1%，安山岩2.3%で利根川流域安山岩が僅かにある。佐倉市海隣寺は中世後半の飯岡石製五輪塔，宝篋印塔が存在する寺院だが，西湘～伊豆石材約79%，七沢石16.1%，飯岡石3.5%と安山岩などが僅かにある。成田市神光寺は西湘～伊豆石材34.8%，七沢石63.0%，飯岡石2.2%。佐原市法界

本覚寺(鴨川市)　泥岩質製

妙典寺(鋸南町)　房州石製

寺は西湘〜伊豆石材81.0%，七沢石12.2%，黒色片岩3.4%，飯岡石が僅かにある。銚子市妙福寺は西湘〜伊豆石材39.7%，七沢石18.4%，飯岡石34.9%，転石4.3%。大栄町長興寺は西湘〜伊豆石材64.8%，七沢石20%，飯岡石13.8%，転石1.4%。江戸湾側の市川市法華経寺は西湘〜伊豆石材81.6%，七沢石17.8%。千葉市金光院は西湘〜伊豆石材85.2%，七沢石14.8%である。

上総・安房地方では，茂原市藻原寺は西湘〜伊豆石材70.3%，七沢石26.3%，花崗岩と転石が僅かに見られる。夷隅町上行寺は西湘〜伊豆石材70.4%，七沢石28.2%。市原市圓明院は西湘〜伊豆石材90.9%，七沢石8.3%。久留里町正原寺は西湘〜伊豆石材85.9%，七沢石5.3%，房州石1.8%。富津市松翁院は西湘〜伊豆石材90.6%，七沢石3.9%，房州石3.9%。鋸南町妙典寺は西湘〜伊豆石材20.4%，七沢石3.4%，房州石76.2%。館山市三福寺は西湘〜伊豆石材56.9%，七沢石37.1%，房州石3%。鴨川市本覚寺は西湘〜伊豆石材5.6%，地元石材が88.1%，その他転石が6.3%である。

千葉県の墓石，石材の特徴は，次の通り。

①江戸方面の造塔型式と同じ傾向を示している。

②無縫塔型(A)〜柱状型頂部平形額有(I)までは関東地方全体の動向と類似するが山形額有(J)が少なく山形額無(L)が多い。

③石殿型(D)の造塔数は，上総地方を中心に見られるが前面に鳥居があり

内神が納められたものが中心である。

④千葉県は，地質構造上墓石の適材が得にくい地域で，江戸時代を通して江戸方面からの西湘～伊豆石材や七沢石に依存している。この石材の運搬には，南部や東部沿岸は江戸湾・房総沖から九十九里へ，西部は茨城県南部同様に江戸湾から江戸川を遡上して，利根川に入り霞ヶ浦から銚子方面に下る水運に依存するものと考えられ，江戸から運ばれた石材利用率はその傾向を示している。

(6)東京都

東京都は，地形から多摩地方，武蔵野台地，利根・荒川低地に分けて考えることが出来る。西多摩には伊奈石採石地があり，東京湾の利根・荒川河口は江戸で使用する西湘～伊豆石材をはじめ各地から運ばれた石材の集散地である。

調査11寺院の墓石型式は，表10の通りである。これをもとに各寺院を見ると，石殿型(D)と五輪塔型(B)，宝篋印塔型(C)，笠付型(K)，柱状型頂部山形額無(L)，皿形額無(M)に空白寺院がある。自然石型(N)の空白は自然環境からくるものである。

石殿型墓石を除いて各型式が揃う。柱状型頂部丸形額有(H)が21.5%で最も多く，板碑型(G) 16.6%，笠付型(K) 8.7%，平形額有(I)が8.2%，山形額無(L)が7.1%である。笠付型の造塔比率が他の地域より飛び抜けて高い。

造塔比率が最も高いのは，石仏型立像(E)では足立区慈眼寺，板碑型は墨田区蓮花寺で両者とも下町の寺院である。笠付型は台東区寛永寺(28.6%)，大田区本門寺(27.4%)，八王子市極楽寺(25.3%)で，前2者は大寺で江戸でも裕福な檀家を持つ寺院であり，後者も八王子市内の古刹の寺院で富裕層がこの型式の墓石を造塔したことを示している。

柱状型頂部丸形額有(H)を最大数としている寺院は，あきる野市大悲願寺・東村山市梅岩寺・府中市西蔵院・杉並区善福寺・町田市妙延寺，山形額有(J)を最大数としているのは港区薬王寺である。

東京都1625基の石材別内訳は，

表 10 「東京都の墓石型式」（百分率）

	寺院名	(造塔数・型)	A	B	C	D	E	F	G	H	I	J	K	L	M	N	O
1	慈眼寺（足立区）	168	0.6	3.0	2.4		22.6	16.1	11.9	10.7	8.3	3.6	6.0	10.7	3.6		0.6
2	蓮花寺（墨田区）	165	1.8	3.6	1.2		12.7	11.5	27.3	8.5	5.5	0.6	7.9	9.7	6.7		3.0
3	寛永寺他（台東区）	105	14.3	6.7	11.4		7.6	1.0	5.7	8.6	1.9	5.7	28.6	1.0	6.7		1.0
4	極楽寺（八王子市）	150	3.3		2.7		8.7	1.3	8.0	15.3	3.3	4.0	25.3	11.3	16.7		
5	大悲願寺（あきる野市）	217	0.5	13.8	0.5		16.6	0.9	11.1	21.7	4.6	0.5	0.5	15.7	7.8		6.0
6	梅岩寺（東村山市）	220	8.6	0.5	0.9		9.5	6.8	16.8	19.5	16.8	2.3	2.3	6.8	6.4		2.7
7	西蔵院（府中市）	133	6.0	0.8	0.8		7.5	5.3	18.8	48.9	5.3	6.0					0.8
8	善福寺（杉並区）	168	4.8				20.2	7.7	20.2	25.0	17.9	2.4		1.8			
9	薬王寺（港区）	41								19.5	7.3	22.0	14.6	14.6	17.1		4.9
10	本門寺（大田区）	117	0.9	2.6	9.4				12.0	23.9	9.4	6.8	27.4	5.1	0.9	0.9	0.9
11	妙延寺（町田市）	141	3.5	2.1	2.8		2.1		37.6	37.6	4.3	2.1	5.0		0.7		2.1
	東京都全域	1625	4.1	3.4	2.5		11.3	5.3	16.6	21.5	8.2	3.5	8.7	7.1	5.5	0.1	2.0

①西湘～伊豆石材 921 基(56.7%)　　②七沢石　432 基(26.6%)

③伊奈石　　240 基(14.7%)　　④その他　31 基(1.9%)

⑤荒川流域結晶片岩　1 基(0.1%)

の 5 石材である。

いずれも都外から搬入された①西湘～伊豆石材と②七沢石が主体となっている。この地域の石材利用を巻末資料 6 をもとに考察すると，次の通り。

多摩地方では，伊奈石採石地にあるあきる野市大悲願寺は 99.5%が伊奈石で西湘～伊豆石材は 0.5%である。神奈川県寄りの八王子市極楽寺は西湘～伊豆石材 30.7%，七沢石 57.3%，伊奈石 11.3%である。

武蔵野台地上の東村山市梅岩寺は西湘～伊豆石材 59.1%，七沢石 36.8%，伊奈石 3.2%，伊奈石は東方に行くに従い使用比率が下がる。多摩川流域に近い府中市西蔵院は西湘～伊豆石材 51.9%，七沢石 47.4%である。これらよりも都内寄りの杉並区善福寺は西湘～伊豆石材 62.5%，七沢石 33.3%である。多摩川河口の大田区本門寺は西湘～伊豆石材 91.5%，七沢石約 7.7%，港区薬王院は西湘～伊豆石材 87.8%，七沢石 12.2%であり，都心に向かって西湘～伊豆石材の依存率が高まっている。しかし，多摩川右岸の様相は少し異なり，町田市妙延寺は西湘～伊豆石材 12.8%，七沢石 79.4%で神奈川県から流通する七沢石への依存度が高くなっている。

利根・荒川低地では，足立区慈眼寺で西湘〜伊豆石材 92.9%，七沢石 5.3%。墨田区向島蓮花寺は西湘〜伊豆石材 92.7%，七沢石 6.7%。台東区寛永寺等では西湘〜伊豆石材 95.2%，他が 4.9% で西湘〜伊豆石材への依存率が高い。

東京都の墓石，石材の特徴は次の通り。

①墓石型式は，石殿型（D）を除いて各型式が揃うが本門寺，妙延寺では石仏型立像（E），石仏型座像（F）の造塔の確認が困難である。

②墓石型式は，中世からの型式を引き継いだ無縫塔型（A）〜宝篋印塔型（C）と笠付型（K）の比率が最も高く，規格の大きいものが含まれる。

③石材的には，西湘〜伊豆石材への依存率が 90% を越えて高い。

⑺神奈川県

神奈川県は東京湾岸，相模川流域，伊勢原台地，相模湾沿岸と三浦丘陵に分けて検証することが有効である。同県の石材は小田原から伊豆半島に連続する西湘〜伊豆石材と伊勢原台地の七沢石の 2 石で，県外北部から伊奈石の流入が少量ある。

本県調査 15 寺院の墓石型式は，表 11 の通りである。寺院ごとに観察すると，前半の無縫塔型（A）〜石殿型（D）と笠付型（K），柱状型頂部山形額無（L），皿形額無（M），自然石型（N）で空白を持つ寺院がある。墓石型式で多いのは，五輪塔型（B）が常楽寺（川崎市），石仏型立像（E）は九品寺（鎌倉市）・蓮光寺（綾瀬市），板碑型（G）は常安寺（川崎市）・常真寺（横浜市）・西福寺（横浜市）・広沢寺（厚木市）・浄徳院（秦野市），柱状型頂部丸形額有（H）は無量光寺（相模原市）・長昌寺（横浜市）・貞昌院（横浜市）・妙純寺（厚木市）・建徳寺（厚木市）・無量寺（伊勢原市）・薬師院（平塚市）である。

最も多いのが柱状型頂部丸形額有（H）で 27.6%，次いで板碑型の 22.6%，石仏型立像の 16% である。中世からの系譜を引く無縫塔型，五輪塔型の造塔数が多い。

神奈川県 1,897 基の石材別内訳は，

①七沢石	1,079 基（56.9%）	②西湘〜伊豆石材	798 基（42.1%）
③その他	15 基（0.7%）	④転石	4 基（0.2%）

表 11　「神奈川県の墓石型式」（百分率）

	寺院名（造塔数・型）		A	B	C	D	E	F	G	H	I	J	K	L	M	N	O
1	常安寺（川崎市）	93		1.1			5.4	1.1	**37.6**	30.1	2.2	9.7	8.6		3.2		1.1
2	常楽寺（川崎市）	184		**24.4**			20.0	6.3	15.1	10.2	8.3	9.3	2.4	2.4	1.5		
3	無量光寺（相模原市）	194	1.5	4.1	1.5		14.9	2.1	17.0	**50.0**	1.5	2.6	0.5	2.1	1.0		1.0
4	常真寺（横浜市）	76		1.3			17.1	1.3	**34.2**	23.7	11.8	3.9	5.3	1.3			
5	西福寺（横浜市）	91	6.6	1.1			16.5	8.8	**33.0**	24.2	3.3	4.4			1.1		1.1
6	長昌寺（横浜市）	67					7.5	11.9	19.4	**34.3**	10.4	7.5		3.0	1.5		4.5
7	貞昌院（横浜市）	151					17.9	15.9	10.6	**28.5**	13.9	4.6	0.7	0.7	4.0		3.3
8	九品寺（鎌倉市）	152					**30.9**	5.9	11.2	21.1	17.1	3.9	3.9	2.0	2.6		1.3
9	広沢寺（厚木市）	118	14.4	3.4			11.0	5.1	**25.4**	17.8		9.3		0.8	2.5	8.5	1.7
10	妙純寺（厚木市）	124		0.8	0.8	0.8	2.4		14.5	**41.9**	5.6	12.1	11.3	1.6	2.4	0.8	4.8
11	建徳寺（厚木市）	98	16.3				10.2	10.2	23.5	**31.6**	1.0	3.1	2.0		2.0		
12	無量寺（伊勢原市）	125	0.8		1.6		16.0	2.4	33.6	**37.6**	2.4	3.2		0.8	0.8	0.8	
13	浄徳院（秦野市）	83	14.5				2.4	2.4	**37.3**	20.5		7.2	2.4		10.8	2.4	
14	蓮光寺（綾瀬市）	194	7.2	1.0	3.6		**28.4**	6.2	24.7	16.0	1.5	2.1	8.2		0.5		0.5
15	薬師院（平塚市）	126					14.3	3.2	27.8	**31.7**	2.4	10.3		0.8	4.8		4.8
	神奈川県全域	1897	3.6	3.6	0.7	0.1	16.0	5.5	22.6	**27.6**	5.5	6.0	3.1	1.1	2.4	0.7	1.5

⑤伊奈石　　　1 基(0.1％)

の 5 石材である。

この地域の石材利用を巻末資料 6 をもとに考察すると次の通りである。

七沢石採石地に近い厚木市広沢寺は七沢石 91.6％，七沢石を含む転石 8.4％である。

伊勢原市無量寺では西湘～伊豆石材 1.6％，七沢石 97.6％である。この南に連続する平塚市薬師院では西湘～伊豆石材 34.1％，七沢石 65.9％。本調査で最も西の秦野市浄徳院では西湘～伊豆石材 36.1％，七沢石が切石，転石含めて 61.4％である。

相模川低地では，厚木市妙純寺は西湘～伊豆石材 7.3％，七沢石 91.9％，隣接する建徳寺も西湘～伊豆石材 10.2％，七沢石 89.8％である。下流の綾瀬市蓮光寺では西湘～伊豆石材 43.8％，七沢石 56.2％となる。

多摩川右岸下流沿いの川崎市常楽寺では西湘～伊豆石材 92.2％，七沢石 6.8％。これより西寄りの川崎市常安寺では西湘～伊豆石材 36.6％，七沢石 63.4％で，この墓地の七沢石は各墓石型式に使用されている。相模原市無量光寺は西湘～伊豆石材 4.6％，七沢石 94.9％で少量の伊奈石が流通している。

横浜市西福寺では西湘～伊豆石材30.8%，七沢石69.2%。川崎市に近い横浜市常真寺では西湘～伊豆石材94.7%，七沢石1.3%。これより南の横浜市長昌寺では西湘～伊豆石材47.8%，七沢石約52.2%，港南区の貞昌院では西湘～伊豆石材約68.2%，七沢石31.8%，鎌倉市九品寺は西湘～伊豆石材100%である。

神奈川県の墓石，石材の特徴は次の通り。

①墓石型式は，関東地方と同様の動向を示すが柱状型頂部平形額有(Ⅰ)～その他型(O)までの残存率が低くなっている。

広沢寺(厚木市)　七沢石製

②墓石石材は，西湘～伊豆石材と七沢石により構成されている。その造塔状況を県中央部にある厚木市所在の七沢石を中心に見ると，伊勢原台地や相模川流域ではこの石材への依存度が高く相模湾や江戸湾に向かうに従って下がり，これにかわって西湘～伊豆石材への依存率が上がっている。

以上，墓石型式と使用石材を都県単位に検討してきたが，墓石型式では東京都，埼玉県，千葉県，茨城県南部では類似した型式と推移が見られ，群馬県と栃木県，茨城県北部ではこれとは異なる傾向を示すことが多かった。

また墓石型式では表12の如く，墓石の地域分布では柱状型頂部平形額有(Ⅰ)は，埼玉・東京・千葉で高く茨城がこれに続き，関東地方中央部に中心がある。山形額有(J)は，周辺部の千葉・栃木・群馬・神奈川・埼玉で高く，東京・茨城で少ない。山形額無(L)の多い地域は栃木・東京・埼玉・茨城など関東地方中央部に多い。皿形額無(M)は千葉が特に多く，群馬がこれに続いている。自然石(N)は石材環境から栃木・茨城など関東地方周辺地域で多い。

これらのことから，関東地方の墓石型式推移は表13に示した型式と推移が考えられた。

表 12　I、J、L、M、N型式墓石の造塔比率（%）

都県・型式	I 型式	J 型式	L 型式	M型式	N型式
栃木県	3.1	13.7	8.9	2.2	13.8
群馬県	4.8	12.5	1.5	7.3	3.8
埼玉県	12.1	10.2	5.3	3.7	5.2
茨城県	5.9	4.5	4.6	5.0	14、0
千葉県	8.1	19.8	2.6	13.6	0.7
東京都	8.2	3.5	7.1	5.5	0.1
神奈川県	2.4	10.3	0.8	4.8	

表 13　墓石型式推移概念図

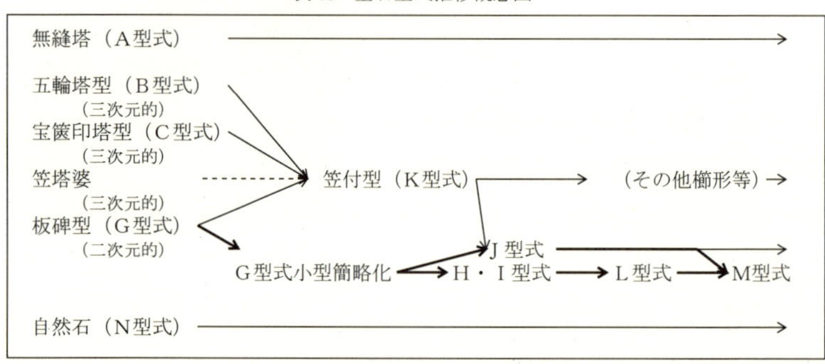

石材では，西湘～伊豆石材が関東地方に広く流通し，千葉県 66.6%，東京都 56.7%，埼玉県 51.3%，神奈川県 42.1%，茨城県 38.2%，栃木県 14.7%，群馬県 5.6%で，関東平野中心地で高く関東周辺部で低かった。また，七沢石は，神奈川県 56.9%，東京都 26.6%，埼玉県 16.9%，千葉県 16.7%，茨城県 8.1%，栃木県 4.2%，群馬県 1.6%であった。寺院別に見ると西湘～伊豆石材は東京所在の寺院で比率が高く，七沢石は神奈川県で使用率が高い。その他の石材についても石材産地近隣での使用率が高い。

これら石材の産地と墓石の分布は，墓石の流通方向・量と流通範囲を示している。

3章　墓石造塔の本格化と年代的推移

3章では，調査墓石のうち没年が記載された17,326基を編年し，近世庶民層による墓石造塔の本格化と推移の実態を明らかにし，その背景を考察する。

1 没年と造塔年の関係

墓石編年の基準となるのは墓石に記された没年である。一般的に墓石は，生前に造塔される「逆修」を除けば造塔年は没年月日より遅くなり，この没年月日と墓石造塔までの間にどの程度の時間差を見るかは墓石を編年する上で最も重要な点である。このことは，本来ならば墓石ごとに検討すべきであるが，大量の墓石データを扱うことから，本書では基本的な考え方をあらかじめ示し特別の記載のあるものを除いてはこの検討結果によった。

墓石造塔の古い記録を検討すると，平安時代の天禄3年(972)に没した，天台宗18代の座主慈恵の遺言を記した「慈恵大僧正御遺告」の「拾骨所」の項に，石製窣都婆は生存中に製作してほしいこと，間に合わない場合には仮窣都婆にして「卌九日内作石窣都婆可立替之」とあり，49日以内に石窣都婆に建て替えることを遺言している(『群書類従』24巻)。

中世後半では，千葉県鋸南町妙本寺に伝わる『妙本寺典籍』(『千葉県の歴史』資料編中世3)の『里見義堯室追善記』は房州守護里見義堯の御台所逝去の永禄11年(1568)8月1日に「初めての正ツきと申三十五日のとふらいをよせて，日我施主として石そとはほたにてきらせ，かゐよせて，ミつからかきたてまつり」と記している。また，同じく『妙本寺典籍』の『唯我尊霊百日記』には，里見義堯逝去の天正2年(1574) 6月1日の葬儀史料には，「七月六日卅五日ナレハ穂田ノ性見ニ墓石キラセ，俵物ニテ売(買)ヨセテ題目ヲ奉書キ唯我ト云字杲永ニホラセ，尽未来ノタメニ茶ウス石ニテホトケ石ヲキラセ，嶺ニ立申，」と記していて，いずれも没後35日を期して墓石が準備されたことが分かる。

「慈恵大僧正御遺告」と『里見義堯室追善記』の里見氏の葬儀とは600年ほど隔たり，天台宗の座主と地方の有力者の違いがあるが，造塔手順や墓石造塔もそれぞれ49日と35日を期して造塔しているなど，古代から中世にかけて没後余り日数が経たない供養日に造塔していたことが窺える。

近世では，江戸日本橋で繁盛した播磨屋中井家の「播磨屋中井家永代帳」(「国立史料館」)の宝暦3年(1753)から天明8年(1788)までの仏事関係に墓石代金は，葬儀料とともに墓石の誂え料として前払いしていることから，墓石は35日や49日などの供養に間に合わせることを想定していたと考えられる。

墓石の大型化が進み一人一墓石が主流であった昭和50年代に，地元僧侶に墓石造塔の時期を尋ねたことがある。その際「土葬の場合3年忌では地が固まらず，33年忌では地はゆるまないが人の気がゆるむ。結局7年忌か13年忌に石塔を建てる人が最も多い」とのことであった。

近年では，墓石の大型化や信仰心の変質から造塔時期は下がっているが，江戸時代には「慈恵大僧正御遺告」「妙本地典籍」と「播磨屋中井家永代帳」に記載されたように，没後35日ないし49日を期して造塔することが多かったと考えられる。

これらのことから墓石造塔は出来るだけ早めに造塔することが理想で，遅れるのは造塔者の経済的な理由が主な要因となっていたと考えられた。

従って，本書では明らかに使い分けされた資料を除き，没後余り経ずして墓石が造塔されたと考え，没年をもって墓石が造塔されたと考えることとした。この他，墓石中に複数名の戒名が刻まれた墓石や夫婦などが対で刻まれたものについては新しい年号をもって記している。

2 墓石型式別の造塔傾向

関東各地で没年が確認できた合計17,326基の墓石型式別の造塔数は以下

表 14　墓石造塔年代推移①

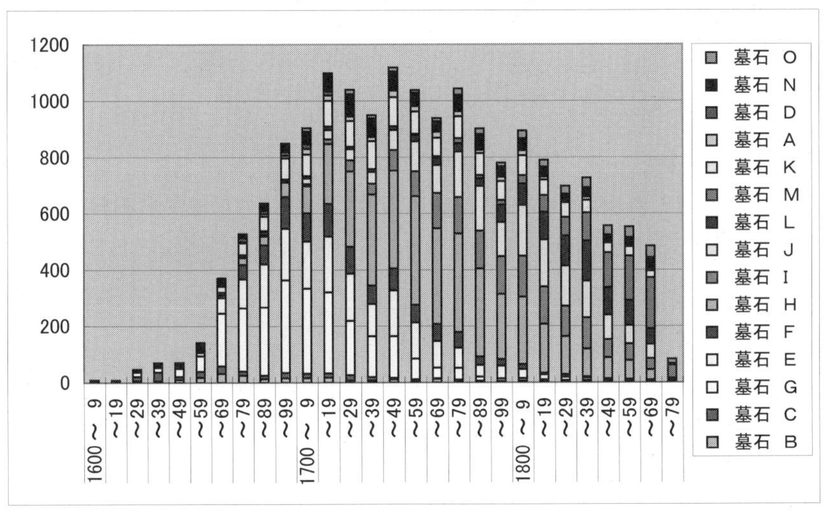

表15　墓石造塔年代推移②

凡例・●＝10基（切り上げ）・▢は＝造塔数最大期

型／年　50　1700　50　1800　50

A
B
C
D
E
F
G
H
I
J
L
M
K
N
O

の通りである。本項ではこれを10年単位ごとにまとめた巻末資料5と，これをもとに作成した表14と表15により，墓石型式・造塔数の年代推移を明らかにする。

墓石造塔型式別に見ると，(C)，(G)，(E)・(F)，(H)，(I)，(J)，(L)，(M)と推移するが，(K)型式は増減が少ない。

本書で調査した関東地方の型式別造塔数は，柱状型頂部丸形額有(H)が3,813基(22.0%)で最も多い。それぞれの墓石型式別の造塔傾向は以下の通りである。

無縫塔型(A)	280基(1.6%)
五輪塔型(B)	234基(1.4%)
宝篋印塔型(C)	244基(1.4%)
石殿型(D)	117基(0.7%)
石仏型立像(E)	1,799基(10.4%)
石仏型座像(F)	979基(5.7%)
板碑型(G)	2,373基(13.7%)
柱状型頂部丸形額有(H)	3,813基(22.0%)
柱状型頂部平形額有(I)	1,459基(8.4%)
柱状型頂部山形額有(J)	1,714基(9.9%)
笠付型(K)	1,347基(7.8%)
柱状型頂部山形額無(L)	887基(5.1%)
柱状型頂部皿形額無(M)	822基(4.7%)
自然石型(N)	852基(4.9%)
その他型(O)	406基(2.3%)

墓石の造塔数は，表14の如く1600～1619にかけて僅かに確認できるが，その後1620年代から1659年には造塔数が増加し始め，1660年から1709年にかけて急増している。しかし，1710年から1779年までは造塔数は多いが増加率は停滞し，1780年代から墓石数が減少しはじめその後幕末までこの傾向が継続している。

各型式ごとに推移を見ることにする。

1)無縫塔型(A)は，造塔数は少ないが表15の如く1700～1800年代に造塔の僅かな高まりがある。中心年は1740年代にあるが幕末まで大きな変動がなく継続している。僧侶の歴代墓所や限られた墓地に見られる。

2)五輪塔型(B)は，造塔数幅は江戸時代初めから幕末にかけて一定数がある。造塔の高まりは近世前半の1660年代から70年代にかけて見られ，中心分布が1660年代にある。流通量の高まりは宝篋印塔型(C)が30年程先行している。

3)宝篋印塔型(C)は，造塔幅は江戸時代初めから1800年代まで広がるが後半造塔数は減少する。造塔の高まりは1630年代から1660年代にあり，中心分布は1630年代にある。寺の中核となる数家の墓地に継続して残ることから，在地有力者などが造塔の中心となったことが分かる。

4)石殿型(D)は，年代幅は1620年代から途中空白年を含むが1820年代まで観察できる。1670年代から1710年代に高まりがあり，中心年代は1700年代にある。

この調査では，群馬県松井田町・新田町・前橋市・群馬町・高崎市・倉渕村，埼玉県長瀞町に多く分布が見られた。この利根川中流では，1620～30年代の墓石造塔数が増加する中で造塔が高まり1660年代まで引き継がれている。この他千葉県，栃木県，茨城県でも確認できた。

5)石仏型立像(E)は，中世からの系譜を引くが，墓石と見られるものは光背を持つ地蔵尊や観音立像などを表し，戒名に童子などが付されものが多い。

1620年代に確認できその後幕末まで継続している。造塔の高まりは1670年代から1770年代の間にあり中心分布は1710年代にある。江戸時代中期を中心に造塔数が多くなった。

6)石仏型座像(F)は，如意輪観音像座像が中心で主に夫人向けに造塔されている。1640年代に見え，その後幕末近くまで継続している。造塔の高まりは1670年代から1770年代にあり中心分布は1710年代にある。江戸時代中期を中心に造塔数が多く石仏型立像と造塔傾向が類似している。

7)板碑型(G)は，江戸時代第2位の造塔数を持つ。類型板碑の一種であるが，この地方の西湘～伊豆石材製のものは江戸時代に新たに始まったと見られる。関東地方周辺にある地域石材製板碑型墓石は細部で異なる特徴を示し，この影響のもとに製作されたと見られる。造塔幅は，江戸時代初めから1850年代まで継続する。造塔の高まりは1660年代から1740年代，中心分布は1690年代で中期前半に中心がある。

初期のものは大型で造りも厳格であるが，その後小型簡略化されたものが多い。

8)柱状型頂部丸形額有(H)は，板碑型から移行した墓石型式で柱状型墓石の初現型式である。近世で最も多く造塔された墓石型式である。1640年代に見え始めその後幕末まで継続するが，造塔の高まりは1710年代から1800年代にあり，中心分布は1730年代で後期に中心がある。

9)柱状型頂部平形額有(I)は，丸形額有(H)と類似するが分布時期にずれのある地域が多い。1650年代に見られその後幕末まで継続している。造塔の高まりは1740年代から1840年代にあり，中心分布は1800年代にあり後期に中心がある。

10)柱状型頂部山形額有(J)は，1650年代に始まりがありその後幕末まで継続している。造塔の高まりは1740年代から1840年代，中心分布は1800年代にあり，後期を中心に使用された。

11)柱状型頂部山形額無(L)は，神葬祭の墓石に使用する地域もある。前半から後半まで継続して造塔されている。1670年代から始まり幕末まで継続する。造塔の高まりは1790年代から1850年代，中心分布は1830年代にあり後期に中心がある。

12)柱状型頂部皿形額無(M)は，中期から造塔が見られ明治期にも多用されている。1700年代に始まり幕末まで継続する。造塔の高まりは1820年代から1860年代にあり，中心分布は幕末の1860年代。江戸時代最後の墓石型式である。

13)笠付型(K)は，武士や富裕庶民層と深い関わりがあると見られる墓石。年代幅は，1630年代に始まり1670年代に増加し1830年代まで広がっている。中心年代は1740年代。途中の盛衰は少なく比較的一定した造塔数が継続する。宝篋印塔型の造塔数が伸び悩み，塔婆型墓石が急増する中でこの型式が

表 16　墓石中心分布の移行年数

中心分布の移行	墓石C		墓石B		墓石G		墓石E・F		墓石H		墓石I ・		墓石J		墓石L		墓石M
移行年数		30		30		20		20		70				30		30	

増加し始めている。各時代 6 ～ 8%の使用が見られた。

14)自然石型(N)は，江戸初期から幕末まで継続的に使用されている。石材はそれぞれの地域の自然石が使用されている。地域限定の流通であるが江戸時代を通して一定数の需要がある。

年代幅は江戸初期から幕末まで継続する。造塔の高まりは 1690 年代から幕末まで継続している。中心年は僅かな高まりを示す 1720 年代にある。

15)その他型(O)は江戸時代後半にやや増加する櫛形墓石も含まれている。

このように，この表からは近世の墓石造塔が本格化した時期はおおよそ 1670 ～ 1680 年代にあること，造塔数の急増は 1690 ～ 1710 年代にありその後 1710 ～ 1740 年代に最大数に達していること，その後，1780 年代に造塔数は減少をはじめ幕末までこの傾向は継続している。この間墓石型式は，時代に応じた型式が選択されて推移していることがわかる。この内，各墓石型式にはそれぞれ造塔年代の幅と盛衰があり，年代幅は一つの型式が使用された時期を，頂点は最も利用が盛んであった時期を示している。この各頂点と頂点を繋ぐと庶民中核層が墓石型式を選択した経過と墓石型式の推移をたどることが出来る。

表 16 に示したように，このような墓石造塔の推移と造塔中心分布の在り方から，墓石型式から次の墓石型式までの移行間隔は 30 年間～ 70 年間あること，江戸末期は型式が分散化し移行期間が短くなっていることなどが分かる。

3　造塔の年代的推移

本項では，調査墓石を年代的に配置し，造塔が僅かに観察された「萌芽期」，造塔が本格的に始まった「造塔期」，造塔が急激に増加した「急増期」，江戸時代最大の造塔を示す「最大期」，造塔が減少しはじめた「減少期①」，更に

表 17　墓石造塔期別造塔数

期	西洋年号	和年号	墓石数
1)萌 芽 期	１６００～１６１９	慶長・元和	１６＋１
2)造 塔 期	１６２０～１６６９	元和・寛永・正保・慶安・承応・明暦・万治・寛文	７００
3)急 増 期	１６７０～１７１９	寛文・延宝・天和・貞享・元禄・宝永・正徳・享保	４０１６
4)最 盛 期	１７２０～１７６９	享保・元文・寛保・延享・寛延・宝暦・明和	５０８５
5)減少期①	１７７０～１８１９	明和・安永・天明・寛政・享和・文化・文政	４４１０
6)減少期②	１８２０～１８７９	文政・天保・弘化・嘉永・安政・万延・文久・元治・慶応	３０９８
計			１７３２６

造塔が減少した「減少期②」の6期に区分し，各期の造塔傾向を明らかにする中で関東地方における近世墓石造塔の全体像を明確にする(表17)。

以下の項では，江戸時代の「萌芽期」を20年，その他の各期を50年を単位として6期に区分し，各期の造塔傾向を示した。

1)萌芽期(慶長・元和)(1600～1619年代)(対象墓石数16＋1基)

無縫塔型(A)

綾瀬市蓮光寺　慶長15年(1610)西湘～伊豆石材

五輪塔型(B)

鴻巣市勝願寺　慶長6年(1601)西湘～伊豆石材製

横浜市常真寺　慶長10年(1605)西湘～伊豆石材製

鴻巣市勝願寺　慶長11年(1606)西湘～伊豆石材製

嵐山町浄空寺　元和4年(1618)伊奈石製(幕臣菅沼定吉一族墓地)

宝篋印塔型(C)

嵐山町浄空寺　慶長7年(1602)伊奈石製(菅沼定吉一族墓地)

川里町雲祥寺　慶長8年(1603)西湘～伊豆石材

川里町雲祥寺　慶長13年(1608)西湘～伊豆石材製

鴻巣市勝願寺　慶長15年(1610)西湘～伊豆石材製(伊奈忠次)

鴻巣市勝願寺　慶長19年(1614)西湘～伊豆石材製(仙石秀久)

大田区本門寺　慶長17年(1612)西湘～伊豆石材製(加藤清正供養塔)

嵐山町浄空寺　元和4年(1618)伊奈石製(幕臣菅沼定吉一族墓地)

板碑型(G)

大田区本門寺　慶長11年(1612)西湘～伊豆石材

熊谷市龍淵寺　慶長15年(1610)利根川流域安山岩石材

自然石型（N）

佐原市法界寺　　慶長10年(1605)板状黒色片岩製

長瀞町光明寺　　慶長14年(1609)板状緑泥片岩製

笠付型（K）

宇都宮市成高寺　慶長8年(1603)西湘～伊豆石材製

この時期は，宝篋印塔，五輪塔，板状自然石型(N)墓石がある。

江戸に近い鴻巣市勝願寺所在の墓石は西湘～伊豆石材製である。嵐山町浄空院の伊奈石製宝篋印塔2基と伊奈石製五輪塔は徳川幕府幕臣の菅沼定吉一族の墓地にある。

西湘～伊豆石材製墓石は，江戸やその近在に見られ西部の入間川流域では中世後半に利用が盛んであった伊奈石，佐原市法界寺では筑波山東麓の黒色片岩，荒川中流では緑泥片岩の板状自然石が利用されている。板碑型墓石はこの2基が調査墓石中で最も古い年号を持つものであるが次の時代に造塔数が増加する。

宇都宮市成高寺の慶長8年(1603)の笠付型(K)は，この時代これのみ単独で存在し，地域的に孤立していることからはみ出しデータとした。

2)造塔期（元和・寛永・正保・慶安・承応・明暦・万治・寛文）(1620～1669年)

墓石造塔が本格化し，700基の墓石がある。

①板碑型（G）302基(43.4%)　②宝篋印塔型（C）107基(15.2%)

③石仏型立像（E）81基(11.6%)　④五輪塔型（B）68基(9.7%)

⑤自然石型（N）40基(5.7%)　⑥笠付型（K）30基(4.3%)

⑦石殿型（D）26基(3.7%)　⑧石仏型座像（F）15基(2.1%)

⑨柱状型頂部丸形額有（H）14基(2.0%)

⑩その他型（O）9基(1.2%)

⑪無縫塔型（A）4基(0.6%)

⑫柱状型頂部山形額有（J）3基(0.4%)

⑬柱状型頂部平形額有（I）1基(0.1%)

宝篋印塔を中心に，五輪塔，石仏，石殿など中世の系譜を引く墓石類や塔婆型墓石の増加が目立つ時期である。全体として大型で装飾に優れたものが多い。この時期に笠付型が増加し始めている。

開幕以来の幕府政策が元和元年(1615) 5月の大坂の陣以降変化し，元和偃武の風潮が定着化する時代である。幕府では家康の葬儀，僧天海による東叡山寛永寺の創建など草創期の為政者の宗教行事が国を挙げて行われている。

江戸城及び城下の大改修を通じて形成された江戸と西湘～伊豆石材の流通と経済的要因などが関東地方の墓石石材利用にも影響を与えたと見られる時期である。

3)急増期(寛文・延宝・天和・貞享・元禄・宝永・正徳・享保)(1670～1719年)

1660年代からの造塔傾向を受けて最も急増する時期で4,016基がある。

その内訳は，次の通り。

①板碑型(G) 1388基(34.6%)

②石仏型立像(E) 803基(20.0%)

③石仏型座像(F) 447基(11.1%)

④柱状型頂部丸形額有(H) 416基(10.4%)

⑤笠付型(K) 338基(8.4%)

⑥自然石型(N) 162基(4.0%)

⑦五輪塔型(B) 86基(2.1%)

⑧宝篋印塔型(C) 76基(1.9%)

⑨柱状型頂部山形額有(J) 73基(1.8%)

⑩石殿型(D) 69基(1.7%)

⑪無縫塔型(A) 61基(1.5%)

⑫柱状型頂部平形額有(I) 38基(1.0%)

⑬その他型(O) 33基(0.8%)

⑭柱状型頂部山形額無(L) 25基(0.6%)

⑮柱状型頂部皿形額無(M) 1基(0.1%)

この「急増期」で最も多いのは板碑型で，前代と比較すると占有率は下がるが造塔数は飛び抜けて多く3分の1を占めている。次いで石仏型立像，石仏型座像の造塔数が多く，家族内への広がりを示している。

柱状型頂部丸形額有（H）の造塔数と占有率は次第に高くなり，板碑型墓石を造塔していた人々や新たな造塔者がこの型式を利用してきていることを示している。この型式は，軟質石材を利用して長方体頂部を蒲鉾型に加工し，型式と装飾を単純化することにより採石・加工・運搬などの効率を図り，結果として安価な石材となったと見られるものである。笠付型（K）は，この時期造塔数が急増し，江戸時代初期に盛行した中世の系譜を引く宝篋印塔と五輪塔の造塔数比率の減少と関係していると見られる。転石の自然石型（N）の増加は，切石石材が流通しない山間部河川流域を中心に分布している。柱状型頂部山形額有（J）は，丸形額有（H），平形額有（I）より加工の手間を要すが，農民・町人・商人達の経済力に応じた墓石選択がこの時期に整っている。

4）最大期（享保・元文・寛保・延享・寛延・宝暦・明暦）（1720 ～ 1769 年）

江戸時代で最も造塔数が多い時期で 5,085 基がある。しかし増加率は停滞する。

その内訳は，次の通り。

①柱状型頂部丸形額有（H）1661 基（32.6%）

②石仏型立像（E）669 基（13.2%）

③板碑型（G）596 基（11.7%）

④笠付型（K）438 基（8.6%）

⑤柱状型頂部平形額有（I）365 基（7.2%）

⑥柱状型頂部山形額有（J）360 基（7.1%）

⑦石仏型座像（F）364 基（7.2%）

⑧自然石型（N）279 基（5.5%）

⑨無縫塔型（A）95 基（1.9%）

⑩柱状型頂部山形額無（L）79 基（1.6%）

⑪その他型（O）66 基（1.3%）

⑫五輪塔型（B）43 基（0.8%）

⑬宝篋印塔型（C）43 基（0.8%）

⑭石殿型（D）16基（0.3%）

⑮柱状型頂部皿形額無（M）11基（0.2%）

造塔数が最も多いのは前代とはかわり柱状型頂部丸形額有（H）である。この型式は，板碑型墓石から移行した竿部分が方柱形の定型簡略化された型式で，この期の全体造塔数の3分の1を占めている。次いで多いのは前代より減少するが石仏型立像（E），同じく造塔数を半数以下に減少した板碑型がこれに次いでいる。笠付型は前代よりも造塔数を伸ばしているが，占有率は前代とほぼ同じの8.6%である。柱状型頂部丸形額有（H）と類似する平形額有（I），山形額有（J）は造塔数・占有率ともに急増している。増加率は低いが転石の自然石型（N）と減少期を支える山形額無（L），皿形額無（M）は増加傾向にある。

5）減少期①　（明和・安永・天明・寛政・享和・文化・文政）（1770～1819年）

この期の造塔数は4,410基である。この内訳は次の通り。

①柱状型頂部丸形額有（H）1309基（29.6%）

②柱状型頂部山形額有（J）791基（17.9%）

③柱状型頂部平形額有（I）674基（15.3%）

④笠付型（K）351基（8.0%）

⑤柱状型頂部山形額無（L）290基（6.6%）

⑥自然石型（N）224基（5.1%）

⑦石仏型立像（E）208基（4.7%）

⑧石仏型座像（F）133基（3.0%）

⑨柱状型頂部皿形額無（M）134基（3.0%）

⑩その他型（O）109基（2.5%）

⑪板碑型（G）79基（1.8%）

⑫無縫塔型（A）75基（1.7%）

⑬五輪塔型（B）20基（0.5%）

⑭宝篋印塔型（C）8基（0.2%）

⑮石殿型（D）5基（0.1%）

造塔数の減少が恒常的に見られる時期である。この期の造塔数が最も多いのは柱状型頂部丸形額有(H)で約3分の1を占めている。次いで山形額有(J),平形額有(I),笠付型(K),山形額無(L),自然石型(N)の順となっていて,前代と比較すると墓石型式が大きく変化している。

前代より増加傾向を示すものは山形額無(L)と皿形額無(M)で減少期の核となっている。平形額有(I),山形額有(J),笠付型は現状を維持している。この内,笠付型は前代に引き続いて約8%台を維持していて一定数の需要があることを示している。この時期丸形額有(H)や石仏型立像(E)造塔数は前期よりかなり減少している。

この時期は,前代まで多く見られた童子などに使用された石仏型立像が減少し,墓石の竿前面が平坦で頂部を四角錐にした柱状型頂部山形額無(L)と頂部中央を丘状に高めた皿形額無(M)の造塔比率が高まっている。小型で前面に額を彫り込まず丸形額有(H)よりは簡略化されたものと見ることが出来る。より小型化されたものは童子などにも使用されている。この石材には,凝灰岩などの地域石材が使用され安価な墓石と見られる。

この他,柱状型頂部山形額有(J)も前代に引き続き造塔数が多い。この墓石は,価格的には省力化の進んだ山形額無(L)と手間暇のかかる笠付型(K)の中間に入る墓石型式である。

6)減少期②(文政・天保・弘化・嘉永・安政・万延・文久・元治・慶応:1820～1867年)

この期の造塔数は3,098基である。この内訳は次の通り。

①柱状型頂部皿形額無(M) 676基(21.8%)

②柱状型頂部山形額無(L) 493基(15.9%)

③柱状型頂部山形額有(J) 487基(15.7%)

④柱状型頂部丸形額有(H) 413基(13.3%)

⑤柱状型頂部平形額有(I) 381基(12.3%)

⑥その他型(O) 193基(6.3%)

⑦笠付型(K) 189基(6.1%)

⑧自然石型（N）145基(4.7%)

⑨無縫塔型（A）39基(1.3%)

⑩石仏型立像（E）38基(1.2%)

⑪石仏型座像（F）20基(0.6%)

⑫五輪塔型（B）13基(0.4%)

⑬板碑型（G）6基(0.2%)

⑭宝篋印塔型（C）3基(0.1%)

⑮石殿型（D）1基(0.1%)

この期も造塔数全体が減少する時期である。前代⑨位であった柱状型頂部皿形額無(M)が①位となり，この期の中心となっている。次いで前回⑤位の山形額無（L）が②位，前回②位の山形額有（J）が③位，前回①位だった丸形額有(H)が④位，前回③位の平形額有（I）は⑤位で，墓石型式の多様化傾向が窺える。前代と比較すると平形額有（I），山形額有（J）は減少傾向にあり山形額無（L），皿形額無(M)は増加方向にある。

笠付型(K)，自然石型(N)は造塔数・占有率ともに僅かに減少している。中世前半に流通した石仏型立像(E)，石仏型座像(F)と中世の系譜を引く無縫塔型(A)，五輪塔型(B)，宝篋印塔型(C)，石殿型(D)はごく少数である。急増期の中心であった板碑型は6基(0.2%)で消滅に近い。

この時期①位の柱状型頂部皿形額無(M)は，前代①位であった竿前面の額縁内を彫り下げ戒名を刻んだ丸形額有(H)より簡略化が進み，長方体頂部に丘状を設け竿前面にそのまま戒名等を彫り込んだ型式である。また，同時に造塔数が多い山形額無（L）も頂部の四角柱を除くと方柱形で正面に額を設けないもので簡略化が一段と進んでいる。これらに使用される石材は，江戸は西湘〜伊豆石材であるが，江戸及び周辺地域の石材には七沢石や地域石材の使用が一段と高まっている。⑦位のその他墓石中には櫛形墓石が含まれ，この多くは小型や横長で複数戒名が付されるものが多いが，富裕層の造塔とみられるものには大型のものが含まれている。

簡略化された墓石が大多数を占める中で，装飾性の高い笠付型は前代よりも造塔数が下がるが占有率は6%台である。

4　主な寺院の墓石造塔推移

本項では，調査した150寺院中22カ所を選定し，寺院単位で墓石型式，型式推移，造塔数，石材利用の詳細を明らかにしておくこととする。

［神奈川県］

表18の綾瀬市蓮光寺は県南部に位置する寺院。江戸時代初期からの11型式が確認できる。最も古い年号を持つのは慶長15年(1610)銘の無縫塔型(A)で，その後1630年代の寛永年間や慶安年間には宝篋印塔型(C)や五輪塔型(B)が造塔され始めている。これらより若干遅れて板碑型(G)の造塔が始まり，その後継続し1660年代から70年代の寛文～延宝年間には石仏型立像(E)，石仏型座像(F)の造塔数が増加している。この間，笠付型(K)造塔が

表18　〔蓮光寺〕(神奈川県綾瀬市南棚下)　(凡例・●＝西湘～伊豆石材・■＝七沢石)

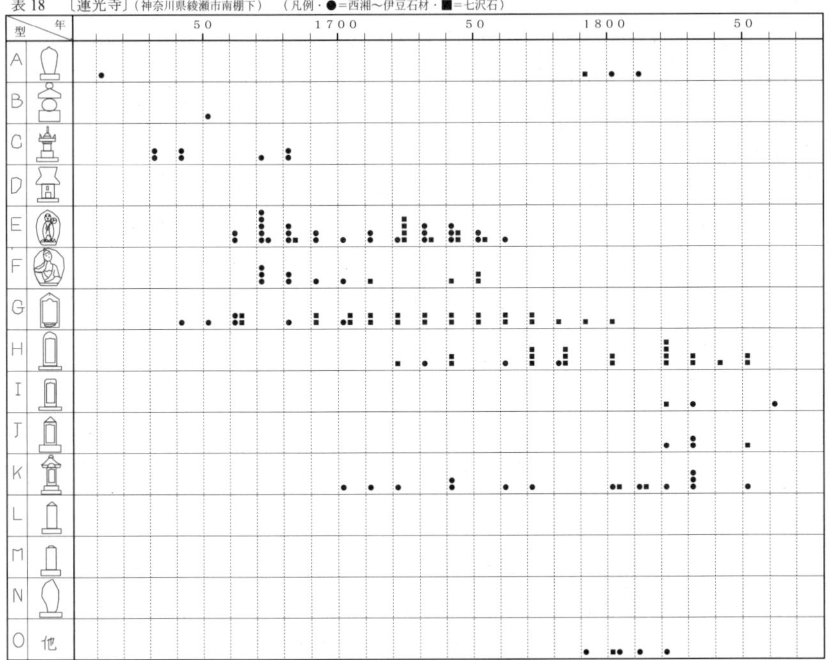

蓮光寺(綾瀬市)　七沢石製

本格化し，その後江戸時代後半まで一定数を造塔している。一方，1720年代の享保年間には柱状型頂部丸形額有(H)の造塔が本格化し後半まで継続している。1800年代には，この丸形額有(H)と平形額有(Ｉ)，山形額有(Ｊ)に分散する傾向を示している。

このような各型式の年代分布に立って，本寺院の墓石型式推移を整理すると，僧職や武士，名主，地侍など特定の者が造塔した無縫塔型，宝篋印塔型，五輪塔型と承応～寛文年間から始まった一般庶民層の墓石造塔の流れが窺える。寛文～延宝年間には石仏型立像，石仏型座像も多い。また，これらの後半を引き継ぐ形で享保年間には柱状型頂部丸形額有(H)が継続し，この墓石よりやや複雑な山形額有(Ｊ)とより簡略化の進んだ平形額有(Ｉ)に分散している。この間，笠付型は武士や富裕庶民層により一定数が造塔され，その後も継続している。

石材は，西湘～伊豆石材(41％)，七沢石(59％)で前半は西湘～伊豆石材，後半は七沢石が中心である。

［埼玉県］

表19勝願寺は，埼玉県鴻巣宿所在寺院。墓地には関東代官伊奈忠次の慶長15年(1610)，忠次の次子，忠治の承応2年(1653)宝篋印塔型など伊奈家の墓地がある。この他，境内には小諸藩主で鴻巣で病没した仙石秀久の慶長19年(1614)宝篋印塔型(Ｃ)の分骨墓や本多忠勝の娘で徳川家康養女となり真田家に嫁いだ小松姫の元和7年(1621)宝篋印塔型，真田信幸の三男で慶安元年(1648)鴻巣で病没した真田信重の慶安元年(1648)五輪塔とその室の三重塔の他に，幕臣でその後京都所司代を経て丹後田辺城主となった牧野氏累代の墓があり，各墓石は宝篋印塔型と三重塔で構成されている。

墓地は，一般武士と町人の墓が混在しているがこの一画を調査対象とした。

表１９　〔勝願寺〕（部分）（埼玉県鴻巣市本町）　（凡例・●＝西湘～伊豆石材・■＝七沢石・×＝その他）

型＼年						50					1700			
A											●		●	●
B	●●				●	●	●	●		●●●	●●●●●	●	●●	●●
C			●●	●							●			
D														
E						●	●●		●●	●	●×6	●●●●	●●	●×6
F											●	●●	●	
G			●		●	●×6	●×7	●×9	●×9	●×6	●×9	●×5	●●●	●●●
H											●●	●●●	●●●●	●
I													●	●
J											■			
K							●●		●	●	●●	●	●×6	●×5 ×
L														
M														
N														
O 他														●●●

型＼年		50					1800					50		
A														
B	●	●	●	●										
C								●						
D														
E	●	●		●●										
F									●	■	■			
G	●●●			●										
H	●×9	●×15 ■■	●×6 ■	●×5 ■	●●	●●●	● ■■■	■■			●■	■■		
I	●●	●■		●●●●▲	■●	■■	■■●●	■	●●■	■■■■	●	■■	■■	
J					●●		■		■	■■	●●×■	●■		
K	●●●	●●	●		●			■■	■	■	■			
L					●									
M									●	●	■		■	
N														
O 他	●●	●			●		●	●						

13型式が確認できるが，最も古い年号を持つのは慶長16年(1601)銘の五輪塔型(Ｂ)墓石で，その後慶安，明暦，寛文，元禄，享保と1770年代まで継続している。宝篋印塔型墓石は1620年代の元和年間に始まり寛永年間にある。板碑型(Ｇ)は寛永年間に始まり，その後明暦，寛文，延宝年間から享保年間に造塔数を伸ばしている。この間の後半には幼児等に多用された石仏型立像(Ｅ)があり元禄，享保年間に増加した。1700年代の元禄・享保期には板碑型から柱状型頂部丸形額有(Ｈ)への造塔移行が観察でき，これ以降1800年代の文化年間直前までの間はこの型式が中心となっている。天明

勝願寺(鴻巣市)　西湘～伊豆石材製

勝願寺(鴻巣市)　西湘～伊豆石材製

期の1780年代には平形額有(Ｉ)への移行が本格化している。この型式は幕末まで継続するが，この間，より複雑な山形額有(Ｊ)と，より簡略化された皿形額無(M)への移行が窺える。文化・文政期以降，造塔数が少なく型式も分散化する傾向にある。笠付型(K)は，寛文年間から見られ享保年間に造塔の高まりがあり,その後寛政年間に空白期を示すが後半まで点在している。

墓地中央にある小池家の墓石は，データには含まれていないが，

五輪塔型

慶長2年(1597)　慶長3年(1598)　正徳3年(1713)

宝暦6年(1756)　文化14年(1817)　文政10年(1827)

宝篋印塔型

万治3年(1660)

笠付型

元禄10年(1697)　寛保元年(1741)　延享4年(1747)　文化6年(1809)

で慶長年間には五輪塔が造塔され，更に宝篋印塔型，笠付型が続きその後は五輪塔と笠付型が交互に造塔されている。板碑型が存在せず武家墓地の特徴を示している。

本寺は，大名や武士の他商人や町人など庶民層の墓石も多い。これらから寛永期には造塔が本格化し，その後板碑型，更に柱状型頂部丸形額有(H)から平形額有(Ｉ)に移行し，更に山形額有(Ｊ)や笠付型(K)に移行する者やより簡略化の進んだ皿形額無(M)に移行した者がいたことが分かる。

勝願寺で使用された墓石石材は多くが西湘～伊豆安山岩であるが，その後丸形額有(H)，平形額有(Ｉ)など後半の墓石には七沢石の使用がある。

石材は，西湘～伊豆石材(81%)，七沢石(17%)，その他(2%)で，関東地方中央部の典型的墓石型式と推移，石材利用を示す寺院である。

表２０　〔東光寺〕(埼玉県入間市谷田)　（凡例・●＝西湘～伊豆石材・■＝七沢石・○＝伊奈石・×＝その他）

型　年	50	1700	50	1800	50
A					
B					
C					
D					
E					
F					
G					
H					
I					
J					
K					
L					
M					
N					
O 他					

表20の東光寺は，埼玉県西部入間市所在の寺院で一般武士ないしは地侍の五輪塔を多く持ち13型式が確認できる。

最も古い年号は，慶安元年(1648)銘の五輪塔型(Ｂ)で，その後明暦，寛文，延宝，元禄と1690年代まで集中している。続いて板碑型(Ｇ)が寛文，延宝年間から急増し，元禄，享保と続き1750年代まで継続している。この間，享保年間を中心に石仏型立像(Ｅ)，石仏型座像(Ｆ)が併存している。享保年間を境に，柱状型頂部丸形額有(Ｈ)の造塔数が増加し始め，その後幕末まで継続している。丸形額有(Ｈ)から平形額有(Ｉ)への移行は明和，安永年間の1770年代にあり，その後幕末近くまで継続するが，この間部材数の多い山形額有(Ｊ)へ移行する例とより簡略した山形額無(Ｌ)に移行する例がある。この寺院では勝願寺より山形額無(Ｌ)の存在が明確となっている。皿形額無(M)も明治時代まで継続している。また，享保年間から安永年間までの約90年間は入間川転石を使用した自然石型(N)の使用がある。

板碑型の移行傾向は勝願寺と類似するが，地域性も示している。なお，伊奈石採石地に比較的近く中世の名残りを引く初期の五輪塔には伊奈石が使用され，その後庶民層の墓石に西湘～伊豆石材が中心となるが，後半の柱状型頂部丸形額有（H）から七沢石の使用が優勢となっている。但し山形額無（L），皿形額無（M）は西湘～伊豆石材で江戸方面からの石材の流れによっている。

石材は，西湘～伊豆石材（42％），七沢石（38％），伊奈石（13.6％），転石（6％），その他（0.4％）である。

表21三学院は江戸に近い蕨市所在の寺院。五輪塔型（B）と宝篋印塔型（C）の造塔数が多い。比較的大型のもの12型式が確認できる。石仏型座像（F）に江戸の石工によるものと見られる優れた加工のものがある。

最も古いのは，宝篋印塔が元和9年（1623）で，その後寛永，明暦，寛文，延宝，宝永と続いている。五輪塔型は寛文，延宝，天和，延享と続いている。

表２１　〔三学院〕（部分）（埼玉県蕨市北町）　（凡例・●＝西湘～伊豆石材・■＝七沢石）

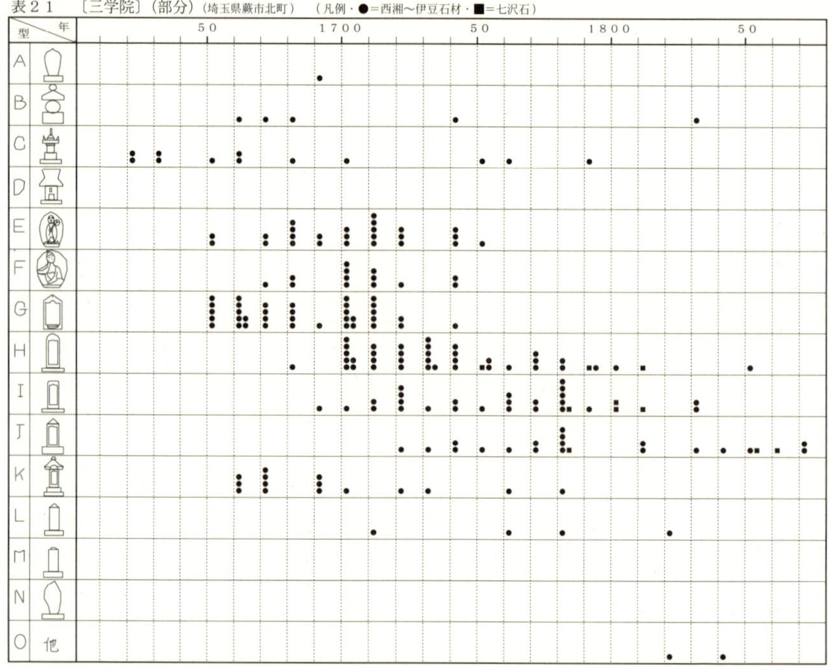

三学院（蕨市）　西湘〜伊豆石材製

板碑型（G）は，承応，明暦，寛文，延宝，元禄，正徳，享保と継続して造塔数が多い。この間，石仏型立像，石仏型座像が平行している。1700年代の元禄時代に柱状型頂部丸形額有（H）への移行が始まり，その後享保年間には造塔の中心が丸形額有（H）に移行している。この型式は1800年代の初めまで継続するが，この間の1750年代の宝暦年間には平形額有（I）に造塔主体が移行している。山形額有（J）がこれと平行し幕末に達している。笠付型（K）は前半盛んであるが後半には見られない。

石材は，西湘〜伊豆石材が主体で，後半の丸形額有（H），平形額有（I），山形額有（J）に七沢石が使用されている。西湘〜伊豆石材（94%），七沢石（6%）である。

表22 〔本門寺〕(東京都大田区池上) (凡例・●＝西湘〜伊豆石材・■＝七沢石・○＝結晶片岩)

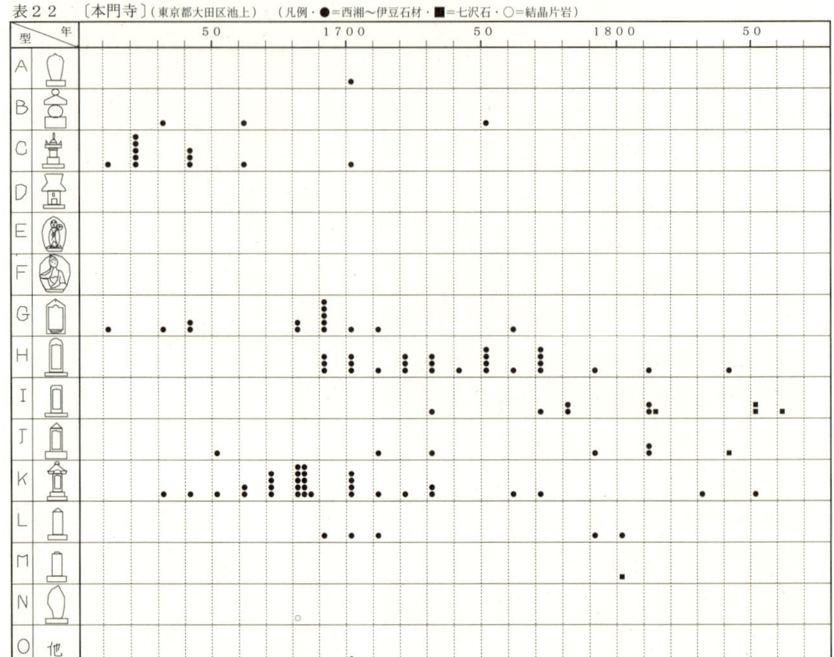

［東京都］

表22本門寺は，多摩川河口に近い大田区にあり，大名や武士の墓石とともに庶民層の墓石造塔数も多い。他所に必ず存在する石仏型立像(E)，石仏型座像(F)が見あたらないのはその後整理された可能性がある。残された墓石を検討すると，最も古いのは宝篋印塔型(C)で慶長17年(1612)から始まり元和，寛永，正保，慶安，元禄と継続する。五輪塔型(B)は，寛永，寛文，宝暦と継続している。板碑型(G)は慶長17年，その後寛永，正保と続き，若干の空白期後元禄，宝永年間に継続している。柱状型頂部丸形額有(H)への移行は，元禄年間から始まっている。丸形額有(H)はその後1770年代の明和年間まで継続するが，平形額有(I)と山形額有(J)に散在的に移行し明確な形は示していない。笠付型(K)は前半の寛文年間にまとまっている。

本寺は，江戸時代初期の武士や庶民の初現的な墓石造塔を示している。一般庶民層の墓石は後半造塔数が希薄であるが，他の寺院と類似した経緯を示

表２３　〔蓮花寺〕（東京都墨田区向島）　（凡例・●＝西湘～伊豆石材・■＝七沢石）

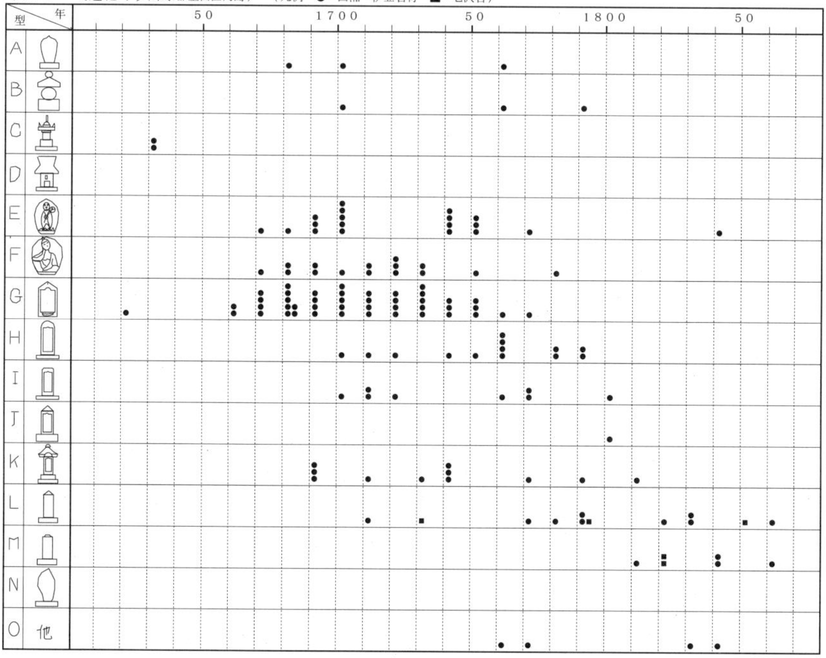

型＼年	1610	1620	1630	1640	1650	1660	1670	1680	1690	1700	1710	1720	1730	1740	1750	1760	1770	1780	1790	1800	1810	1820	1830	1840	1850	1860	1870
A								●		●						●											
B										●						●			●								
C			●●																								
D																											
E							●	●	●●●	●●●●●				●●●●	●●●		●							●			
F							●	●●	●●	●	●●	●●●	●●		●			●									
G		●				●●	●●●●	●●●●●●●	●●●●	●●●●●	●●●●	●●●●	●●●●●	●●●	●●●	●	●										
H										●	●	●		●	●	●●●●		●●	●●								
I										●	●●	●				●	●●			●							
J																				●							
K									●●●		●		●	●●●			●		●		●						
L											●		■				●	●	●●■			●	●●		■	●	
M																					●	■■		●●		●	
N																											
O（他）																●	●						●	●			

している。

石材は，西湘～伊豆石材(92%)が主体で柱状型頂部丸形額有(H)後半に七沢石(7.7%)，その他(0.3%)の使用が見られる。

表23の蓮花寺は，墨田区向島にある下町の寺院。13型式が確認できる。最も古いものは，板碑型(G)寛永5年(1628)でその後寛文年間から元禄，享保，元文，宝暦年間まで継続し造塔の中核墓石となっている。この間，石仏型立像(E)，石仏型座像(F)が平行して造塔されている。柱状型頂部丸形額有(H)への移行は，1740年代に始まり宝暦年間に入れ替わる。平形額有(I)もほぼ同様な経過を示し，その後，山形額無(L)，皿形額無(M)へと江戸の墓石動向と同様に移行するが，いずれも痕跡は希薄である。

石材は，西湘～伊豆石材で後半七沢石が使用されている。西湘～伊豆石材(93%)，七沢石(6.7%)，その他(0.3%)である。

表２４　〔法華経寺〕（部分）（千葉県市川市中山）　（凡例・●＝西湘～伊豆石材・■＝七沢石・×＝その他）

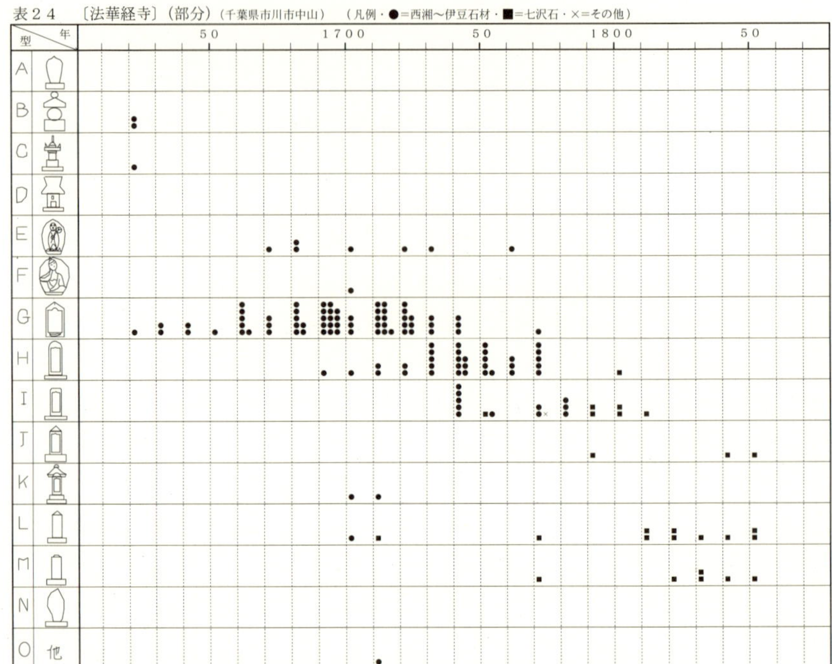

［千葉県］

表24法華経寺は，市川市所在の寺院。板碑型（G）以降の墓石造塔数が多く，12型式が確認できる。

最も古いものは，五輪塔型（B）は寛永２年（1625），宝篋印塔型（C）は寛永４年（1627）。板碑型は，寛永６年（1629）に始まり明暦，寛文，延宝年間にまたがるが，元禄，正徳，享保年間に造塔の高まりがある。この間，石仏型立像（E）墓石の造塔が平行している。

板碑型から柱状型頂部丸形額有（H）への移行は，享保年間後半の1730年代，丸形額有（H）から平形額有（Ｉ）への移行は1780年代である。この型式はその後文化年間の1810年代には山形額有（Ｊ），山形額無（Ｌ），皿形額無（M）に移行し始めるが痕跡は希薄である。

石材は西湘～伊豆石材（82.％）が中核で，平形額有（Ｉ）以降は七沢石（18％）が中心となっている。

表２５　〔海隣寺〕（千葉県佐倉市海隣寺）　（凡例・●＝西湘～伊豆石材・■＝伊奈石・□＝銚子砂岩・×＝その他）

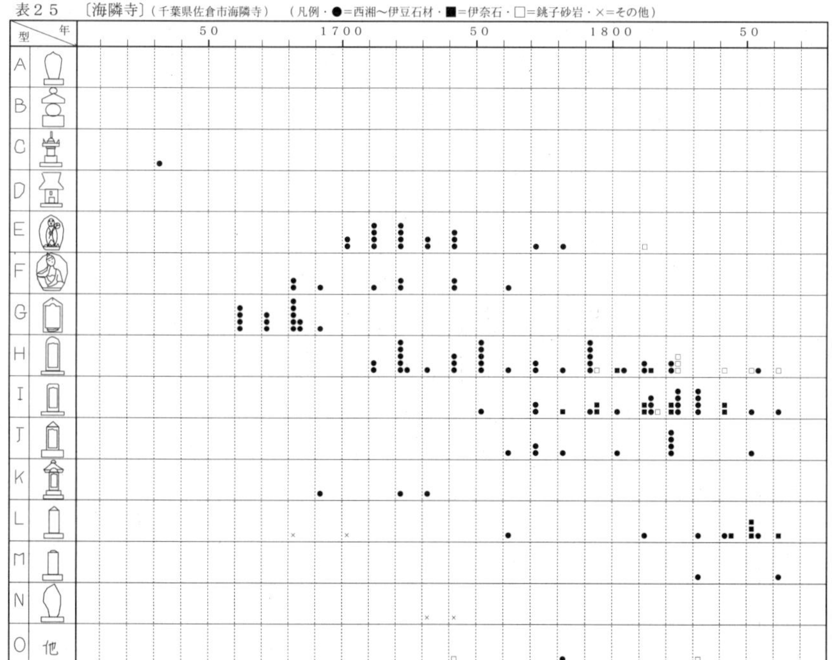

表 25 海隣寺は佐倉市所在寺院。中世の飯岡石製の五輪塔が存在するが，江戸時代の墓石は中期と後期の墓石が充実している。12 型式が確認できる。

宝篋印塔は寛永 11 年(1634)，板碑型(G)は寛文，延宝，天和，元禄年間が中心である。その後空白期があるがこの間石仏型立像(E)，石仏型座像(F)墓石が平行して造塔されている。

柱状型頂部丸形額有(H)への移行は，享保年間にありこの型式はその後江戸時代後半まで継続している。この間，文政期には平形額有(I)に移行し，部材数の多い山形額有(J)もこれと平行して造塔されている。

その後山形額無(L)に推移するが後半墓石は次第に希薄になっている。

石材は西湘～伊豆石材(79%)が中心であるが，後半には七沢石(16%)の利用が多い。飯岡石(4%)，その他(1%)である。

表２６　〔法界寺〕（千葉県佐原市佐原）　（凡例・●＝西湘〜伊豆石材・■＝七沢石・▲＝利根川系安山岩・○＝黒色変岩・□＝飯岡石・×＝その他）

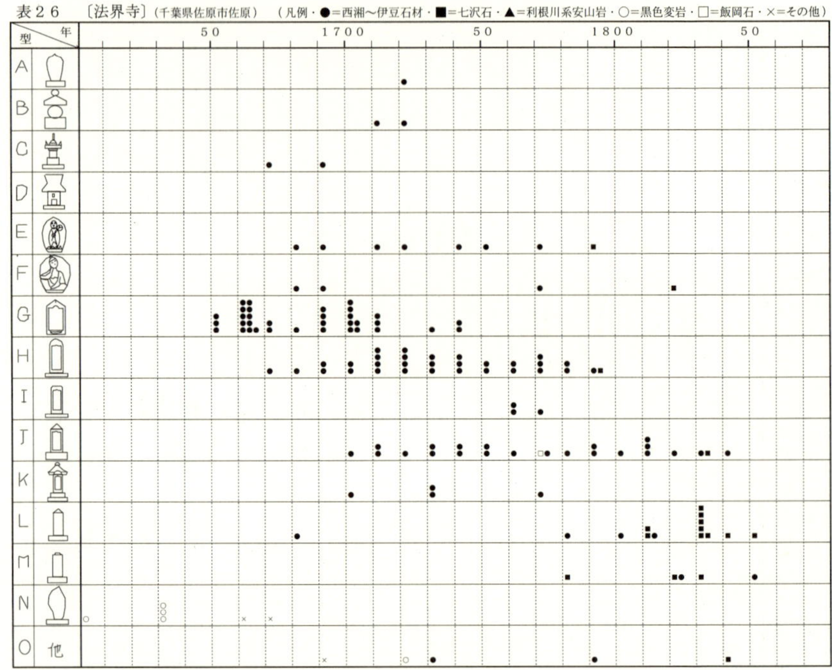

表26法界寺は，千葉県北部利根川右岸の佐原市にあり，14型式が確認できる。本寺は,初期の墓石は転石板状石材を使用した墓石から始まっている。最も古いのは，慶長10年(1605)で，寛永，延宝年間に継続している。その後，板碑型は慶安年間にはじまり，万治，寛文，延宝年間に造塔数が増加し元禄，享保年間まで継続している。この間，平行して若干の石仏型立像，石仏型座像墓石が造塔されている。柱状型頂部丸形額有(H)への移行は享保年間で，それ以降1790年代の天明年間まで継続している。部材数の多い山形額有(J)は千葉県では少ないが本寺では多い。山形額無(L)，皿形額無(M)の痕跡は薄いがこの型式への移行を窺わせている。墓石石材は，初期には筑波山黒色片岩製自然石型(N)，その後西湘〜伊豆石材を主体とするが後半には七沢石が使用されている。

寺院全体としては，西湘〜伊豆石材(81%)が中心であるが，後半には山形額無(L)に七沢石(12%)の使用があり，その他(7%)がある。

表２７　〔大統寺〕（茨城県竜ヶ崎市横町）　（凡例・●＝西湘～伊豆石材・■＝七沢石・○＝飯岡石）

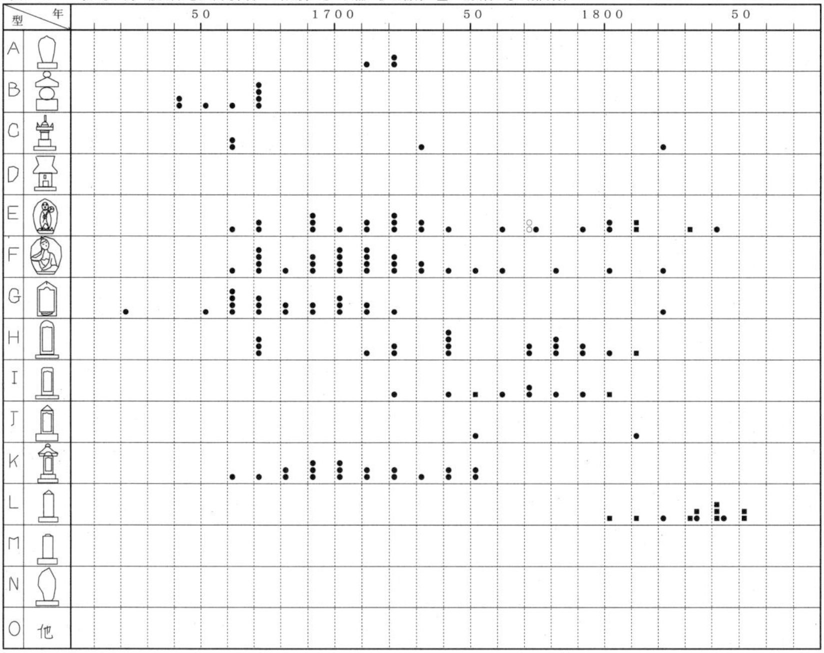

型　年　50　1700　50　1800　50

A B C D E F G H I J K L M N O 他

［茨城県］

表 27 大統寺は，竜ヶ崎市所在の寺院。11 型式が確認できる。五輪塔型（B）は，慶安元年(1648)から寛文，延宝年間である。宝篋印塔型（C）は寛文年間にある。

板碑型（G）は寛永 3 年(1626)から明暦，寛文，延宝，元禄，享保年間にある。柱状型頂部丸形額有（H）は延宝年間に古式の形態があり，その後享保年間には板碑型からの流れが移行してきている。平形額有（I）もほぼ同様に併存するが，その後は山形額無（L）に移行している。この後半の痕跡は希薄である。この間笠付型（K）は寛文年間から延享年間まで継続している。

石材は西湘～伊豆石材(89%)が中心であるが後半の 1800 年代には七沢石(9%)が増加している。関東地方の標準型式である。

表２８　〔盛岸寺〕(部分)（茨城県笠間市笠間）（凡例・○=花崗岩・□=黒色片岩・×=その他）

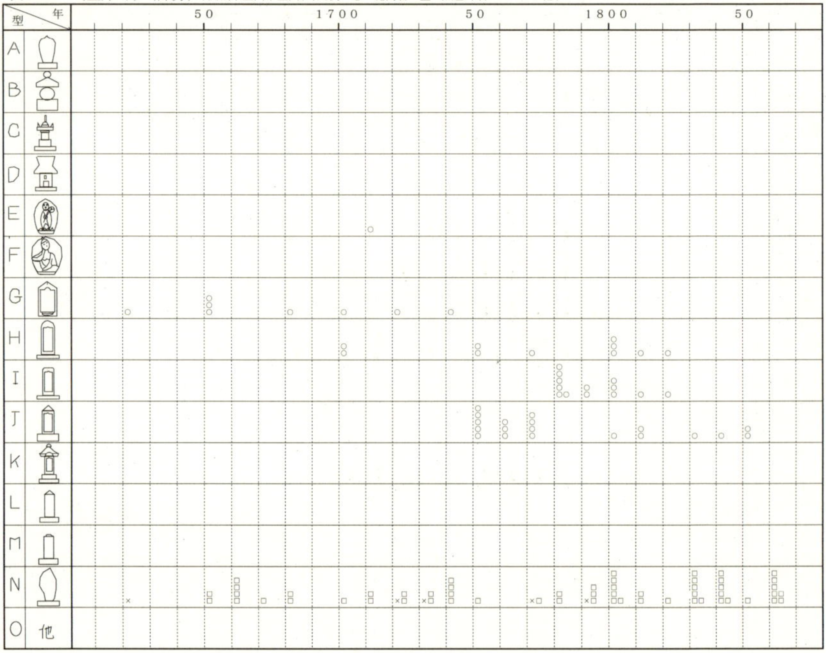

型＼年	50	1700	50	1800	50
A					
B					
C					
D					
E					
F					
G					
H					
I					
J					
K					
L					
M					
N					
O 他					

表28盛願寺は，笠間市所在の寺院。6型式が確認できる。板碑型は，寛永4年(1627)，その後承応，明暦，宝永，享保と移行している。

柱状型頂部丸形額有(H)への移行は享保年間から元文年間にあると見られる。1780年代の天明年間以降，平形額有(Ⅰ)へ移行している。この間，山形額有(J)は1750年代から後半にかけて造塔されている。

本寺は，江戸からの石材流通が見られない地域であり，初期の墓石型式の多くは黒色片岩製板状石材を使用している。

その後の墓石は花崗岩製で柱状型頂部山形額無(L)，皿形額無(M)を欠いていて型式数が少ない。江戸時代を通して黒色結晶片岩製自然石型(N)の造塔が存在する。

石材の内訳は，花崗岩(55.7%)，黒色片岩(37%)，その他(7.3%)である。

表29神応寺は，水戸市所在の寺院。11型式が確認できる。最も古いのは

表２９　〔神応寺〕（部分）（茨城県水戸市元山町）　（凡例　●＝西湘〜伊豆石材・■＝七沢石・○＝花崗岩・□＝町屋蛇紋岩・△＝飯岡石・◇＝石灰岩・☆＝結晶片岩・×＝その他）

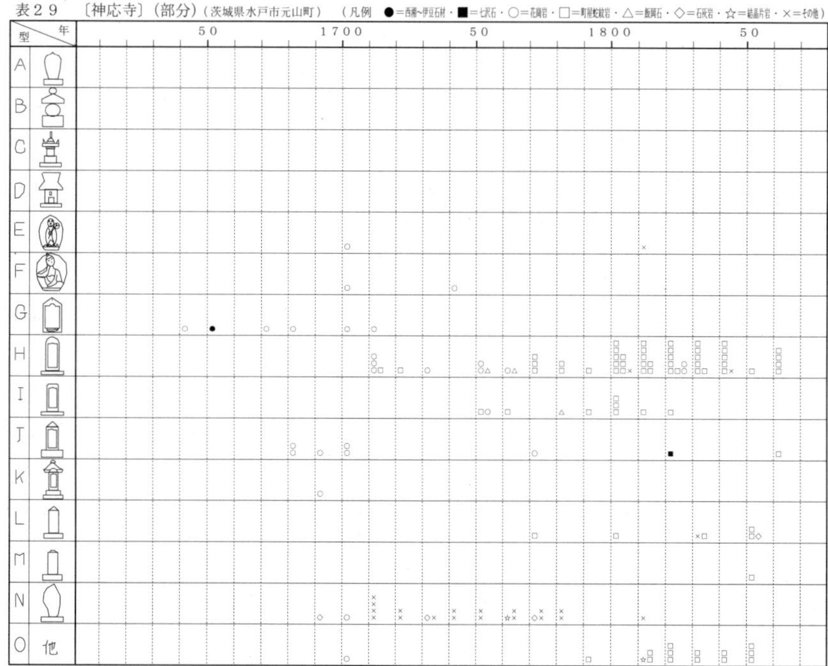

板碑型で，正保元年(1644)，明暦，寛文，元禄，正徳年間と継続する。1720年代の享保年間には，この地方で広域に流通した町屋蛇紋岩製の柱状型頂部丸形額有(H)に移行し，この型式がその後幕末まで継続している。平形額有(Ｉ)はこの間1750年代の宝暦年間から文化年間の間に造塔されている。山形額有(Ｊ)は元禄年間に細身のものがあり，その後は点在している。山形額無(Ｌ)・皿形額無(M)も存在するが痕跡は希薄である。板碑型(G)，丸形額有(H)，平形額有(Ｉ)は関東地方各地と型式が共通するがその他はこの地方特有のものである。

石材の内訳は,町屋蛇紋岩(38%),花崗岩(29%),その他(18.9%),結晶片岩(9%)，飯岡石(2.6%)，砂岩(1.9%)，七沢石(0.6%)である。

表30正定寺は古河市所在の寺院。10型式が確認できる。宝篋印塔型は寛永，寛文年間，板碑型で最も古いものは天和7年(1621)，その後寛永，万治，

表３０　〔正定寺〕（部分）（茨城県古河市大手町）　（凡例・●＝西湘～伊豆石材・■＝七沢石）

型 ＼ 年	50	1700	50	1800	50
A					
B					
C					
D					
E					
F					
G					
H					
I					
J					
K					
L					
M					
N					
O 他					

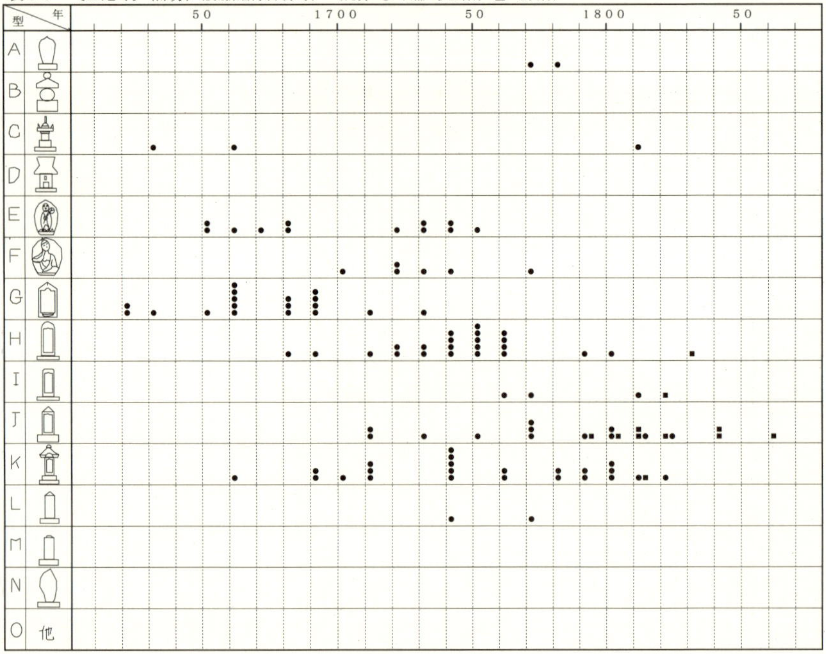

表３１　〔清涼寺〕（部分）（茨城県石岡市国府）　（凡例　●＝西湘～伊豆石材・■＝七沢石・○＝飯岡石・□＝黒色片岩・△＝花崗岩・×＝その他）

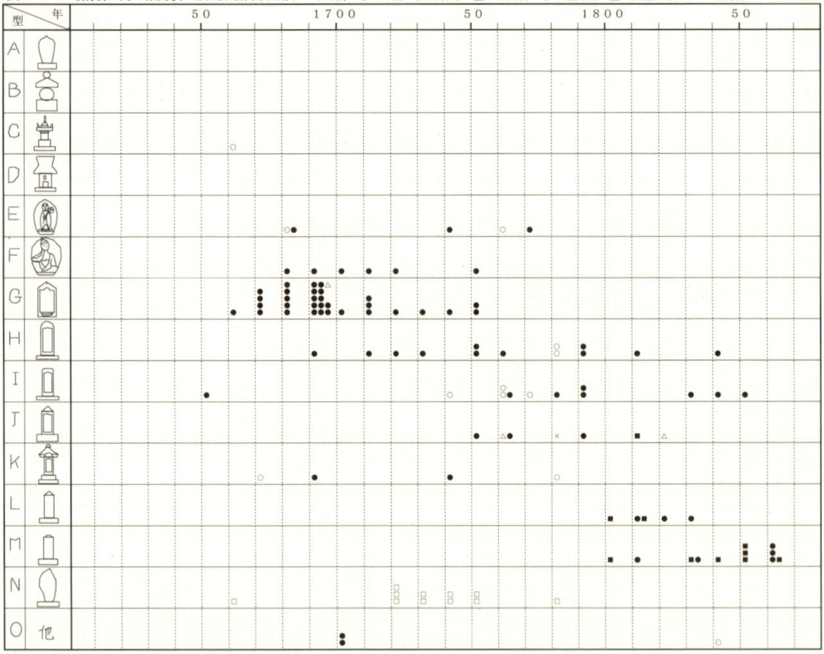

型 ＼ 年	50	1700	50	1800	50
A					
B					
C					
D					
E					
F					
G					
H					
I					
J					
K					
L					
M					
N					
O 他					

寛文，元禄，享保年間と継続している。この間，石仏型立像(E)，石仏型座像(F)が存在する。柱状型頂部丸形額有(H)への移行は1710年から60年代の享保から宝暦年間に見られる。その後，山形額有(J)への移行が多くなっている。笠付型(K)の造塔は一定数が継続している。山形額無(L)，皿形額無(M)が希薄である。

石材は，西湘～伊豆石材(83.9%)，七沢石(15.3%)，その他(0.8%)である。

表31石岡市清涼寺は，筑波山東で霞ヶ浦の北に位置する寺院。墓石型式は11型式が見られ関東地方の標準形式に近い推移を示す。造塔数の多いのは板碑型(G)である。

石材は初期には西湘～伊豆石材，その後花崗岩が使用され，山形額無(L)，皿形額無(M)には七沢石が使用されているが，黒色片岩や飯岡石など地域石材が使用されている。西湘～伊豆石材(69%)，花崗岩(23.7%)，黒色片岩(12.7%)，飯岡(11.6%)，七沢石(6.6%)である。

[栃木県]

表32成高寺は，宇都宮市所在の寺院。宝篋印塔型(C)，石仏型立像(E)，石仏型座像(F)，柱状型頂部丸形額有(H)，笠付型(K)，山形額無(L)，皿形額無(M)の8型式が確認できる。笠付型が中心である。西湘～伊豆石材製墓石と一部凝灰岩製墓石は標準型であるが凝灰岩製の多くは簡略化が進んだ型式である。丸形額有(H)には宝暦年間以降，山形額無(L)には文化年間から移行し始めているが，地域性が強い。宝暦年間以降茨城県からの町屋蛇紋岩が丸形額有(H)，笠付型(K)，山形額無(L)を中心に流通している。

石材は，凝灰岩(87%)，町屋蛇紋岩(6.8%)，西湘～伊豆石材(6.2%)である。

表33天翁寺は小山市所在の寺院。11型式が確認できる。宝篋印塔型は寛永年間，板碑型は寛永4年(1627)，寛文，延宝，元禄，享保と継続し造塔の核となっている。柱状型頂部丸形額有(H)への移行は1750年代の宝暦年間である。平形額有(I)はこれと平行して造塔され，その後は希薄となるが山

表３２　〔成高寺〕（栃木県宇都宮市塙田）　（凡例・●＝西湘～伊豆石材・■＝七沢石・○＝凝灰岩・□＝町屋蛇紋岩）

型 / 年							50					1700					50					1800					50		
A																	○			○				○				○	
B																													
C											●																		
D																													
E									●	●																			
F										●																			
G																													
H																	○			○○	○	○		○○	○	□□○○	○○	□□	
I																													
J																													
K		●		●				●		○	○	○	○○	○○○	●○○○○○○○	○○○	□○○○○		○○○			□○○		□		○	□		
L																							○○		○□	○○□	□□○○○	□□○	
M																												○■□	
N																													
O	他																												

表３３　〔天翁寺〕（栃木県小山市本郷町）　（凡例・●＝西湘～伊豆石材・■＝七沢石・×＝その他）

型 / 年							50					1700					50					1800					50		
A																													
B																													
C				●	●																								
D																													
E											●	●		●															
F											●			●●●			●			■									
G				●	●	●		●●●		●●●	●●●●●	●●●●●	●	●●●	●	●	●												
H											●			●	●●		●●●●●●●	●	●●●■		●●					■			
I													●			●●	■●	●	●	●●●	●●						■×		
J																		●	●		●		■						
K										●		●		×		●		×		●									
L																			●		■	■■■●	■			■			
M																	●				●			■	■●	●	■	■	
N																													
O	他																		●				■				●■		

形額有（J），山形額無（L），皿形額無（M）へと移行する気配を示している。主として西湘〜伊豆石材であるが1770年代の明和年間以降の墓石には七沢石の使用が増加している。

［群馬県］

表34浄運寺は，桐生市所在の寺院。13型式が確認できる。宝篋印塔型（C）は，寛永7年（1630），その後承応，寛文，延宝，正徳年間と継続している。石殿型（D）は，承応3年（1654）以降元禄，寛保年間にある。板碑型（G）は元禄4年から始まっている。石仏型立像

浄運寺（桐生市）　利根川流域安山岩製

表３４　〔浄運寺〕（部分）（群馬県桐生市本町）　（凡例・●＝西湘〜伊豆石材・▲利根川系安山岩）

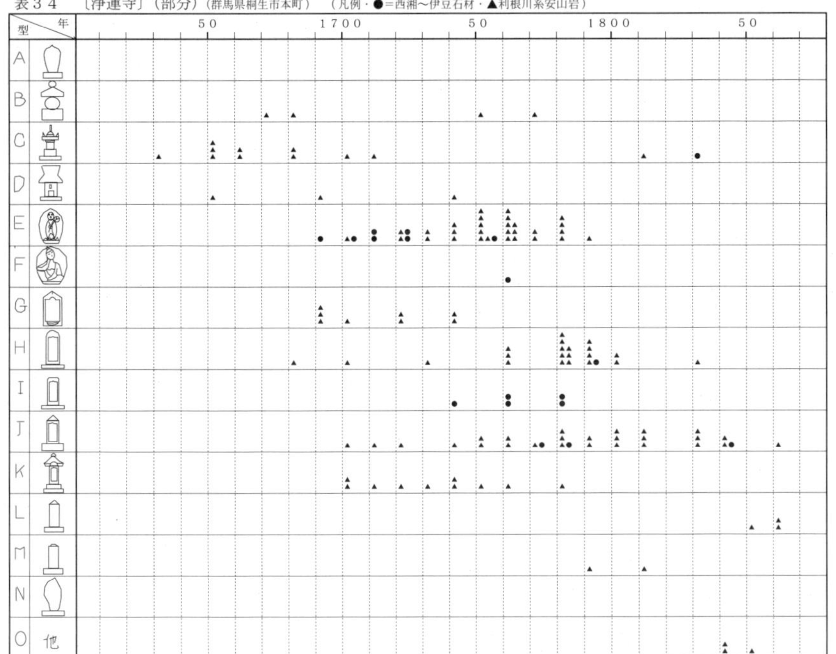

(E)は元禄年間から始まり1790年代の寛政年間にかけて造塔数が多い。柱状型頂部丸形額有(H)は，石仏型立像(E)から移行するように分布している。山形額有(J)の造塔は元禄年間から始まり，1840年代の天保年間にかけて造塔数が多い。笠付型(K)は元禄年間から始まり享保年間に点在している。

柱状型頂部山形額有(J)を除いて江戸時代後半の各墓石や石仏型座像(F),板碑型の痕跡は薄い。造塔は宝篋印塔型から石仏型立像,丸形額有(H),山形額有(J)，山形額無(L)へと移行し，関東地方の標準的推移とは異なる点も多い。

石材は，利根川流域安山岩(85.7%)と西湘～伊豆安山岩(14.3%)が点在的に流通している。

表35明王院は，尾島町所在の寺院。11型式が確認できる。宝篋印塔型は，寛文3年(1663)から元禄，享保年間に継続して造塔されている。石仏型立像は，寛文2年(1662)から延宝，元禄，享保，宝暦年間に分布し造塔数が多い。板碑型は元禄，享保年間に造塔の中心がある。柱状型頂部丸形額有(H)は最も多く，元禄年間から本格化し1800年前後の寛政年間まで継続している。その後，平形額有(I)，山形額有(J)，皿形額無(M)，その他型(O)へと移行するが痕跡は薄くなっている。

石材は，前半は西湘～伊豆安山岩(35.9%)，次いで利根川流域安山岩(48.1%)，1740年代は柱状型頂部丸形額有(H)から以降に七沢石(13.8%)，その他(2.2%)の影響を受けている。板碑型や後半の痕跡が薄く関東地方中央の影響が弱くなっている。

表36大圓寺は群馬町所在の寺院。14型式が確認できる。最古の墓石は石殿型(D)で，寛永元年(1624)，万治，寛文，延宝，貞享，元禄，正徳，宝永年間等に分布している。宝篋印塔型(C)は，慶安，寛文年間にあり，それ以降は元禄から享保年間に，石仏型立像(E)は宝暦年間に，板碑型(G)は寛永18年(1641)以降点在し享保，元文，寛保，延享年間にまとまっている。柱状型頂部丸形額有(H)は前半から1800年代まで点在し，板碑型から移行する

表３５　〔明王院〕（部分）（群馬県尾島町安養寺）　（凡例・●＝西湘～伊豆石材・■＝七沢石・▲＝利根川系安山岩・○＝赤城角礫岩・×＝その他）

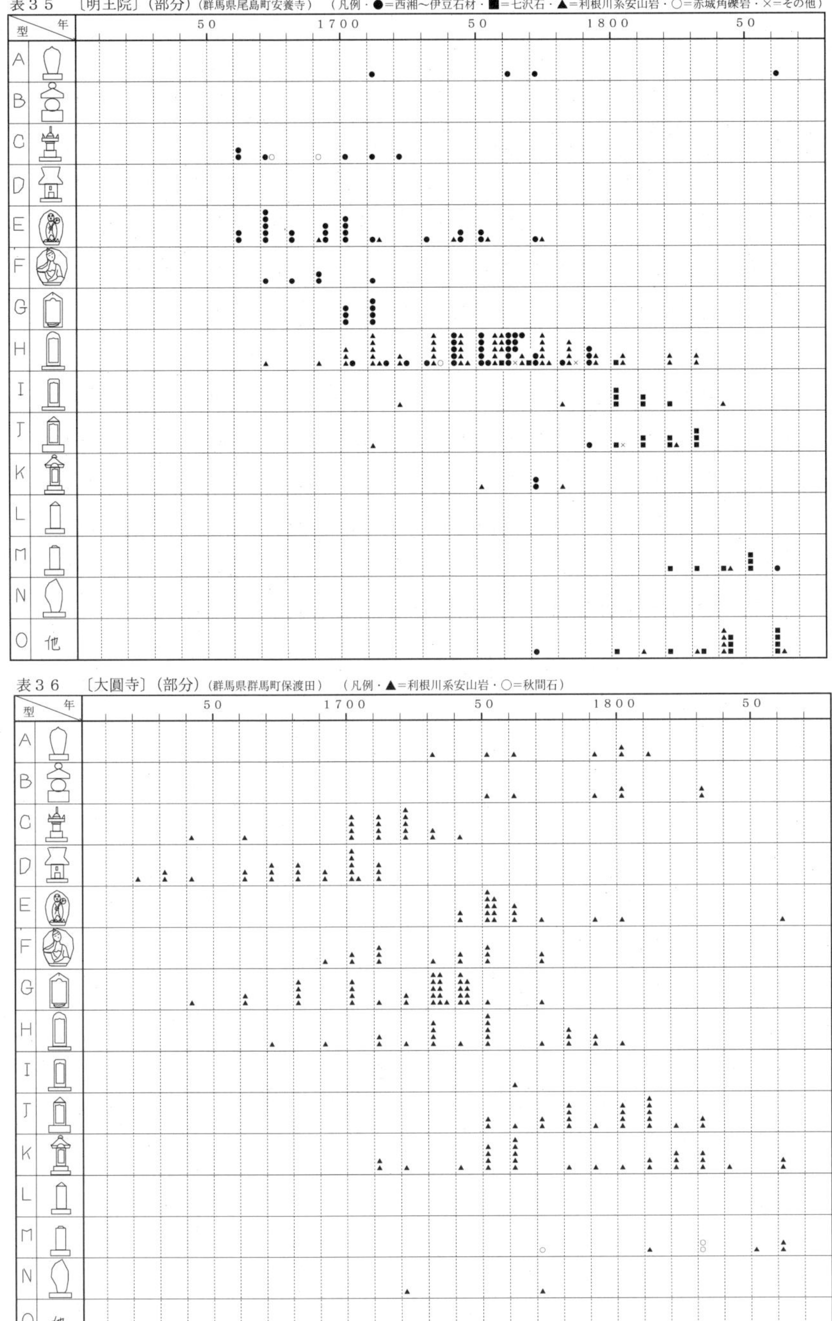

表３６　〔大圓寺〕（部分）（群馬県群馬町保渡田）　（凡例・▲＝利根川系安山岩・○＝秋間石）

形になっている。更に山形額有(J)はこれを受ける形となっている。笠付型(K)は享保年間以降に見られ，その後も継続している。

石殿型や石仏型立像の在り方などこの地方独特の造塔傾向が残り，関東地方中央の影響が薄くなっている。榛名山麓など利根川流域安山岩が主体で江戸方面からの石材は混入していない。

石材は，利根川流域安山岩(98.8%)，その他(1.2%)である。

表37九品寺は高崎市所在の中山道沿いの寺院。15型式全てが確認できる。最古は宝篋印塔型で万治元年(1658)，その後寛文，元禄年間と続いている。板碑型は寛文2年(1662)，延宝，貞享，元禄，宝永，正徳，享保年間と継続している。この間，石仏型立像(E)と石仏型座像(F)が共存するが，石仏型座像は1800年まで点在している。造塔数が多い柱状型頂部丸形額有(H)は享保年間に板碑型より移行していて寛政年間頃まで継続している。この間始

表37 〔九品寺〕(群馬県高崎市倉賀野町)(凡例●=西湘～伊豆石材・▲=利根川系安山岩・○=秋間石・□=牛伏砂岩・△=結晶片岩・×=その他)

型 ＼ 年	1650年代	1660年代	1670年代	1680年代	1690年代	1700年代	1710年代	1720年代	1730年代	1740年代	1750年代	1760年代	1770年代	1780年代	1790年代	1800年代	1810年代	1820年代	1830年代	1840年代	1850年代	1860年代
A														▲				▲				
B										●		▲										
C	▲▲	▲			▲																	
D			▲			▲	▲▲▲										▲					
E			▲		▲	▲	▲				▲					▲▲						
F						▲●	▲		▲	▲	▲▲	▲		▲		▲×						
G		▲▲	▲▲▲	▲	●	▲▲▲	▲▲	▲▲	▲	▲	▲											
H		▲			▲	▲▲□	▲×5 □	▲×32 □×3		▲×12	▲×11 □	▲×10	▲×9	▲×7	▲×6	▲×4 ○	▲×4	▲				
I							▲	▲				▲		▲	▲▲□	▲▲						
J			▲			▲	▲▲	▲▲	▲×4	▲×5	▲×11 ○	▲×9	▲×16	▲×13 ○	▲×10	▲×32 ○×3 ×		▲×8	▲×5 ○			
K			▲	▲▲	▲×4	▲×3 ×	▲×5 ○○ ●●	▲×3 □	▲×12 ●● ○ ×	▲×3	▲×4 ○ ×	▲×4	▲ ○○	▲×8	▲×4	▲	▲×5 ●	▲	▲		▲	
L						▲	▲			▲		▲	▲▲▲	○▲		▲	▲	▲×4 ×	▲	▲		▲
M							▲						▲▲	▲	▲▲	▲▲▲	▲×7	▲×7	▲×9 ○×3	▲×9 ○○	▲×26 ○	
N									△													
O (他)								▲	▲					▲		▲▲	▲	▲	▲	▲▲		

まった山形額有（J）は次第に造塔数が増加し，1750年代の宝暦年間には丸形額有（H）から造塔頂点がこの型式に移行し1830年代の文政期まで継続している。

この後，1770年代の安永年間頃から造塔数が増加し始めた山形額無（L）は，1820年代には山形額有（J）や笠付型（K）から次第に頂点が皿形額無（M）に移行し，造塔の中心となっている。

九品寺（高崎市）　西湘～伊豆石材製

石材は，利根川流域安山岩が主体であるが，江戸に通じる利根川水運の拠点でもある倉賀野宿所在のこの寺院には，笠付型など一部の大型墓石に江戸の石工によるものと見られる西湘～伊豆石材製墓石がある。

石材比率は，西湘～伊豆石材（1.2%），利根川流域安山岩（90.2%），牛伏砂岩（2.3%），秋間石（4.1%），その他（2.2%）である。

表３８　〔高原禅寺〕（群馬県藤岡市東平井）　（凡例・▲＝利根川系安山岩・○＝牛伏砂岩・□＝秋間石）

表 38 高原禅寺は藤岡市所在の寺院。11 型式が確認できる。古い墓石は板碑型（G）で，寛文，延宝，元禄，享保，宝暦と 1760 年代まで継続している。この間，石仏型立像（E），石仏型座像（F）は造塔数は少なく点在的である。柱状型頂部丸形額有（H）への移行は 1720 年代の享保年間にあり，その後この型式は 1800 年代の寛政年間末まで継続している。平形額有（I）はこの型式と共存している。山形額有（J）も享保年間から継続し始め，間もなく丸形額有（H）から造塔頂点が移行している。この墓石の頂点は 1780 年代の天明年間にある。その後皿形額無（M）は，笠付型（K），山形額有（J）を受けて 1870 年代には造塔頂点に達している。

このような墓石型式と移行は中央関東とよく類似するが，石仏型立像，石仏型座像の在り方や石材は牛伏砂岩が主体で，後半に利根川流域安山岩と秋間石が加わるなど地域色も示している。石材比率は，利根川流域安山岩（50.2％），牛伏砂岩（40.1％），秋間石（9.7％）である。

表３９　〔大信寺〕（部分）（群馬県高崎市通町）（凡例・●＝西湘〜伊豆石材・▲＝利根川系安山岩・○＝秋間石・□＝結晶片岩）

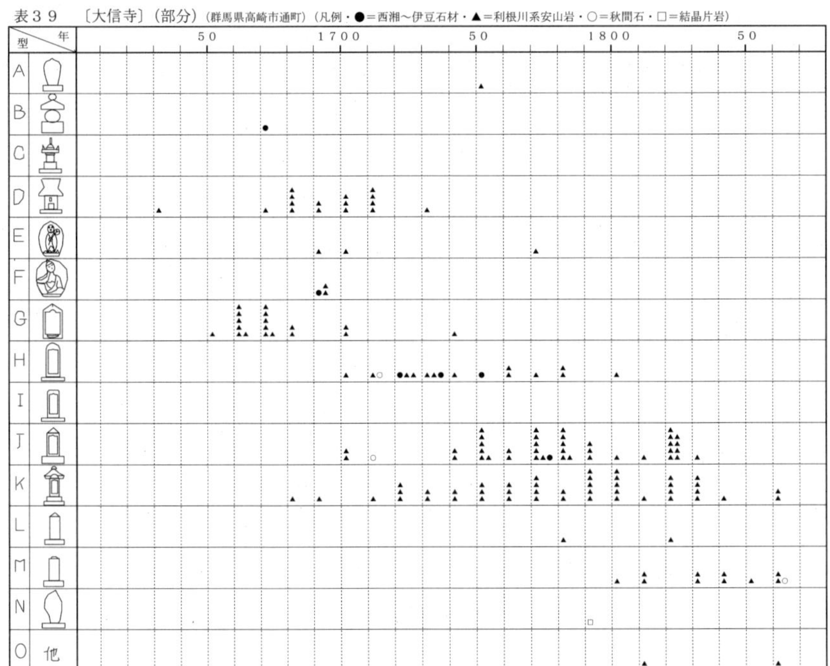

表39大信寺は高崎市市街地に残る寺院。駿河大納言忠長の西湘〜伊豆石材製五輪塔がある。墓石は，板碑型（G）から柱状型頂部丸形額有（H），更に山形額有（J）そして皿形額無（M）への移行が窺える。城下町中の墓地で，笠付型（K），石殿型（D）の造塔数も多い。

利根川流域の安山岩石材が中心で地域色が強いが，西湘〜伊豆石材製大型墓石数点が確認できる。石材比率は，利根川流域安山岩石材（95.3％），西湘〜伊豆石材（2.5％），秋間石（1.3％），その他（0.9％）である。

これら22寺院の墓石造塔傾向からは，

①墓石造塔本格化の時期は元和・寛永年間にある。

②寛文・延宝年間は，墓石造塔数が増加し墓石型式も増加しはじめている。

③元禄・享保年間に造塔数が多くなり，天明年間以降造塔数が減少するとともに使用墓石も分散化している。

③近世後半には墓石石材利用に変化が見られる。

④各墓地ともに関東地方全体の動向を示すが，地域性が強い地域もある。などが明らかになった。

4章　墓石造塔の詳細と背景

3章では，庶民層の墓石造塔推移の実態を経年的に明らかにしてきた。本章では，表40とこれを図表化した表41・表42を利用して，まず「萌芽期」と「造塔期」の「墓石造塔本格化」について，次いで「墓石造塔推移」を政治的，宗教的事象を組み合わせて検討して墓石造塔推移の本質を考察する。

表40　「萌芽期・造塔期」墓石造塔数の推移　　　(10年単位)

	萌芽期		造塔期				
位	１６００年代	１６１０年代	１６２０年代	１６３０年代	１６４０年代	１６５０年代	１６６０年代
1	B= 3	C= 4	C= 15	C= 31	G= 29	G= 55	G= 187
2	C= 3	G= 2	G= 15	G= 17	C= 11	C= 23	E= 56
3	N= 2	A= 1	B= 6	D= 5	B= 10	B= 16	B= 31
4	K= (1)	B= 1	D= 6	B= 5	E= 7	N= 13	C= 27
5			E= 2	N= 4	N= 3	E= 13	K= 21
6			N= 2	E= 3	D= 3	D= 6	N= 17
7			K= 1	K= 2	O= 3	H= 5	F= 10
8				A= 1	K= 2	K= 4	H= 8
9				F= 1	A= 1	F= 3	D= 6
10					F= 1	O= 2	A= 6
11					H= 1	J= 1	I= 1
12						I= 1	J= 1
	8＋(1)	8	47	69	71	142	371

1　造塔の本格化と推移

(1)萌芽期（慶長・元和）(1600～1619年代)（16＋1基）

① 1600年から9年までの10年間

「萌芽期」のうち前半の10年には9基の墓石がある。この内，五輪塔型では，鴻巣市勝願寺慶長6年(1601)，横浜市常真寺慶長10年(1605)，鴻巣市勝願寺慶長11年(1606)はいずれも関東地方中央部にあり，西湘～伊豆石材製である。宝篋印塔型では，嵐山町浄空寺慶長7年(1602)（菅沼定吉一の墓)が伊奈石製，川里町雲祥寺慶長8年(1603)，同雲祥寺慶長13年(1608)がいずれも西湘～伊豆石材製である。また，板状墓石の自然石型では，佐原市法界寺慶長10年(1605)は黒色片岩製，長瀞町光明寺慶長14年(1609)は緑泥片岩製である。

表 41　　「萌芽期・造塔期」の墓石と石材推移①

年号	10　　20　　30　　40 基
1600	
	●
	□
	■◆
5	●☆
	●
	■
	▽
1610	■△▽
	■▲
	■
5	
	□○
1620	■
	■▲△ ♞ ▽
	■■■
	✞ ✞ ✞ ▽
5	■■■●●●●▲▲◆
	■▲▲▲ ✞
	■●▲▲▲ ✞ △
	■●▲
	■■■■ ♞ ▲▲ ✞ △
1630	■■●□□ ✞
	■ ♞ ◆□ ✞
	■■■■■▲▲□▽▽☆
	▲■■▲▲■□□△☆△
5	■●▲▲▲△ ✞
	■■◆■★
	■●●▲□ ✞
	■■■● ♞ ▲▲
	■■■■ ♞ ▲▲ ✞ ▽▽
1640	■■● ♞ ▲▽ ✞
	♞♞ ▲▲▲△△△ ✞
	■▲▲▲▲△▽
	■●▲▽
	■▲▲△
5	■▲▲◆▲○
	▲▲ ♞♞♞ ▲
	■▲▲◆□ ✞
	■■●●●●●●●▲▲▲▽
	■ ♞ ▲★□☆
1650	■■▲▲★□ ✞ ▽
	■●▲▲▲▲ ✞
	● ♞ ▲▲▲▲○ ✞ ▽
	■● ♞ ▲▲▲□△△▽▽▽
	■■◆★★□□ ✞✞ △△
5	■■■ ♞ ▲▲▲▲★★○○△△
	■●●●●●▲▲▲▲▲▲★△△▽▽▽▽
	■■● ♞♞♞♞ ▲▲▲▲▲▲▲▲▲▲◆★□△◇▽
	■■■■ ♞♞♞ ▲▲▲ ♞ △△△△▽▽▽
	●●▲▲▲▲▲▲▲▲★□□ ♞ ▽▽☆☆
1660	♞♞♞ ▲▲▲▲▲▲▲▲▲□○○ ✞✞ ▽
	■■■ ♞♞♞♞♞♞♞ ▲▲▲▲▲▲▲▲▲▲▲▲▲◆★ ♞ △▽▽▽
	●●●● ♞♞♞♞ ▲▲▲▲▲▲▲▲▲▲▲▲▲▲▲▲▲▲▲◆★□□□□○△△△△△△◇☆☆
	■■■■●● ♞♞♞♞♞♞ ▲▲▲▲▲▲▲▲▲▲▲▲▲▲◆★★★□□□□○○ ✞✞ △△△△▽▽
	■● ♞♞♞♞♞♞♞♞♞♞ ▲▲▲▲▲▲▲▲▲▲▲▲▲▲▲▲▲▲▲◆◆◆○ ✞ △△△☆☆☆
5	■●●●●● ♞ ▲▲▲▲▲▲▲▲▲▲◆★□○▽▽
	■●●●● ♞♞♞♞ ▲▲▲▲▲▲▲▲▲▲▲▲▲▲▲▲◆◆◆ ♞ △△△△△◇▽▽
	●●● ♞♞♞♞♞♞♞♞ ▲▲▲▲▲▲▲▲▲▲▲▲▲◆▲▲▲★□ ♞♞ △△△▽▽
	■ ♞♞♞♞ ▲▲▲▲▲▲▲▲▲▲◆□○○○ ✞ △△△△△☆☆▽
	■■■●●● ♞♞♞♞♞♞♞♞♞ ▲▲▲▲▲▲▲▲▲▲▲▲▲▲▲◆◆◆□ ✞ △△△▽▽☆
	♞♞♞ ▲▲▲

凡例

1　各記号は○印＝B型式（五輪塔）、□印＝C型式（宝篋印塔）、✞ ＝D型式(石殿)、♞ 記＝E・F型式（石仏）、△印＝G型式（塔婆型）、▽印＝N型式（転石）、◇印＝K型式（笠付き）、☆印＝その他型式を示す。

2　各記号とも黒色塗りつぶしは西湘〜伊豆石材、白抜きはそれ以外の石材を示す。

3　１６００年〜１６７０年間の７２３基の墓石の内、６８８基分（９５％）を図示した。

表 42　　　　　　　　「萌芽期・造塔期」の墓石と石材推移②

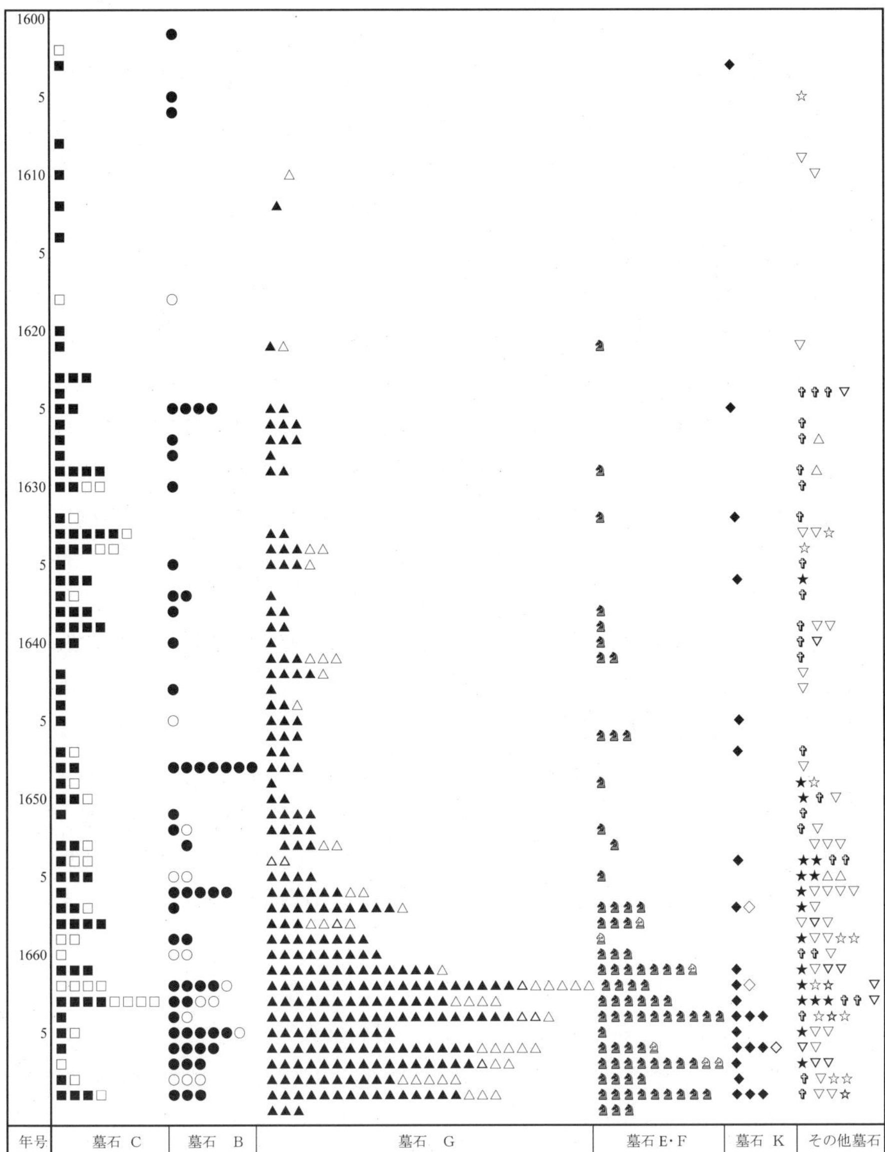

凡例

1　各記号は○印＝Ｂ型式（五輪塔）、□印＝Ｃ型式（宝篋印塔）、✞ ＝**D型式（石殿）**、♟ 記＝Ｅ・Ｆ型式（石仏）、

△印＝Ｇ型式（塔婆型）、▽印＝Ｎ型式（転石）、◇印＝Ｋ型式（笠付き）、☆印＝その他型式を示す。

2　各記号とも黒色塗りつぶしは西湘〜伊豆石材、白抜きはそれ以外の石材を示す。

3　１６００年〜１６７０年間の７２３基の墓石の内、６８８基分（９５％）を図示した。

各型式は，分散して所在するが多くは為政者や在地有力者の造塔と見られるものである。使用された石材は，関東平野中央部では既に江戸城普請に使用されていた西湘〜伊豆石材，埼玉県西部では中世から入間川流域で使用された伊奈石，荒川流域の緑泥片岩，千葉県北部では筑波山東麓の黒色片岩が使用されている。

② 1610年代

この期間には8基がある。無縫塔型では綾瀬市蓮光寺慶長15年(1610)西湘〜伊豆石材製である。五輪塔型では嵐山町浄空寺元和4年(1618)（幕臣菅沼定吉一族墓地）は伊奈石製である。宝篋印塔型では，鴻巣市勝願寺慶長15年(1610)（関東郡代伊奈忠次の墓），同勝願寺慶長19年(1614)（小諸藩主仙石秀久の墓），大田区本門寺慶長17年(1612)（加藤清正供養塔）はいずれも西湘〜伊豆石材製，嵐山町浄空寺元和4年(1618)（幕臣菅沼定吉一族墓地）は伊奈石製である。

宝篋印塔型,五輪塔型に加えて板碑型と無縫塔型が確認できる。五輪塔型，宝篋印塔型は，江戸時代になり為政者などを中心に中世からの型式を引き継ぎ，継続的に造塔されてきたことを示している。これらのうち，埼玉県嵐山町浄空寺菅沼定吉一族の墓地のものや鴻巣市勝願寺の小諸藩主仙石秀次の分骨墓は比較的小型である。しかし，大田区本門寺の加藤清正や鴻巣市勝願寺関東代官伊奈忠次，慶長17年(1612)没で伊勢崎一万石の大名となった稲垣平右衛門長茂の天増寺所在の墓石は，西湘〜伊豆石材製で大型宝篋印塔である。

この「萌芽期」は，江戸幕府創設に貢献した大名や旗本の死去が続き，大型墓石の造塔が始まってきた時期である。幕府は高野山法度(慶安2・1649)により「墓石場の広さの制限」や「墓石卒都婆」の管理徹底を図り始めている(『徳川禁令考前集』第五№2628)。

江戸では，江戸城及び城下の普請がはじまり西湘〜伊豆石材の使用が本格化している。慶長8年(1603)には，江戸市街の拡張工事，翌慶長9年(1604)には本丸建物と石垣，二ノ丸・三ノ丸石垣の大拡張工事が行われた。慶長11年(1606) 2月には加藤清正や福島正則，黒田長政等に江戸城普請と石材確保が命じられ，運搬に必要な三千艘の石船が準備され，「一艘ニ百人之石二ツ宛入」を月に二度運搬することとなり，江戸と伊豆国間に大規模な石材海上輸送路が成立することとなった。その後，5月にはこれらの石船数百艘が大風のために破損する災害もあったが，同12年(1607)には一応城郭としての形を整えていた時代である(『慶長見聞録案紙』)。

その後，江戸城普請は，慶長16年(1611)からは西の丸，元和6年(1620)には神田台掘り工事，同年8月には本丸殿舎の造営が行われ，これに伴い大量の石材が江戸に運ばれた。

政治的には，江戸幕府の政権基盤が整備され武断政治から文治政治へ移行する時期である。宗教政策は，慶長17年(1612)に本山末寺制度に着手し，本寺による末寺支配を個別宗派を対象に規定し，キリスト教に対しては禁圧，禁教令に移行する時期である。

これまでの時期は，庶民層による組織的な墓石造塔は見られず，中世の仏教思想を引く大名や武士，在地有力者などによる墓石や供養塔が見られた時期である。これらに使用された西湘～伊豆石材は，いまだ江戸とその周辺地域に限られ江戸城普請に使用された安山岩や玄武岩質の伊豆石材が中心となっている。

(2)造塔期（元和・寛永・正保・慶安・承応・明暦・万治・寛文年間）（1620～1669年）

この「造塔期」の50年間は，墓石造塔が本格化した時期で，表40の如く700基がある。この動向をより細かく検証するために10年単位で分析を試みた。

① 1620年代(元和・寛永期)

この10年間に造塔数が増加し47基がある。その内訳は次の通り。

①宝篋印塔型（C）15基(31.9%)　②板碑型（G）15基(31.9%)
③五輪塔型（B）　6基(12.7%)　④石殿型（D）6基(12.7%)
⑤石仏型立像（E）　2基(4.3%)　⑥自然石型（N）2基(4.3%)
⑦笠付型（K）1基(2.2%)

特に注目できるのは，宝篋印塔と板碑型の造塔数が増加し始めていることである。この他，五輪塔型と地域色の強い石殿，石仏，転石，笠付型の墓石型式が確認できる。造塔数の増加とともにこれまでより多様な墓石型式が見られ始めている。

江戸城改修は，寛永元年(1624)，同6年(1629)には西の丸殿舎，石垣修築，その後同12年(1635)には二ノ丸を拡張して三ノ丸を縮小，同13年(1636)には枡形，石垣普請を行い，大規模な外郭修築工事が行われ，江戸城の総郭がこの時期に一応完成している。

② 1630年代(寛永期)

この10年間には69基がある。その内訳は次の通り。

①宝篋印塔型(C) 31基(44.9%) ②板碑型(G) 17基(24.6%)
③石殿型(D) 5基(7.2%) ④五輪塔型(B) 5基(7.2%)
⑤自然石型(N) 4基(5.8%) ⑥石仏型立像(E) 3基(4.4%)
⑦笠付型(K) 2基(2.9%) ⑧無縫塔型(A) 1基(1.5%)
⑨石仏型座像(F) 1基(1.5%)

前期に続き造塔数が増加している。この期の特徴は，宝篋印塔の造塔数が増加していることである。次いで板碑型が多いが前代とは大きくかわっていない。この他，五輪塔型や新たに石仏型座像などが確認できる。

全体として大型で装飾に優れたものが多い。造塔数の伸びと一般武士や庶民層を対象としたと見られる墓石型式の伸びが見られ，この1620年代と1630年代が庶民層による墓石造塔本格化の時期と考えられる。

造塔が本格化した「造塔期」20年間を通して見ると，宝篋印塔型46基(37.6%)の内，西湘～伊豆石材製は江戸及びその隣接地と北関東や茨城県南部まで広域に広がっている。

板碑型32基(27.8%)は，西湘～伊豆石材製は江戸及びその周辺地域に分布している。利根川流域安山岩製は羽生市，芦野石製は那須町，花崗岩製は笠間市などにあり，この他のそれぞれの地域石材のものも点在する。この期のものは比較的大型で断面が薄型のものが多い。

五輪塔11基(9.6%)は，西湘～伊豆石材製は台東区・川口市・下妻市・大田区・市川市・川崎市など江戸及び隣接地にあり，伊奈石製はあきる野市にある。

この時期は，表に見られるように宝篋印塔が先行して増加し，続いて板碑型の造塔数が増加し始めている。一般武士や旗本，士族，一部の名主，庶民層などに本格的に広まってきたことを示している。

石殿型11基(9.6%)は，利根川流域安山岩製は松井田町・新田町・前橋市・群馬町・高崎市・倉渕村などにあり利根川中流右岸に分布している。

自然石型6基(5.2%)は，黒色片岩製は佐原市，利根川流域石材製は松井田町，芦野石製は鳥山市，その他笠間市などにあり，いずれも関東地方周辺地域に点在している。

笠付型3基(2.6%)は，西湘〜伊豆石材製は宇都宮市・大田区・市原市にある。

石仏型立像，石仏型座像の造塔が始まるが，その量はまだ少ない。

寺院に対しては，寛永8年(1631)末寺帳の提出，寛永9年(1632)から翌年にかけて「諸宗末寺帳」が整備され，幕府が本寺を通じて全国寺院を支配する体制が完成した。寛永12年(1635)頃には，キリシタン寺請が全国各地で民衆に至るまで実施されたといわれ，キリスト教徒であるかないかを判定する権限が全面的に寺にゆだねられた近世的な檀家制度の広がりが見られた時期である(圭室1974・1987)。

この間，鎖国政策の強化も図られ寛永10年(1633)鎖国令，寛永14年(1637)島原の乱発生，更に寛永17年(1640)には，幕府宗門改役を設けて寺請・宗門人別帳の作成を命じているが，キリスト教厳禁令，キリシタン摘発や処刑が相次いだ。

世相的には，寛永15年(1638)刊行の『清水物語』(清水物語・祇園物語「仮名草子集成22」)には成仏するためには，「下おのこか，いはく」「又，仏になる舟橋に。寺をたて，たうをたて。僧を，くようずると，おほせられ候」と，寺院を建て，塔を建て，僧を供養することが重要であると表現している。

③ 1640年代(寛永・正保・慶安期)

この10年間には71基の墓石がある。その内訳は以下の通り。

①板碑型(G) 29基(41.4%)　②宝篋印塔型(C) 11基(15.7%)
③五輪塔型(B) 10基(14.3%)　④石仏型立像(E) 7基(10.0%)
⑤自然石型(N) 3基(4.3%)　⑥石殿型(D) 3基(4.3%)

⑦笠付型（K）2基(2.9%)　　⑧その他型（O）3基(2.9%)
⑨無縫塔型（A）1基(1.4%)　　⑩石仏型座像（F）1基(1.4%)
⑪柱状型頂部丸形額有（H）1基(1.4%)

総数では30年代とほぼ同数であるが，宝篋印塔型の造塔数が減少し，板碑型の造塔数と逆転している。板碑型が富裕庶民層に次第に広がり始めたことを示している。この他，五輪塔型には大きな変動は見られない。

この期には，幕府は仏事祭礼の引き締めのために御触れをたびたび出している(『徳川禁令考』前集第五№2786)。寛永20年(1643)の郷村御触の在々御仕置之儀ニ付御書付では，「一庄屋惣百姓共，自今以後不応其身家作不可仕，但，町屋之儀ハ地頭代官差図を受可作事」，「一佛事祭禮等ニ至迄，不似合其身結構仕間敷事」，「右之條々，在々所々堅相触，向後急度此旨守候様ニ，常々入念を，可被相改者也」と身に不似合いのことをしてはならないと戒めている。また，大名に対しても前掲の高野山法度慶安2年(1649) 9月の行人方に，「一山中墓石場，近年甚廣無用之至也，古来之墓石卒都婆，猥不可紛失，向後縦雖為國持大名其地形不可過二間四方事」，「右條々，今度相定之訖，永可守此旨弥任慶長六年五月廿一日，元和三年九月十日先判之旨，不可有相違者也，仍如件」と記し，この時期の各大名の墓石場も広がりを戒めるとともに，今後大名の墓石場の広さは国持ちの大名でも二間四方とすること，古い卒塔婆をきちんと管理することを再度触れている。

この間の20～40年代は，幕府統治政策，キリスト教の取り締まり，世相の安定，仏教・儒教の浸透，宗教政策の徹底のもとで檀家と寺院の結びつきが強まり，仏教思想や儒教思想，先祖供養の教えが大名や武士，旗本のみでなく，町人・百姓などの庶民層にまで浸透し，手厚い供養として仮塔婆から石製塔婆への移行が見られた時期である。

④ 1650年代(慶安・承応・明暦・万治期)

この10年間には142基の墓石があり40年代に比較すると造塔数が倍増している。この内訳は以下の通り。

①板碑型（G）55基(38.7%)　　②宝篋印塔型（C）23基(16.2%)
③五輪塔型（B）16基(11.3%)　　④自然石型（N）13基(9.2%)

⑤石仏型立像（E）13 基(9.2%)　⑥石殿型（D型式 6 基：4.2%）

⑦柱状型頂部丸形額有（H）5 基(3.5%)

⑧石仏型座像（F）3 基(2.1%)

⑨笠付型（K）4 基(2.8%)

⑩その他型（O）2 基(1.4%)

⑪柱状型頂部山形額有（J）1 基(0.7%)

⑫柱状型頂部平形額有（I）1 基(0.7%)

なかでも①位の板碑型の伸びが最も顕著で，造塔数が宝篋印塔型を越え全体の 4 割近くを占めている。この内，西湘～伊豆石材製は関東地方中央部に複数残る墓地が増加している。

宝篋印塔型，五輪塔型の造塔数は継続し，宝篋印塔型の西湘～伊豆石材製は嵐山町・熊谷市・台東区，利根川流域安山岩製は桐生市，花崗岩製は笠間市などにある。また，五輪塔型は，西湘～伊豆石材製は綾瀬市・筑西市・川崎市，伊奈石製は入間市などで確認できる。造塔数はほぼ一定で特別な広がりを示していない。

この他，転石型墓石の芦野石製は烏山市・那須町に，花崗岩製は笠間市などがあり造塔数も増加している。また，石仏型立像，石仏型座像，笠付型，その他型の造塔数の増加が見られ，その後江戸時代の造塔の中心となる柱状型頂部丸形額有(H)，山形額有(J)，平形額有(I)が新たに加わっている。

⑤ 1660 年代（万治・寛文期）

この 10 年間には 371 基が造塔されている。この内訳は次の通り。

①板碑型（G）187 基(50.4%)　②石仏型立像（E）56 基(15.1%)

③五輪塔型（B）31 基(8.4%)　④宝篋印塔型（C）27 基(7.3%)

⑤笠付型（K）21 基(5.7%)　⑥自然石型（N）17 基(4.6%)

⑦石仏型座像（F）10 基(2.7%)

⑧柱状型頂部丸形額有（H）8 基(2.2%)

⑨石殿型（D）6 基(1.6%)

⑩無縫塔型（A）6 基(1.6%)

⑪柱状型頂部平形額有（I）1 基(0.2%)

⑫柱状型頂部山形額有（J）1基(0.2%)

前期に次いで造塔数が急増し，中でも寛文年間初めの62～64年の造塔数の伸び率が最も高い。造塔の中心は板碑型が50%近くを占めているが，規格的に小型，簡略化したものが含まれ始めている。また石仏型立像は地蔵や観音像で「童子」などの戒名が付されるものが多く，石仏型座像は婦人を供養した「如意輪観音像」を中心としている。

これらは，一定の財力を有した者が女性や幼児・子供には別型式の墓石を造塔し始めたもので家庭内の個人個人の造塔が始まったことを示している。

板碑型の西湘～伊豆石材製は，関東地方中央部に流通している。利根川流域石材製は渋川市・高崎市などがある。七沢石製は綾瀬市，牛伏砂岩製は藤岡市などにあるが，西湘～伊豆石材に加えて地域石材の使用が増加している。

石仏型立像と石仏型座像は，西湘～伊豆石材製が草加市・猿島町・大栄町・市原市・栃木市・横浜市などにあり，この時期から急増し用途も幼児や女子など限られた利用傾向を示している。

五輪塔型，宝篋印塔型は，この時期には伸び率はほとんど見られない。これらに使用される石材は西湘～伊豆石材が中心であるが，これ以外の周辺石材の使用率も高くなり始めている。

この内五輪塔は，西湘～伊豆石材製は水海道市弘経寺，印西市・川崎市，伊奈石製は入間市，伊奈石製はあきる野市などにある。

笠付型は，この時期造塔数を増やし始めている。板碑型からの富裕庶民層や宝篋印塔型からの武士等がこの型式に移行し始めている。

この他自然石型は，芦野石製が那須町，花崗岩製が笠間市などにある。また柱状型頂部丸形額有(H)は，山形額有（J）とともにこの後の中心型式となる墓石である。石殿型(D)は，利根川流域安山岩製は中流の群馬町・倉渕村などにある。

この期の墓石増加傾向は，幕府の宗教政策と仏教信仰との結びつきの中で成立してきた檀家制度や，江戸及びこの周辺地域の人口増加と墓石造塔への庶民層の参加が背景となり，造塔数が急増するとともに多様な墓石形態を生み出している。

幕府は，寛文２年(1662)には宗門改めを念入りにする布達，寛文４年(1664)には大名，旗本，代官の下に取り締まり専任者を置くことを命じ，寛文５年(1665)には諸宗寺院法度，諸社祢宜神主法度を制定し檀家制度の徹底をはかっている。

この間の幕府と寺院，檀家の関係は，「幕府は，寺院に対しては本山末寺制度，寺請制度を通して供養と葬儀に専念させ，同時にキリシタンの取り締まりに関わらせることを期待し，寺院はこれに従い供養と葬儀に専念し，キリシタンでないことの証明をする行為により檀家を掌握し，財政基盤を確保することであった。また，檀家は，寺院により供養と葬儀，更にキリシタンでないことを証明してもらうとともに，寺院に応分の財政負担し，祖先供養と極楽往生を願うことを目指したといえる」（圭室 1974・1987）とあるように，三者の強い思惑がこの期の墓石造塔に与えた影響は大きかった。

百姓に対しては寛文６年(1666)の「関東御領所下知状」（徳川禁令考前集第五No.2791)では「百姓食物之儀，常に雑穀を用ゆへし，米みたりに不食之，佛事祭禮等に至迄，不応其身不可致結構事」とあり，寛文８年(1668)の「農民被仰渡之條々」（徳川禁令考前集第五No.2792)では「神事祭禮或葬禮年忌之佛事，或婚禮諸事之祝儀等ニ至迄，百姓不似合結講仕間敷事」と記し，「違背仕者於有之ハ，庄屋五人組より其所之代官奉行江急度可申達之，若隠置，脇より令露顕ハ，庄屋五人組迄可被行曲事者也」と記し自粛を喚起している。

町人に対しては，寛文８年(1668)の「家作并嫁娶葬祭其外町触」（徳川禁令考前集第五No.3038)では「葬禮佛事有徳之輩たりといふ共，目ニ不立様ニ成程軽く可仕事」とあり，寛文８年(1668)の「倹約之儀町触」（徳川禁令考前集第五No.3154)では「一祭禮之渡物，不可結構，かろく可仕事」，「一葬禮佛事有徳之輩たりといふとも，目に不立様ニ，成程かろく可仕事」と戒めている。

これら，百姓や町人に対する戒めは庶民の間に仏事が深く根ざしていたことを示し，墓石造塔の背景として注目しなければならない。

「造塔期」後半の50～60年代は，江戸時代初期から急増した関東地方の人口の高齢化，檀家制度の成立，家族制度の変質，石材環境等を背景に，これまで見られない墓石造塔意識の高まりと広がりが一般庶民層にも浸透した時期である。

ここまでの検討結果を表 40 ～ 42 をもとにまとめると，

・「萌芽期」の墓石造塔数は，合計 17 基，墓石型式では 6 型式であった。その後「造塔期」の 1620 年代には造塔数は 8 倍程に増加し，30 年代には更に 2 倍弱に増加し，40 年代は横這いであるが，50 年代には更に 2 倍に増加している。元和・寛永年間に本格化しはじめた庶民墓石の造塔は，明暦年間以降は特に造塔数が増加し，檀家制度が成立した 60 年代の寛文 2 ～ 4 年には一段と急増し 2.6 倍程に増加している。
・墓石造塔が本格化した 20 ～ 30 年代の「造塔期」の初めには，宝篋印塔型の造塔数が優勢であったが，その後 40 年代～ 50 年代には板碑型墓石がこれに入れ替わり第 2 位となっている。この宝篋印塔型は 60 年代には比率が下がり 4 位に下降している。
・その造塔数の変化は少なくほぼ一定である。
・五輪塔と宝篋印塔型の比率低下は，1660 年代に造塔数が高まる笠付型と時期が重なることから，この型式への移行が考えられる。
・江戸時代前半の 70 年間は，武家や百姓町人など一般庶民層の墓石造塔が本格化するとともに檀家制度の成立と共に造塔数が急増し墓石造塔が広がり始めた時期である。

(3)急増期(寛文・延宝・天和・貞享・元禄・宝永・正徳・享保)(1670 ～ 1719 年)

この時期は，財政力の弱い庶民層が本格的に造塔に加わり始めた時期である。西湘～伊豆石材製墓石は優れた墓石ではあったが，遠方から搬送される分価格が割高で造塔者の負担は大きかった。このような状況の中で西湘～伊豆石材製板碑型(G)は薄く小型簡略化し更に定型化した柱状型頂部丸形額有(H)の供給にも努めて来たが，江戸から更に関東地方に運ばれる墓石や小分け石材の減少傾向は止まらず，江戸を除く関東各地には僅かに石仏型立像(E)や石仏型座像(F)など付加価値の高い特注品を残してのみ流通が停滞しはじめた。

これとは対照的に，七沢石に代表される関東地方周辺にあり耐久性や見た目には多少難点があっても，大量の切り出しと加工が容易で，消費地に比較的近い地域石材の利用が急速に高まり始めている。

この期は，関東地方の人口が慶長5年(1600)に2,018千人，享保6年(1721)が5,123千人でこの間の人口数は2.5倍ほどになっている。人口増加とそれに伴う葬儀の増加，宗教政策の徹底，造塔意識の浸透により造塔層が一段と広がり墓石造塔数が急増したが，裕福造塔者の家族内では一人一人の被葬者に墓石がそれぞれ造塔され始めたことも見逃せない。

造塔の高まりと広がりは，幕府の「御触」からも窺うことが出来る。

天和3年(1683) 2月に町人に対して出された「町中之者共衣服之儀御触書」(徳川禁令考前集第五№3155)では，町場の者に対してだけでなく「祭禮法事彌軽可執行之，惣而寺社山伏士，法衣装束萬端かろく可仕事」と葬儀をつかさどる僧侶等にも及んでいる。

また，貞享4年(1687) 1月には「相州愛甲郡津久井領代官山川三左衛門土民仕置状」(神奈川県史 資料編6 №68)では，「一新地之寺社造塔堅可為停止，并新規之造営・庵室・大キ成墓石，田畑・野山・林等ニ一切立申間敷事」，「右之条々名主所ニ写置，郷中大小之百姓・水呑・前地・門百姓共ニ切々為読聞，常々堅可相守，此旨若違背之族於有之共，詮議之上当人之儀ハ勿論，名主・年寄・其五人組共へ紀咎軽重急度曲事可申付者也」とあり，郷中の大小の百姓・水呑・前地・門百姓に至る農村部のあらゆる層に対して新たな寺社の造塔や大型の墓石を田畑や野山，山林へ造塔することを禁止するなど，庶民各層に対して造塔を制限している。同国の元禄9年3月(1696)相州津久井県下川尻村五人組定書(神奈川県史資料編6 №84)中には，「新地之寺社造塔之儀堅ク可停止，惣テほこら・念仏題目之墓石・供養塚・庚申塚・石地蔵之類，田畑・野山林，又ハ道路の端ニ新規ニ一切立間鋪候，仏事・神事祭礼等軽ク可執行之，新規之祭礼取立へからさる事」と記し，墓石造塔に同様の制限をしている。

元禄11年(1698)の「武州本牧領根岸村五人組定書」(神奈川県史資料編6近世(3)№86)中にも，附けたりとして「不依何事ニ供養之儀ニ付，大キ成卒塔婆・墓石，田畑・野山・林等ニ一切立申間敷候事」と記し，五人組定書の項目にも造塔に対する制約が加えられている。

この墓石「急増期」には，新たな墓地の開鑿が制限されているが，既存の墓地も手狭になり，特に江戸周辺寺院は経営が次第に苦しくなる時期でもある。

(4)最大期（享保・元文・寛保・延享・寛延・宝暦・明暦）（1720〜1769年）

この期は，板碑型だけでなく中世の系譜を引いた五輪塔型，宝篋印塔型，石殿型の造塔数が減少している。この「最大期」は，造塔者層に最も浸透した時期ではあるが，それに合わせて墓石新旧交代の時期でもある。石材も，関東地方周辺地域では西湘〜伊豆石材にかわり，七沢石など運搬や採石・加工が容易な地域石材へ移行する時期である。最も造塔数が多い柱状型頂部丸形額有（H）の石材は，江戸及びその周辺では西湘〜伊豆石材から凝灰岩質で軟質の七沢石などに変更され，墓石造塔の経済的負担に感じる者や，これまで造塔できなかった者を引き込んで造塔数が最も多くなっている。西湘〜伊豆石材製墓石への経済的負担感の大きい者を次第にこれらの地域石材製墓石に移行させている。

この期は，造塔負担感を強く感じていた者やこれまで造塔に参加できなかった者が加わったため規格・省力化が図られた割安な墓石へ移行する時期である。

享保7年（1722）「諸宗僧侶法度」では法事の祭の読経の心構え，檀家における飲食等についても細かに規制し，墓石についても「旦那付合之儀，総而貴賤を不撰一統ニ深切ニ致へし，従数年届も無之，墓石位牌成共，回向等を廃怠致すへからさる事」と記している（徳川禁令考前集第五№2588）。また，墓地には，寺社奉行に対して「墓地増坪願」が継続して出されている時期でもある。寺院には，「檀家墓所は分に応じちひさく致させしかるべく候。限りある境内に墓所広く取候へば，場所もふさがり候につき，後々かへつて不実なる義もこれあり候条，その檀家へ断り申し，随ちひさく致させ申すべき事」（妙心寺法度）と墓地を分相応に小割とする法度が出されている。

また，この期後半の宝暦 14 年(1764)には，多摩郡寺方村の幸七が死者供養に際して費用が不足したことから，「石橋架橋」のために講中で積み立てた勧化金から「壱分ト悪壱百文」を借用した証文が残されている。この期の百姓の中には仏事供養が財政的に大きな負担になっていたことを具体的に示している(『多摩市史』資料編二)

この期は,造塔者と被葬者が最も広がった時期で墓石造塔数も最大となり，幕府は，法令を出して華美になる仏事や大型化する墓地や墓石，乱れる僧侶の綱紀粛正を図ったが，その傍らでは，墓石造塔を負担に感じる者も多く，より安価な墓石型式へと変換した時期でもある。

(5)減少期①　(明和・安永・天明・寛政・享和・文化・文政)(1770 ～ 1819 年)

この期は，天明の大飢饉や松平定信の寛政の改革を含み，質素倹約主義を背景に株仲間や専売を廃止し特権商人を抑制した時代である。

この期の世相を伝える,『祠曹雑識』巻 27 の寛政 4 年(1792)2 月の項には「野文トイフ事ニ付テ寛政四子ノ閏二月根岸肥前守ヨリ問合脇坂淡路守答え左ノ如シ」とあり，脇坂淡路守の答えに引用された野州都賀郡鹿沼宿(鹿沼市)薬王寺の報告内容には,

> 百姓仁右衛門女房去亥十二月致病死候旨申越候間代僧差遣引導焼香可致旨及挨拶候處極貧困之者ニ付葬式等不行届候間野文計呉候様達而申間候故任望差遣候旨申之候右類者野文ト唱書付等差遣病死人見届不申候而モ不苦事ニ候宗法仕来モ候哉

と記され,「百姓の仁右衛門の女房が去る亥(寛政 3 年) 12 月に病死した旨連絡があったので，代僧を差遣かわせ引導，焼香を行う旨挨拶に出向いたところ，貧困者のため葬式等が行うことが出来ないので「野文」だけくれるように依頼されたので望みに任せてこれを遣わせた」と記されている。このような「野文」により葬儀が済まされた貧者も多かったことを伝えている。

一方，寛政 10 年(1798)の「佛像撞鐘等之儀ニ付御書付」(徳川禁令考前集第五№ 2595)では,「一總而銅像石像木像ともニ，たけ三尺を限り可申候，其餘撞鐘，鳥居，燈籠之類も，大造之儀は一切停止せしめ候」とあり，大造り

の像に制限を加えているが，寛政11年(1799)の「佛像其外往還江出置勸進致間敷旨」(徳川禁令考前集第五№.3053)でも同様に大造りの品を禁じている。加えて，文化3年2月(1806)には，百姓の法名に付されてきた「院号居士号大姉号」を新たに付すことを禁じた(徳川禁令考前集第五№.274)が，既に取得したものについては，「遡及しない」ことが記されている。この期の多くの庶民層による墓石型式は小型簡略化の方向に進んでいて，このような対象となる院号を付した大造りの墓石は富裕層や在地の有力者によるものが該当した。

(6)減少期②（文政・天保・弘化・嘉永・安政・万延・文久・元治・慶応）(1820～1867年)

この時期は老中首座水野忠邦が押し進めた天保の改革の時期を含んでいる。

天保2年(1831)には，寺社奉行松平信順，堀親宝による以下の「葬式石碑院号居士等之儀ニ付御触書」が出された(徳川禁令考前集第五№.2744)。

> 近来百姓町人共身分不相應大造之葬式致し，又者墓所江壮大之石碑を建，院號居士號等付候趣も相聞，如何之事ニ候，自今已後百姓町人共葬式ハ，假令富有或者由緒有之者ニ而も，衆僧十人ヨリ厚修行致間敷，施物等も分限ニ應し寄附致し，墓碑之儀も高サ臺共四尺を限，戒名江院號居士號等決而附申間敷候

この中では百姓町人の分不相応の葬式や石碑造塔や院号，居士号の禁止，墓石の大きさを台石ともに4尺に制限している。

墓石と台石の下に石積みを設けて嵩上げした大型墓石が出るのもこの時期である。

表43～表45は，「萌芽期」に芽生え，「造塔期」に本格化した墓石型式がその後「急増期」～「減少期②」に推移した経過を示している。

表43で「萌芽期」に見られた墓石型式は宝篋印塔型，五輪塔型，板碑型である。このうち五輪塔型(B)はその後も一定数が継続したが「最大

表 43　萌芽期の墓石型式別数順位の推移

位	萌芽期	造塔期	急増期	最大期	減少期①	減少期②
1	C=　7	G= 302	G=1388	H=1661	H=1309	M= 676
2	B=　4	C= 107	E= 803	E= 669	J= 791	L= 493
3	N=　2	E=　81	F= 447	G= 596	I= 674	J= 487
4	G=　2	B=　68	H= 416	K= 438	K= 351	H= 413
5	A=　1	N=　40	K= 338	I= 365	L= 290	I= 381
6	K=　(1)	K=　30	N= 162	F= 364	N= 224	O= 193
7		D=　26	B=　86	J= 360	E= 208	K= 189
8		F=　15	C=　76	N= 279	M= 134	N= 145
9		H=　14	J=　73	A=　95	F= 133	A=　39
10		A=　8	D=　69	L=　79	O= 109	E=　38
11		O=　5	A=　61	O=　66	G=　79	F=　20
12		J=　3	I=　38	B=　43	A=　75	B=　13
13		I=　1	O=　33	C=　43	B=　20	G=　6
14			L=　25	D=　16	C=　8	C=　3
15			M=　1	M=　11	D=　5	D=　1

表 44　造塔期の墓石型式別数順位の推移

位	萌芽期	造塔期	急増期	最大期	減少期①	減少期②
1	C=　7	G= 302	G=1388	H=1661	H=1309	M= 676
2	B=　4	C= 107	E= 803	E= 669	J= 791	L= 493
3	N=　2	E=　81	F= 447	G= 596	I= 674	J= 487
4	G=　2	B=　68	H= 416	K= 438	K= 351	H= 413
5	A=　1	N=　40	K= 338	I= 365	L= 290	I= 381
6	K=　(1)	K=　30	N= 162	F= 364	N= 224	O= 193
7		D=　26	B=　86	J= 360	E= 208	K= 189
8		F=　15	C=　76	N= 279	M= 134	N= 145
9		H=　14	J=　73	A=　95	F= 133	A=　39
10		A=　8	D=　69	L=　79	O= 109	E=　38
11		O=　5	A=　61	O=　66	G=　79	F=　20
12		J=　3	I=　38	B=　43	A=　75	B=　13
13		I=　1	O=　33	C=　43	B=　20	G=　6
14			L=　25	D=　16	C=　8	C=　3
15			M=　1	M=　11	D=　5	D=　1

期」以降は急減した。宝篋印塔型（C）は「造塔期」前半には造塔比率が高かったが，この期全体としての比率は下がり，「最大期」以降は急減した。この二型式は構造型の墓石で部材数が多く装飾性も高いことから，造塔者は相応の身分と財力を持つ武家や名主等が想定された。板碑型（G）は「造塔期」「急増期」に造塔数が最も多く，その後「最大期」には減少し始め「減少期」には急減している。自然石型（N）は転石を使用した墓石型式で一定数を維持し時代的な影響は少ない。

表 44 で「造塔期」から見られはじめる石仏型立像・笠付型・石仏型座像型式は中世からの影響による。柱状型頂部丸形額有（H）・山形額有（J）・平形額有（I）は江戸時代になり設けられた型式で，一般庶民層への急速な広がりに併せて「急増期」「最大期」に造塔数が上昇した。石仏型立像・石仏型座像・柱状型頂部丸形額有・笠付型の造塔数は高順位にあり被葬者に併せて墓石型式が造り出されたことを示している。

「最大期」は柱状型頂部丸形額有（H）・石仏型立像・板碑型・笠付

表 45　急増期の墓石型式数別数順位の推移

位	萌芽期	造塔期	急増期	最大期	減少期①	減少期②
1	C= 7	G= 302	G=1388	H=1661	H=1309	M= 676
2	B= 4	C= 107	E= 803	E= 669	J = 791	L = 493
3	N= 2	E= 81	F= 447	G= 596	I = 674	J = 487
4	G= 2	B= 68	H= 416	K= 438	K= 351	H= 413
5	A= 1	N= 40	K= 338	I = 365	L = 290	I = 381
6	K= (1)	K= 30	N= 162	F = 364	N= 224	O= 193
7		D= 26	B= 86	J = 360	E = 208	K= 189
8		F= 15	C= 76	N= 279	M= 134	N= 145
9		H= 14	J= 73	A= 95	F = 133	A= 39
10		A= 8	D= 69	L= 79	O= 109	E= 38
11		O= 5	A= 61	O= 66	G= 79	F= 20
12		J= 3	I= 38	B= 43	A= 75	B= 13
13		I= 1	O= 33	C= 43	B= 20	G= 6
14			L= 25	D= 16	C= 8	C= 3
15			M= 1	M= 11	D= 5	D= 1

型・平形額有(Ⅰ)・山形額有(Ｊ)・石仏型座像の順であるが，丸形額有(H)，石仏型立像は最も高順位にある。板碑型・石仏型座像は減少し始め，前期より順位を下げている。

「減少期①」は丸形額有(H)が引き続き最も造塔数が多いが，これに続くのは前期より順位を上げた山形額有(Ｊ)・平形額有(Ⅰ)，次いで笠付型である。最大期に造塔順位の高かった石仏型立像･板碑型は順位を下げている。「減少期②」では造塔期初源の各墓石型式はともに順位を下げている。

石殿型は減少の一途をたどっている。その他型(O)は「急増期」に減少するが地域石材への依存が増す幕末に向かって増加している。

表 45 は「急増期」から見られる柱状型頂部山形額無(L)・皿形額無(M)の推移である。山形額無(L)は「最大期｣,｢減少期①」と造塔数を伸ばし「減少期②」では 2 位となっている。皿形額無(M)が本格的に造塔数を伸ばすのは「減少期①」からで,「減少期②」では最も造塔数を多くしている。

このように,関東地方では江戸時代前半に利用が盛んであった宝篋印塔型,五輪塔型，石殿型，石仏型立像・石仏型座像，板碑型の造塔は，時代が下って財力の弱い造塔者層が加わる中で，造塔数の中心は庶民層の財力に見合った簡略化の進んだ墓石型式へと推移したと考えられる。

2　墓石制限令との関係

幕府の墓石に対する規格制限は，貞享4年(1687)正月「相州愛甲郡津久井領代官山川三左衛門土民仕置状」中に，村々の百姓に対して「大キ成石塔立申間敷事」，翌年「武州本牧領根岸村五人組定書」中に「大キ成卒塔婆・石塔，田畑・野山・林等ニ一切立申間敷」と記載されているが具体的寸法は記していない(『神奈川県史』資料編6)。また，寛政10年(1798) 6月に，「佛像撞鐘等之儀ニ付御書付」で銅像・石像・木像等の像に対しては具体的に三尺の規格までであることを示し，同年石屋もこの旨心得るように触れている(「徳川禁令考」)。

天保2年(1831)幕府財政が窮乏し質素倹約が求められる中で「葬式石碑院号居士等之儀ニ付御触書」が出され，墓石は「台石ともに四尺」とされた。

以下では，群馬県桐生市浄運寺墓地の安政6年(1859)吉田家墓石見積書中の「壱積」「弐積」の表現の意味するところと，表46に表示した浄運寺墓地の文化年間から幕末までの主な墓石型式30基の規格を比較しながら，天保2年(1832)の「墓石制限令」との関係を考察する。

1)「石積」について。天保2年(1832)の「墓石制限令」では，「墓碑之儀も高サ臺共四尺を限」と記されている。一方，安政6年に造塔された吉田家墓石の見積書には墓石を支える下部の石積を「壱積」「弐積」と表現し，墓石とは異なる構造であることを記している。

この「石積」はもともと五輪塔型や宝篋印塔型，笠付型など複数部材を使用する構造型墓石の基礎として置かれた石材が，墓石を嵩上げする役割を担いはじめ，表面加工も丁寧になったものである。この墓地では，延享・宝暦・明和・安永年間の墓石には既にこのような目的を持った「石積」が見られる。この「石積」の寸法が天保2年(1832)の「墓石制限令」以降若干増加していて注目できる。

2)墓石型式について。この墓地の墓石型式は，関東地方に広く見られる標

表46　浄蓮寺墓地文化～文久年間の主な墓石　　　　（cm）

年	型式	竿	蓮台	スリン	台	墓石高	石積	総高
1 文化１１年（１８１４）	M(額有)	96			28	124	21	145
2 文化１３年（１８１６）	J	94	18		31(蓮)	143	19	162
3 文化１３年（１８１６）	J	83	23	8	29(蓮)	144		144
4 文化１４年（１８１７）	H	91			29	120	19	139
5 文政　４年（１８２１）	J	90	13	10	30(蓮)	143		143
6 文政　５年（１８２２）	J	83			25	108	21	129
7 天保　２年（１８３１）	J	86			28	114	26	140
※天保　２年（１８３１）　葬式石碑院号　居士等之儀ニ付御触書								
8 天保　３年（１８３２）	J	78			25	103		103
9 天保　４年（１８３３）	J	98			31	129	22	151
10 天保　６年（１８３５）	J	95			28	123	21	144
11 天保　８年（１８３７）	M(額有)	82			28	110	22	132
12 天保　９年（１８３８）	J	82			27	109	24	133
13 弘化　３年（１８４６）	J	73			25	98	24	122
14 弘化　４年（１８４７）	M(額有)	94			27	121	21	142
15 嘉永　元年（１８４８）	M(額有)	78			27	105	23	128
16 嘉永　２年（１８４９）	M(額有)	87			31	118	26	144
17 嘉永　２年（１８４９）	M(額有)	84			26	110	23	133
18 嘉永　３年（１８５０）	M	85			28	113	23	136
19 安政　２年（１８５５）	M(額有)	82			29	111	24	134
20 安政　４年（１８５７）	H	81			26	107	25	132
21 安政　４年（１８５７）	櫛型	71			27	98	25	123
22 安政　５年（１８５８）	M	78			27	105	21	126
23 安政　５年（１８５８）	M	76			26	102	21	123
24 安政　５年（１８５８）	M	82			30	110	23	133
25 安政　６年（１８５９）	M(額有)	80			28	108	22	130
26 万延　元年（１８６０）	M	81			29	110	25	135
27 万延　元年（１８６０）	M(額有)	81			27	108	22	130
28 万延　元年（１８６０）	M	92		17	36	145	40	185
29 文久　３年（１８６３）	M	77			24	101	18	119
30 文久　３年（１８６３）	M	72			25	97	21	118

準形の墓石推移ではなく，文化・文政期から天保期にかけて山形額有(J)，その後弘化・嘉永・安政・万延・文久年間は皿形額無(M)の型式へと移行する。この皿形額無は山形額有型式よりも簡略型で，関東地方では額を持たないものが圧倒的に多いが，この墓地ではこれを持つものも含まれている。天保2年(1832)の「墓石制限令」以降この型式の造塔が中心となり質素の方向に向かっている。

この山形額有型式と皿形額無型式は，装飾性と寸法に差が見られ，皿形額無は型式の簡素化が図られ墓石本体の規格も4尺(120㎝以下)に収まるものが多い。しかし「石積」の高さは高い傾向を示し，これを加えた総高となるとこの基準を遙かに超えるものも存在する。

3)規格について。山形額有の明和9年(1772)の竿と台石の間に既に蓮台やスリンを加えた墓石があり，この表の時期にも台石上部に蓮座が彫り出されるなど装飾性が高いものが含まれている。竿の高さは90cmを越えるものや，蓮台・スリンが入り台石も高めで墓石の総高が140cmを越えるものが何基か含まれている。しかし，台石下の「石積」の厚さは20cm程で余り厚くはない。

皿形額無の型式は，本来額を持たないものが多いが，この墓地は富裕商人の使用が中心であることから額面を彫り出した大型のものが含まれる。山形額有と比較すると，この型式は蓮台やスリンなどの飾り物はなく簡素な造りである。規格を見ると竿は80cm台，台石の高さは平均26～27cmで墓石総高は120cmを下回るものが多い。

この墓地では，この時期を境により簡素化した型式の皿形額無の墓石へと移行し，高さも4尺以内に収まるものが増加している。しかし，同時により手厚い供養の表現が大造りの墓石であるとの考えは依然として続いて，その達成方法として，墓石本体ではなく「石積」を嵩上げして目的を達成しようとしている姿がうかがえる。

浄運寺墓地の調査結果は，限られた狭い範囲での兆候であり，その傾向が普遍化できるかどうかの懸念はあるが，今後の調査の留意事項として重要な視点を示していると考えている。

3　造塔者の推移

中世後半から近世初期「萌芽期」(1600～1619)には，大名や僧侶，在地有力者やそれと結びついた一部の者が埋葬時に五輪塔や宝篋印塔，板碑を造塔した。

「造塔期」(1620～1669)には，江戸に新たに定住した商人や町人，在地の有力者や地侍などは商業活動の活発化や生産力の向上にともない，中世の複合的大家族集団から単婚小家族的家族構成へと移行し始めた。同時に幕府の本寺末寺制度や寺請け制度の開始，仏教・儒教の奨励などにともない，庶民層の先祖供養は各地の寺や持仏堂から成長した寺院を中心に定着し，その後墓石造塔へと発展した。

この庶民仏教信仰と墓石造塔の始まりは，群馬県史跡の甘楽町大字造石の

「造石法華経供養遺跡」(甘楽町教委2007)において具体的に知ることが出来る。

この遺跡は，中世後半の五輪塔部材が点在することからそれ以来の霊場と見られるが，元和9年(1623)には，長岡家の祖先により本体10尺の凝灰岩製大型石造地蔵尊をはじめ，宝塔・石造灯籠が整えられ法華経供養が行われた。この石造地蔵尊には「元和9年(1623)癸亥4月16日」の年号があり，胎内には元和9年(1623)癸亥卯月15日付の「造□山勧進長之事」と記した勧進帳が納められていた。ここには，37名の寄進者名と名前不明の18人の計55名が地蔵菩薩像造塔に結縁したことが記されている。報告書では寄進者一人一人の金額が少額であることや総額的にもこの規模の石造地蔵尊造塔費用としては少額であることから，この寄進者達は造仏に同調した人たちが結縁して知識の物として金品を集め，証しとして勧進帳に名を連ねて仏像の開眼にあわせて胎内に納入したと報告している(津金澤2009)。

表47により供養に関わった者たちの地理的な広がりを見ると，多胡郡本郷は造石東隣接地，甘楽郡金井は南隣接地で数キロメートルにおさまる村である。勧進帳に記された55名の所在地は記載されていないが，灯籠や絵馬に記載された土地名によれば，ほぼこれらの地域内と考えることが出来る。

表48は，「造石法華経供養遺跡」が中世の持仏堂から江戸時代の墓地へと移行してくる過程を一覧にしたものである。

表47　「造石法華経供養遺跡」に残る主な人名と地名

資料名・年号	主な人名と地名
元和9年（１６２３）石造地蔵尊	長岡大学（後刻）
元和9年（１６２３）勧進帳	５５名（僧２名含む） 名又左衛門、五左衛門、金十、二郎右衛門、助十郎、喜左衛門、今蔵、又助、と祢、東専房、左一郎、与三郎、もとい、常円、ふち老母など
元和9年（１６２３）石造灯籠	・奉造立西上州多子郡多子庄 本郷村小柏勘左衛門為夫婦菩提 元和九年 ・奉造立甘楽郡　常清夫婦為逆修元和九年
寛永7年（１６３０）奉納絵馬	・寛永七年霜月 ・寛永七年霜月 ・寛永七年霜月 ・寛永７年庚午十一月廿日是ハ作石貢膳重□乃平作石ニ物□ 忠善、おたい、おとう、三十郎など
天和2年（１６８２）奉納絵馬	・造石村長岡庄左衛門　天和二年四月吉日 ・造石村長岡・・・　　天和・・・

この墓地では，中世から江戸初期の霊場と仏事が庶民層に次第に浸透する時期に法華経供養を心がけ，墓石としての石殿や大型地蔵尊を造塔する富裕者とともに，この地の百姓が小口の金や物を寄進し，功徳を施し自身の現世利益と極楽往生を願った姿があった。この後，40年ほど後に檀家制度の成立とともに，これらの百姓たち自身も墓石を造塔し始めている。

長岡家墓地があるこの地には，寛文2年(1662)と寛文5年(1665)の西湘〜伊豆安山岩製宝篋印塔2基，その後寛文7年(1667)・寛文年間(1661〜72)の年号を持つ地元鏑川河岸凝灰岩製の板碑型2基が造塔され始めた。その後，地元牛伏砂岩や凝灰岩製墓石が継続的に造塔された。享保年間には墓石造塔数と墓石種類がこれまでより増加し，家長中心の造塔から個人一人一人が墓石造塔者の対象になり始めたことが分かる。柱状型頂部丸形額有(H)の造塔者層が多く，その後，山形額有(J)へ中心が移行するのは群馬県的である。

この元和・寛永年間は，寛永20年(1643)の御触れ(徳川禁令考前集第五№.

表48 「造石法華経供養遺跡」の供養と墓石造塔

年	法華経供養	墓石
元和9年（1623）	卯月15日胎内勧進帳奉納 4月16日石造地蔵尊開眼 石造灯籠一対奉納	石殿型（D型式）
寛永7年（1630）	霜月絵馬3枚奉納	
寛文2年（1662）		宝篋印塔型（C型式）
寛文5年（1665）		宝篋印塔型（C型式）
寛文7年（1667）		板碑型（G型式）
寛文□年（61〜72）		板碑型（G型式）
天和2年（1682）	四月吉日絵馬奉納	
天和□年（81〜83）	絵馬奉納	
天和3年（1683）		笠付型（K型式）
元禄6年（1693）		板碑型（G型式）
元禄8年（1695）		板碑型（G型式）
宝永4年（1707）		石仏型座像（F型式）
正徳5年（1715）		石殿型（D型式）
享保3年（1718）		宝篋印塔型（C型式）
享保4年（1719）		石殿型（D型式）・板碑型（G型式）・石仏型立像（E型式）石仏型立像（E型式）
享保5年（1720）		板碑型（G型式）
享保6年（1721）		板碑型（G型式）・石仏型立像（E型式）
享保7年（1722）		板碑型（G型式）・石仏型立像（E型式）・笠付型（K型式）
享保8年（1723）		石殿型（D型式）
享保9年（1724）		板碑型（G型式）
享保11年（1726）		石殿型（D型式）・石仏型立像（E型式）・石仏型座像（F型式）
享保12年（1727）		石仏型立像（E型式）
享保13年（1728）		その他型式（O型式）
享保14年（1729）		柱状型頂部丸形額有（H型式）

2786)には,「佛事祭禮等ニ至迄,不似合其身結構仕間敷事」,「右之條々,在々所々堅相触,向後急度此旨守候様ニ,常々入念を,可被相改者也」と記され,「庄屋・惣百姓共」に対して仏事の華美を戒め,百姓に対しても造塔期の後半の寛文6年(1666)「関東御領所下知状」で「佛事祭禮等に至迄,不応其身不可致結構事」,寛文8年(1668)「農民被仰渡之條々」で「神事祭禮或葬禮年忌之佛事,或婚禮諸事之祝儀等ニ至迄,百姓不似合結講仕間敷事」と身分相応の仏事祭礼を心がけることとしている。

町人に対しては,同年「家作并嫁娶葬祭其外町触」で「葬禮佛事有徳之輩たりといふ共,目ニ不立様ニ成程軽く可仕事」,同年の「倹約之儀町触」でも「祭禮之渡物,不可結構,かろく可仕事」,「葬禮佛事有徳之輩たりといふとも,目に不立様ニ,成程かろく可仕事」と記し農民同様に自粛を命じている。

ここで注目されるのは惣村の「庄屋・惣百姓」と町方に出された「御触書」中の「有徳之輩」である。この「庄屋・惣百姓」は文字通り庄屋や裕福な百姓であるが,「有徳之輩」は信仰心が厚い富裕な商人や町人と見られ,「有徳之輩たりといふ共」と記されていることから特に目立つ仏事の中心にこの「有徳之輩」達がいたことが分かる。

このような「御触」の背景には,この時期すでに華美と見られる仏事や祭事が各地で行われたことを示している。

墓石造塔数の増加とこれらの世相から,庶民層の墓石造塔は元和・寛永年間に武士や旗本などに墓石造塔が本格的化する中で,富裕な町人などの中で信仰心の厚い「有徳之輩」や農村の「庄屋・惣百姓」が中心となって,次第に広まったことが考えられる。

この中心となった墓石型式は,この時期江戸城普請で大量に江戸に流通していた西湘～伊豆石材を使用し,武士や旗本は中世の系譜を引く立体的な五輪塔や宝篋印塔,庶民層は五輪思想をもとに寺院や石材流通業者が岩質と海上搬送を意識しながら新たに造り出した平板的な板碑型であった。

「急増期」(1670～1719)には,貞享4年(1687)1月「相州愛甲郡津久井領代官山川三左衛門土民仕置状」に明らかなように「郷中大小之百姓・水呑・前地・門百姓」と全ての者を意識している点で,この時期にはあらゆる階層の庶民が墓石造塔に積極的に関わり始めたことを窺わせている。このような造塔者と被葬者の広がりとともに祭事や墓石造塔，墓地拡大などの華美な仏事が庶民層の経済的負担を招き，しいては年貢徴収に支障をきたすことを恐れた幕府は，更に元禄 9 年(1696) 3 月「相州津久井県下川尻村五人組定書」や元禄 11 年(1698)「武州本牧領根岸村五人組定書」などに見られるような，組織的な監視体制の中に墓地や墓石の項目も含ませ，自粛の対象とし始めた。

急増期には，寺請制度，檀家制度など幕府の宗教政策や人口増加を背景に一般庶民層にも造塔が急速に広がり，家長だけでなく幼児や夫人など家族一人一人に造塔が浸透し始め，墓石型式も多様化した。この間，関東地方に広く流通した西湘〜伊豆石材製板碑型墓石は，次第に岩質にこだわる傾向が強くなり，「伊豆石」より肌理の細かい「小松石」へと移行している。同時に薄く小型簡略化型の進んだ板碑型や方柱型の柱状型頂部丸形額有(H)が増加し始めている。関東地方で，この後見られる墓石型式はこの時期，既に出そろった。

「最大期」(1720 〜 1769)には，享保 7 年(1722) 7 月「諸宗末寺法度」，「各宗末寺掟」で，広がる傾向にあった墓地の拡大に歯止めをかけようとしていた時期でもある。

『祠曹雑識』には「卵塔場増坪願ノ例多シ。今享保十八年丑ノ九月井上河内守進達ノ一項ヲ挙ク」として，享保 18 年 9 月井上河内守が進達した，浅草新鳥越浄土宗大秀寺に 200 坪の卵塔場に檀方吉左衛門からの寄進地 100 坪，青山黄檗派海蔵寺に百姓小三郎が享保 3 年 6 畝 12 歩を寄付され，認められたことが次のように紹介されている。「卵塔場増坪願ノ例多シ今享保十八丑ノ九月井上河内守進達ノ一項ヲ挙ク願之通可申付旨左近将監殿被仰聞間廿四日即日ノ御差圖ナリ」。この「右卵塔場狭致難儀候付」との書き出から始まる願書が多数掲載されている。

表 49 は，この願書の内容を一覧表としたものである。

表中の願書は貞享年中(1684 〜 1687)から，享保 19 年(1734)までのものが書き記されている。その中心は正徳・享保前半の時期で，この時期は墓石造塔傾向では「急増期」に該当している。墓地増坪内容を検討すると，寺院

表 49　卵塔場増坪願書内容

番号	年号	寺院名	所在地	寺院面積	寄進者	寄進面積
1	貞享年中（1684～1687）	浄土宗大秀寺	浅草新鳥越	220 坪	檀方吉左衛門	100 坪
2	宝永 7 年(1710)	日蓮宗妙高寺	橋場村	南北 26 間 東西 42 間	檀方鈴木道林	150 坪
3	正徳 5 年(1715)	日蓮宗常泉寺	小梅村	3407 坪	百姓加兵衛 百姓関兵衛 百姓半右衛門 百姓市右衛門 百姓金右衛門	900 坪
4	正徳元年(1716)	日蓮宗本住寺	小石川	1800 坪	持参地	
5	正徳元年(1716)	日蓮宗妙圓寺	隠田村	211 坪	百姓田村又兵衛	209 坪
6	正徳 2 年(1717)	禅宗大林寺	駒込	390 坪	檀方彦右衛門	300 坪
7	享保 2 年(1717)	日蓮宗大長寺	麻布長坂	179 坪	町人平井屋三左衛門	32 坪
8	享保 3 年(1718)	黄檗宗海蔵寺	青山	965.83 坪	百姓三郎	6 畝 12 歩
9	正徳 3 年(1718)	浄土宗本誓寺	深川	3553 坪	檀方吉兵衛	693 坪
10	享保 19 年(1734)	長安寺	青山原宿村	300 坪	百姓市朗兵衛	185 坪

は浄土宗，日蓮宗，禅宗，黄檗宗と様々で，いずれも江戸周辺地域にある。寄進者は墓地に隣接する土地所有の町人や百姓で，寄進の規模は 32 坪から 900 坪まで広狭がある。

この期には，すでに一般庶民全般に墓石造塔が行き渡り墓地の逼迫を招き，墓地増坪願の増加を生み出したと言える。この状況はその後も続き，この『祠曹雑識』の編集者の見解として，「天保ノ末迄ハカヽル寄進ノ地アリテ造塔ノ墓所モ多カリケルカ百年ノ久シキヲ歴テ戸口益増加シ土境益迫狭ニナリ行クニソ小地ノ寺院ハ為シ方ナク寺檀共ニ難儀ニ及フテ嘆息スヘキ事ナリ」としている。

このような傾向は，墓石造塔数を停滞させる要因ともなっている。同じ享保 7 年(1722)の「諸宗僧侶法度」では，「法事作善之心得」を改めて示し，檀家数の増加にともない，寺院や僧侶の中には檀家の扱いに差が出始めていることを伝えている。

新規の造塔には住友泉屋浅草店の手代直次郎の葬礼記録(「住友史料叢書 14

浅草米店万控帳」（上）中に「玉泉院地代三両石屋石塔代三両一分と九匁五分」とあるように，墓石造塔代金とともに墓地代金が必要であり，他の仏事と併せて墓石造塔は財政的負担の大きいものであった。このため，造塔者の中には葬式や墓石造塔をあきらめ葬儀を「野文」のみで済ます者や，宝暦14年（1764）多摩郡寺方村の葬儀負担のために積立金である勧化金を一時借用して葬儀に当たらざるを得なかった者など（西本2003），仏事負担に耐えかねる者が次第に増加し，このことが墓石造塔数の減少や型式の簡略化などを生み出す一因にもなっている。

また，この時期には，江戸時代前半に板碑型を造塔した富裕庶民層はより手厚い供養に向かう者がいる一方，名主層の世襲から輪番制や入札制などに切り替わり始めた時期でもあり，宝篋印塔が急速に減少し，新たに笠付型に移行し始めたと見られる時期である。しかし，町人や百姓の中には小型簡略化の進んだ柱状型頂部丸形額有（H）を使用する者が一段と増加し，江戸時代を通して造塔数が最も多い。これまでの中世的墓石型式や板碑型は造塔数が停滞し，小型簡略化の進んだ柱状型頂部丸形額有（H）・平形額有（I）や複数戒名を持つ墓石が多く，増加率は停滞し総数は横ばい状態である。

墓石造塔が一般庶民層に浸透する中で次第に経済的負担を強く感じる者が増え，この者たちの財力に合わせた安価な墓石の造塔数が伸びている。

「減少期①」（1770～1819年）は，一般庶民層の墓石造塔数は減少するが，墓石造塔層の二分化が進み，大型墓石や石造物を造塔する者に対して寛政10年（1798）には「佛像撞鐘等之儀ニ付御書付」，寛政11年（1799）の「佛像其外往還江出置勧進致間敷旨」で大造り品を禁じ，文化3年2月（1806）には院号等の使用を制限している。

人口数が停滞し造塔数は減少に転じている。江戸時代前半に盛んであった墓石型式はほとんど消滅し，かわってより簡略化の進んだ方柱型の柱状型頂部丸形額有（H）が中心となっている。一方，やや部材数が多い山形額有（J）の造塔数が増加し始めていて，簡略化しすぎた墓石では十分な供養が出来ないと考える新たな造塔者も見える。

現地調査を実施すると御触書の対象となるような大造りの墓石は一部の富

裕者庶民層のものであることが分かる。

「減少期②」(1820～1867年)は，天保2年(1831)には，11代将軍徳川家斉が寺社奉行松平信順，堀親宝に命じて触れた「葬式石碑院號居士等之儀ニ付御触書」が出された。

この減少期①②の時期は，全体として墓石型式は簡潔な型式であるが，造塔規格には大小があり，一般庶民層と富裕庶民層が明確となっている時期である。

「減少期①」，「減少期②」の墓石造塔の減少は，人口減少率と相違するが，墓石造塔をあきらめた者の増加，夫婦戒名や複数戒名の使用，耐久性の乏しい安価な地域石材の使用，墓石型式から来る年号把握率の低下，幕府の質素倹約政策の影響が考えられる。

関東地方の墓石型式は，江戸時代前半には身分制度の支配階級を意識した「格式」と「分相応」の墓石型式が存在したと考えられるが，その後造塔者の広がりや社会の変質に伴い，こうした格式は次第に崩れ，造塔者層の財政力に沿った墓石造塔推移の傾向が強く示されている。

5章　墓石の石材

1 石材利用の推移

関東地方の墓石石材は，西湘〜伊豆石材，七沢石，利根川流域石材，芦野石，宇都宮凝灰岩，岩舟石，秋間石，牛伏砂岩，椚石，荒川流域結晶片岩，伊奈石，筑波山周辺花崗岩，筑波山周辺黒色片岩，町屋蛇紋岩，飯岡石，房州石，その他(転石含む)石材が使用されている。

表50は，これら江戸時代の墓石石材数を年代別に表示し，表51はこれをもとにグラフ化したものである。

関東地方の墓石石材の中で，最も流通量が多く広域に流通したのは西湘〜伊豆石材である。この最盛期は板碑型(G)が多数造塔された「急増期」後半の正徳年間の1710年代にあった。表では，富士山型に左右対称に分布曲線が広がり，「最大期」前半には減少しはじめている。石材の分布地域は，「萌芽期」には江戸とその隣接地であったが，「造塔期」から「急増期」中頃までには群馬県東部・栃木県南部・茨城県西部と南部・千葉県・埼玉県・東京都・神奈川県東部に達し最大となった。その後，墓石造塔数の「最大期」には江戸を除く関東地方中央部から流通量が減少しはじめ，この減少した地域には笠付型(K)や石仏型墓石など付加価値の高い墓石に特化して少量流通した。注目できるのは，この石材のピークが造塔数の「最大期」ではなく，その直前の「急増期」にある点である。

七沢石は，「造塔期」から「急増期」に神奈川県内で使用され，その後次第に県外に流通し始めた。年代の中心分布は「減少期①」文化年間の1810年代にあり，年代の分布幅は1640年代から幕末まで継続する。「急増期」後半から増加し始め「減少期①」，「減少期②」に最大の流通量を示す。表51

表 50　　墓石石材別年代推移①

	萌芽期		造塔期					急増期					最大期	
年号 石材名	1600 ～ 9	1610 ～19	1620 ～29	1630 ～39	1640 ～49	1650 ～59	1660 ～69	1670 ～79	1680 ～89	1690 ～99	1700 ～ 9	1710 ～19	1720 ～29	1730 ～39
西湘伊豆	5	5	34	49	51	87	266	374	454	578	558	613	572	449
七沢石					1	2	4	9	17	37	44	79	59	50
利根安		1	7	14	9	22	52	77	79	111	166	214	221	259
芦野石			1	1	2	5	5	2	1	7	7	13	11	12
宇都凝						1	2		3	4	2	4	12	18
岩舟石								1	4	4	1	1	1	
秋間石							1	2	1	2		6	7	3
牛伏石						2	8	13	12	27	24	34	32	32
椚　石							2	1	7	6	4	18	23	15
荒川片	1						2	2	6	7	9	11	9	15
伊奈石	2	2	1	1	1	5	10	6	4	12	1	9	3	11
筑波花			1		4	5	2	3	10	10	23	12	3	6
筑波黒	1			3	1	2	8	3	5	2	2	3	11	8
町屋蛇								1		1		4	3	4
飯岡石						1	2	5	4	3	2	1	1	5
房州石							1	4	2	6		1	1	3
その他			3	2	2	7	6	24	28	33	61	75	71	60
	9	8	47	70	71	139	371	527	637	850	904	1098	1040	950

	最大期			減少期①					減少期②						
年号 石材名	1740 ～49	1750 ～59	1760 ～69	1770 ～79	1780 ～89	1790 ～99	1800 ～ 9	1810 ～19	1820 ～29	1830 ～39	1840 ～49	1850 ～59	1860 ～69	1870 ～79	計
西湘伊豆	546	456	388	369	240	212	151	158	131	141	112	113	79	5	719
七沢石	84	88	107	124	132	179	285	250	210	214	161	165	123	9	243
利根安	267	301	245	302	306	203	204	177	160	130	116	98	80	36	385
芦野石	15	12	13	14	9	12	12	4	19	11	10	8	6		21
宇都凝	17	12	7	13	25	12	29	21	22	20	20	18	12		2
岩舟石	3	2	1	1											1
秋間石	9	3	2	13	11	6	14	9	11	28	26	18	31	10	21
牛伏石	43	35	36	41	32	31	34	25	21	23	11	23	15	20	57
椚　石	24	12	12	11	12	17	10	11	9	9	2	10	11		22
荒川片	10	8	5	16	9	12	15	16	12	15	11	13	19	2	22
伊奈石	6	5	11	4	2	6	12	5	11	12	5	5	13		1
筑波花	3	15	8	8	7	7	17	11	13	9	9	7	8		2
筑波黒	11	6	7	5	4	5	8	5	1	10	6	3	9		1
町屋蛇	3	8	13	28	23	23	46	43	39	51	32	39	41	1	4
飯岡石	5	10	16	13	12	2	6	5	9	6	5	5	6		1
房州石	1	3	1	9	5	2	5	1	3	3	1	1	1		[illegible]
その他	71	62	67	73	73	51	46	49	26	44	29	26	30		10
	1118	1038	939	1044	902	780	894	790	697	726	556	552	484	83	173

表 51　　墓石石材別年代推移②

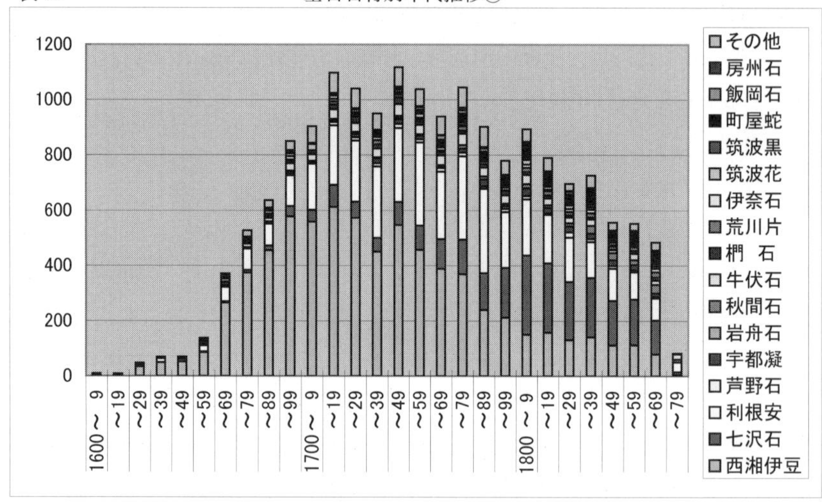

で明らかなように西湘～伊豆石材の減少する時期に増加することや神奈川県・埼玉県・千葉県・茨城県南部・栃木県南部・群馬県東部など西湘～伊豆石材の分布地域と重なりあっている。

利根川流域石材も中世から継続して使用されている。表 50 では，年代の中心分布は 1750 ～ 1780 年代にあり，年代の分布幅は 1610 年代から幕末まで継続している。表 51 をみると西湘～伊豆石材同様に左右に裾を長く引く山形を示し墓石造塔とともに使用数が増加している。「最大期」から「減少期①」には造塔数が最も多く，幕末の「減少期②」に至るまで利根川流域で継続的に使用されてきた。先の2石材の影響は少なく独自の流通圏を維持している。

これら3石材の関東地方の占有率は，西湘〜伊豆石材は，江戸時代前半で最大の約70%,「最大期」で減少が始まり幕末では約20%である。七沢石は，「最大期」から造塔数が増加し始め「減少期①」,「減少期②」で急増して約25%となっている。利根川流域石材は,「減少期①」で約25%であるが江戸時代を通して10〜20%でほぼ一定数である。これらの3石材で江戸前半が約80%，後半が70〜60%の占有率となっている。

この残りの30〜40%が「その他」石材の流通によりまかなわれている。前3者に比較すると比率は低いが,「最大期」以降の「減少期①」,「減少期②」で関東地方周辺部で使用比率を伸ばしている。

「その他」石材は図7（152頁）に示した。栃木県の芦野石は，年代の中心分布1820年代，分布幅は1620年から幕末まで続く。北部の那珂川流域に分布するが，その時期は「萌芽期」には自然石型(N)として使用されている。宇都宮凝灰岩は，年代中心分布1800年代，年代分布幅は1650年代から幕末まで継続。栃木県の鬼怒川中流域を中心に分布し,「最大期」に流通量が増し始め，採石地に近い宇都宮市などでは江戸時代を通して使用される。特に「最大期」「減少期①」「減少期②」では鬼怒川中流で造塔数が多く，独特の墓石型式を生み出している。岩舟石は年代中心分布1680〜90年代，採石地域では江戸時代を通して使用される。年代分布範囲は1670年代から1770年代までである。「造塔期」に石材の少ない栃木県南部に広がりを持つが点在的である。

群馬県の秋間石は，年代中心分布1830年代，年代分布範囲は1660年代から幕末まで継続。碓氷川流域に分布するが,埼玉県西部には1830年代の「減少期①」,「減少期②」の時期に流通している。採石地域では「造塔期」から江戸時代を通して使用される。牛伏砂岩は，年代中心分布1740年代，年代分布範囲は1650年代から幕末まで継続。採石地域に近い鏑川流域や藤岡市では江戸時代を通して使用され,その他石材の中では使用量が多い。椚石は，年代中心分布1740年代，年代分布範囲1660年代から幕末まで。鏑川上流にあり江戸時代を通して使用される。

埼玉県の荒川流域結晶片岩は，年代中心分布1730年代，年代分布範囲は1600年代とその後1660年代から幕末まで継続。石材産地近隣で江戸時代を通して自然石型（N型式）に使用されている。

茨城県の筑波山花崗岩は，年代中心分布1700年代，年代分布範囲1620年代と1640年代から幕末まで。「造塔期」「急増期」「最大期」には筑波山周辺地域に広がるが，その後は採石地近くに流通する。筑波山黒色片岩は，年代中心分布1740年代，年代分布範囲1600年と1630年代から幕末まで。産地周辺の自然石型（N）として江戸時代初めから幕末まで継続するが少量である。町屋蛇紋岩は，年代中心分布1830年代，年代分布範囲1670年代から幕末まで。唯一中世での使用実績がない石材である。その他石材の中では造塔数と流通範囲が広く茨城県から栃木県に流通している。1770年代の「減少期①」「減少期②」の時期に増加する石材である。

千葉県の飯岡石は，年代中心分布1760年代，年代分布範囲1650年代から幕末まで。石材産地に近い県東部では江戸時代を通して使用されるが，周辺地域には「造塔期」「急増期」「最大期」に石仏，石殿などの石材として流通している。房州石は，年代中心分布1770年代，年代分布範囲1660年代から幕末まで。採石地域を中心に江戸時代を通して使用されている。

東京都の伊奈石は，年代中心分布1690年代，年代分布範囲は江戸時代を通して一定量が継続する。産地の秋川流域では江戸時代を通して使用されている。「萌芽期」，「造塔期」には江戸や西武蔵に少量流通した。

このように，関東地方の各石材は西湘～伊豆石材を中心に七沢石，利根川流域安山岩石材が加わり，各地の地域石材と組み合わさって関東地方の墓石造塔を支えていた。

2　石材産地の動向

①西湘～伊豆石材の分布と墓石への利用

関東地方最大の西湘～伊豆石材製墓石の分布は，図4に示した。本図は各

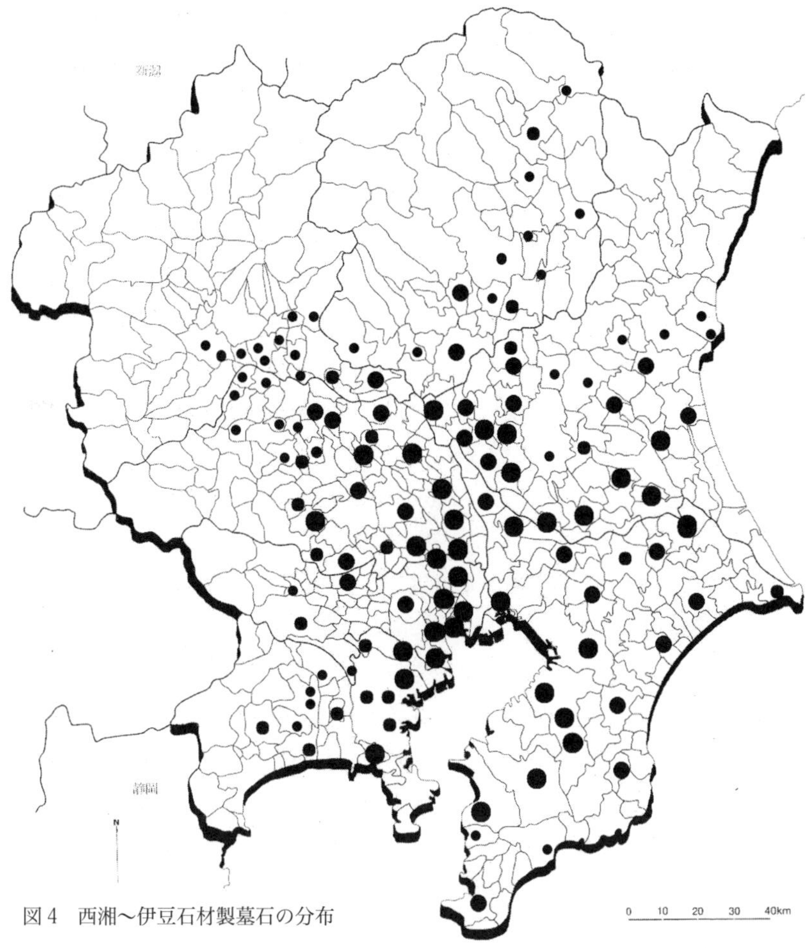

図4 西湘～伊豆石材製墓石の分布

墓地内での石材占有率を基本に作成したもので，図中●の大は100～76%，中は75～51%，小は50～26%，点は25～1%を表している。

これらの分布図を参考に文献と比較しながら石材生産地と流通先の墓石需要の関係を考察したい。

1）文献から見た真鶴半島周辺石材

a 江戸城国普請

江戸時代初期の江戸城国普請については，これを命じられた水戸，尾張，紀州藩をはじめ，西国各大名たちは小田原，真鶴半島，伊豆半島東海岸・西海岸に石丁場を確保して採石にあたった。

伊豆半島を中心にこの国普請の石丁場や石材に残る刻印の現地調査を実施した金子浩之は，「江戸城向け石丁場や刻印の残る材が分布するのは小田原から真鶴半島，伊豆半島付け根から東海岸の稲取と西海岸の土肥北部までの海岸部に多く，特に東海岸部に濃密に分布している」(金子 2007) とし，伊豆石の採石については伊豆半島の東海岸をはじめ，狩野川流域・北西海岸などの石切丁場から供給されたが，伊東市の宇佐美北部・同中部・同南部，湯川山・大平山腹・小川沢・新井・川奈，岡・玖須美，鎌田・富戸などには石丁場の遺跡があり，これらの石丁場には「羽柴越中守石場」「竹中伊豆守」「松平宮内少石場」などの「刻文」，100 種類以上の「刻印」が確認されていると記している。

本項では，庶民墓石の造塔が本格化しはじめた墓石「造塔期」にあたる寛永年間(1624 ～ 1643) の江戸城国普請に関わる主な文献と内容を示し，先の伊豆半島での現地調査と併せてこの地方の石材状況を把握しておく。

表 52 にまとめたように，これらの寛永 11 年(1634) ～寛永 13 年(1636) の「造塔期」にあたる時期には，江戸と西湘～伊豆半島に海上搬送路が整備され，この地方の石材が大量に江戸に運搬されてきた。これらはすべて江戸普請用の公共用石材であるが，大名丁場と民需用の石丁場が併存することも多く，国普請により開発された丁場や確立された海上石材搬送路を利用して民需用の石材需要も次第に増加したことが考えられる。

寛永年間よりやや時代が下がるが，西湘～伊豆石材が墓石に使用されたことは，文献中にも四面塔石・仏石が記載され，普請用の石材に交じり仏事関係の石材需要も高かったことがわかる。表 53 にその一例を記した。

この寛永年間は，江戸初期からはじまる国普請が再度実施された時期で，江戸と西湘・伊豆間の海上輸送路，石丁場の経営，技術集団，石材流通業者の育成など石材流通体制が一段と充実したと見られる時期で，墓石石材にも影響を与えたと考えられる。

表 52　寛永年間江戸城修築石材の採石地

年	文献	普請場所等	採石地
（1） 寛永 11 年（1634）	①「可為石垣御普請候。然ば江戸・伊豆両所之石場割符にて可有之候」と記している	石垣	伊豆国
（2） 寛永 12 年（1635）	②「一、此度御普請石垣ノ御丁場亘三拾間・高七間、此坪数九百坪、高山様御代、江戸御城・大阪所々御普請之餘石、并此度伊豆たい島等ニ而御きらせ有之石を以、御築被遊、」と記している	石垣	江戸御城・大阪所々御普請之餘石 伊豆たい島等
（3） 寛永 12 年（1635）	③松平忠昇が助役の江戸浅草御門枡形石垣等御普請でも「伊豆國より石切シ築之」と記している	石垣	伊豆国
	④「伊豆より之石船無之候」と運搬用の石船が逼迫していると記している	石船	伊豆
	⑤江戸城外郭の赤坂・鍛冶橋修築では「石を伊豆の眞鶴より運漕す。」と記している	橋修築	伊豆真鶴
（4） 寛永 13 年（1636）	⑥小石川見附并鍛冶橋平石垣に「石ハ伊豆の岩村に行、石積して平太船にて追々江戸へ出す。（以下略）」と記している	石垣	伊豆岩村
	⑦外郭石垣修築に伊豆からの石材運搬船等が江戸湾に多数輻湊して賑わった様子を記している	石垣	伊豆
	⑧小石川見附、鍛冶橋の修築の石材が総て伊豆の岩村から石積みし、平太船にて江戸に回送したことを記している	橋修築	伊豆岩村

表中出典　『東京市史稿』産業編第 4 覇都時代　東京都廳 1954年（①毛利家記録（p269）　②藤堂氏記録抄（p112）　③松平家回答（p268）　④毛利氏四代実録論考證論断（ p 270）　⑤世譜（p288）　⑥吉備温故（p287）　⑦藤堂氏記録抜抄（p258 ～ 259）　⑧吉備温故（p287））

表 53　西湘～伊豆石材の製品

	年　号	製　品	史　料
①	承応 3 年（1654）	とひ石、水道石、仏石、風呂屋之地盤石、大キ成橋石、かんき石	『真鶴町史』資料編　「1 相州西郡西筋真鶴村書上ケ帳」真鶴町　平成 5 年
②	元禄 4 年（1696）	築石、板石、四面塔石、仏石、花石	（134）『足柄下郡岩村産出堅石につき上申書』，『神奈川県史』資料編 3 古代・中世（3 下）、資料編　9 近世（6）　平成 6 年

b 真鶴半島周辺地域の石丁場

次に，「急増期」以降西湘～伊豆石材製墓石の中心石材となった真鶴半島の丁場動向を通して西湘～伊豆石材推移の実態を明らかにしておく。

この真鶴半島を代表する「小松石」は，西湘～伊豆石材の中でも特に岩質が優れ，石材量が豊富で海岸に近いことなどから寛延 2 年(1749)「吉浜村・鍛治屋村・岩村石丁場争論裁許状」に「権現様関東御入国時之砌江戸城御用石岩村江被為仰付丁場切開御用相勤申候依之御三家様御丁場も岩村地内ニ御座候」と記されているように，御三家の丁場が設けられ西湘～伊豆石材の中核となった地域である。また，この地の岩村・真鶴・福浦・吉浜・門川・根府川村は11代将軍家斉の夫人の宝塔造塔にあたり用材を岩村と吉浜村で分担して採石するなど，石方六ケ村の共同体的活動を示し，互いに結びつきを強めて石材需要に応じてきた。表54は，この地の11ケ村の文献に見られた丁場を一覧表にしたものである。

①の岩村には，寛永13年(1636)から寛延2年(1749)まで9丁場の名が確認

表54　文献に記された真鶴半島周辺の主な丁場

	村	丁場	年号		備考
①	岩	-	寛永13年	1636	江戸城外郭石垣普請の石材は「伊豆岩村産」とある　※,『藤堂氏記録抜抄』
		-	元禄 4年	1696	90年以前より採石　「足柄下郡岩村産出堅石につき上申書」(134)
		小松原	元禄10年	1697	尾張様預かり石「尾張藩所轄石材の岩村分預かり数書上」○
		同上	享保10年	1725	相州足柄下郡岩村九ケ所御石丁場預かり帳「尾張藩丁場の岩村預かり石材書上」○
		久津海	同上	同上	相州足柄下郡岩村九ケ所御石丁場預かり帳「尾張藩丁場の岩村預かり石材書上」○
		玄蕃	同上	同上	相州足柄下郡岩村九ケ所御石丁場預かり帳「尾張藩丁場の岩村預かり石材書上」○
		橋之上	同上	同上	相州足柄下郡岩村九ケ所御石丁場預かり帳「尾張藩丁場の岩村預かり石材書上」○
		宇当坂	同上	同上	相州足柄下郡岩村九ケ所御石丁場預かり帳「尾張藩丁場の岩村預かり石材書上」○
		高	同上	同上	相州足柄下郡岩村九ケ所御石丁場預かり帳「尾張藩丁場の岩村預かり石材書上」○
		打合	同上	同上	相州足柄下郡岩村九ケ所御石丁場預かり帳「尾張藩丁場の岩村預かり石材書上」○
		巻之上	同上	同上	相州足柄下郡岩村九ケ所御石丁場預り帳「尾張藩丁場の岩村預かり石材書上」○
		大沢	寛延2年	1749	石丁場論争裁決につき惣百姓連印証文○
②	風祭	法泉寺	元禄 8年	1695	風祭村法泉寺石丁場元亀3年より採石　「足柄下郡風祭村法泉寺石丁場争論につき返答書」(135)
③	吉浜	-	正徳 5年	1715	「足柄下郡岩村他五ケ村御用築石直段等見積書」(139)
		岩沢山	宝永 8年	1711	拾七ケ年以前から採石「足柄下郡岩村・吉浜村岩沢山石丁場争論につき門川村名主等扱証文」(138)
		-	正徳 5年	1715	「足柄下郡岩村他五ケ村御用築石直段等見積書」(139)
		-	享保10年	1725	「足柄下郡根府川村他五ケ村伊豆国宇佐見村石切り出しにつき禁止方願書」(142)
④	真鶴	-	寛永12年	1635	江戸城外郭、赤坂、鍛治橋普請の石材は伊豆の真鶴産とある　※,『世譜』
		しつかけ	承応3年	1654	真鶴村しつかけ丁場に而切申候、「根府川石密売取調報告」
		丸山	寛文12年	1672	江戸御城様御普請大名御用。海岸から遠く常ハ石切せず。「相州西郡西筋真鶴村書上ケ帳」○
		同上	享保10年	1725	相州足柄下郡岩村九ケ所御石丁場預かり帳「尾張藩丁場の岩村預かり石材書上」○
		大ケ尻	同上	同上	磯つゝき御公儀様ご用石･大名様御石･町人･百姓商売之石出。「相州西郡西筋真鶴村書上ケ帳」○
		白磯	同上	同上	磯つゝき御公儀様ご用石･大名様御石･町人･百姓商売之石出。「相州西郡西筋真鶴村書上ケ帳」○
		鵐	同上	同上	磯つゝき御公儀様ご用石･大名様御石･町人･百姓商売之石出。「相州西郡西筋真鶴村書上ケ帳」○
		駒ころはし	同上	同上	磯つゝき御公儀様ご用石･大名様御石･町人･百姓商売之石出。「相州西郡西筋真鶴村書上ケ帳」○
		ことうはみ	同上	同上	磯つゝき御公儀様ご用石･大名様御石･町人･百姓商売之石出。「相州西郡西筋真鶴村書上ケ帳」○
		ついし	同上	同上	磯つゝき御公儀様ご用石･大名様御石･町人･百姓商売之石出。「相州西郡西筋真鶴村書上ケ帳」○
		元地	同上	同上	磯つゝき御公儀様ご用石･大名様御石･町人･百姓商売之石出。「相州西郡西筋真鶴村書上ケ帳」○
		道無	同上	同上	磯つゝき御公儀様ご用石･大名様御石･町人･百姓商売之石出。「相州西郡西筋真鶴村書上ケ帳」○
		大浜	同上	同上	磯つゝき御公儀様ご用石･大名様御石･町人･百姓商売之石出。「相州西郡西筋真鶴村書上ケ帳」○
		尻懸ケ	同上	同上	磯つゝき御公儀様ご用石･大名様御石･町人･百姓商売之石出。「相州西郡西筋真鶴村書上ケ帳」○
		-	正徳 5年	1715	「足柄下郡岩村他五ケ村御用築石直段等見積書」(139)
⑤	新井村	かつらこ	承応3年	1654	荒井村かつらこ丁場に而切申候、「根府川石密売取調報告」
⑥	福浦	-	正徳 5年	1715	「足柄下郡岩村他五ケ村御用築石直段等見積書」(139)
⑦	門川	-	正徳 5年	1715	「足柄下郡岩村他五ケ村御用築石直段等見積書」(139)
⑧	かちや	-	正徳 5年	1715	「足柄下郡岩村他五ケ村御用築石直段等見積書」(139)
	(鍛治屋村)	-	寛延 2年	1749	「吉浜村・鍛治屋村・岩村石丁場争論裁許状」(143)
⑨	根府川	-	承応3年	1654	「根府川石密売につき取り調べの経過」○
		-	天保 3年	1831	天正年中より採石　「献上御用根府川石取扱始末帳」(149)
		-	天保 9年	1838	「足柄下郡根府川村石切新堀丁場借用証文」(151)
⑩	久野	-	宝暦12年	1762	「久野村内野山石切出売買につき石屋善左衛門宛依頼証文」(145)
⑪	江之浦	-	文政 5年	1822	「足柄下郡江之浦村石切前金借用証文」(147)
		-	嘉永6-7年	1853	「足柄下郡江之浦村石類代銀書上」(152)

●,『神奈川県史』資料編3古代・中世(3下)、資料編9近世(6)で構成したが、※は,『東京市史稿』産業編第4覇都時代、○は真鶴町史資料編中による。

できる。このうち，享保年間には8丁場が相州足柄下郡岩村九ケ所御石丁場預かり帳の内の「尾張藩丁場の岩村預かり石材書上」中に記載されている。これらは国普請に備えた石材である。

②風祭村には，元禄8年(1695)に法泉寺丁場がある。

③吉浜村には，正徳5年(1715)～享保10年(1725)の記録中の宝永8年(1711)に岩沢山丁場がある。

④真鶴村には，寛永12年(1635) ～嘉永元年(1848)までの間に12丁場が記載されている。このうち，丸山から尻懸ケまでの丁場は，「磯つゝき御公儀様ご用石・大名様御石・町人・百姓商売之石出」とあり，丁場は磯続きで国普請に備えた大名の御用丁場であるとともに町人，百姓商売の石材も同時に切り出している。

⑤新井村には，承応3年(1654)かつらこ丁場の記載がある。

この他，⑥福浦村・⑦門川村・⑧かちや村・⑨根府川村・⑩久野村・⑪江之浦村での採石があるが丁場名は明らかでない。

この表54から，地域的には岩村･真鶴村･吉浜村を中心に丁場が多いこと，年代的には墓石造塔「最大期」にあたる享保年間に多数の丁場が稼働していること，また，一丁場内には同一丁場で御公儀様ご用石，大名様御石，百姓商売の石出しが行われた丁場があったことも分かる。

c 真鶴半島周辺地域の石丁場の推移

以下では，真鶴半島地域の丁場稼働状況を文献史料から明らかにし，江戸及び関東地方の西湘～伊豆石材製墓石の需要推移を比較検討して両者の相関関係を考察する。

史料1「足柄下郡岩村産出堅石につき上申書」

覚

一岩村堅石之儀者前度以書付ヲ申上候通，九拾年程以前より磯辺ニ而少宛石切初，五六拾年以前ニ者丁場数拾ケ所程御座候而商売仕候，三拾八九年より拾八九年以前迄者石はやり申候ニ付，丁場数五拾六七ケ所御座候而商売仕候，夫より以来石はやり不申候ニ付，段々丁場数へり，

只今者三拾四ケ所御座候，右之丁場より切出申石ハ築石・板石・四面塔石・仏石・花石前々より只今迄切出シ江戸商売仕申候，

一当村諸石御運上之儀前度以書付を申上候通，従御領所稲葉古丹後守様以来御運上差上申候儀無御座候，前々より殿様御用石之石ハ商売之値段よりは下値ニ仕差上申候，此外如何様之儀ニて御運上差上不申段は不奉存候，拾三年以前美濃守様御代ニ江戸石屋庄太夫と申者御運上御願申上，未ノ年より酉ノ年迄三年御請負仕候村々えも被仰渡候ニ付，惣百姓難儀仕候得共，庄太夫ニ御請被仰付候故，兎角可申上様無御座，庄太夫方え諸石ニて充分一相渡申候，石段々寸法替り申ニ付拾分之一之渡シ方ニ付丁場丁場之難儀，船積之不勝手方々迷惑仕候処ニ，請負之内未ノ三月より申ノ暮迄拾分一相渡シ，則申ノ暮拾分一御免被仰付候

右之通前度も以書付を申上候得共，又々此度御詮議被為仰付候ニ付村中吟味仕候，毛頭偽申上候ハヽ，名主・組頭は不及申上ニ惣百姓迄如何様之曲事ニも可被仰付候，以上

元禄四年

未ノ九月

岩村名主　惣左衛門
組頭　次郎右衛門
同　清右衛門
同　平左衛門
惣百姓代　平右衛門

郡奉行所様

史料1(『神奈川県史』資料編9，134)は，元禄4年(1696)に郡奉行所から岩村に対して照会のあった岩村丁場の運上金の納税経過の詳細を奉行に上申したもので，この中には，岩村丁場の状況が江戸時代初期から上申書を提出した元禄4年までが記載されている。

この上申書の内容に沿って作成した表55の概要を手掛かりに分析すると，次のことが指摘できる。

表 55　岩村産出堅石につき上申

①	②	③	④
90 年程以前 ←	56 年以前 ←	38･9 年～ 18･9 年以前 ←	元禄 4 年
慶長 6（1601）年	寛永 12(1635)年	承応 2･3(1652･3)～寛文 12･13(1672･3)	元禄 4 年（1691）
磯辺ニ而少宛石切初	丁場数拾ケ所程	丁場数五拾六七ケ所程	只今者三拾四ケ所
運上免除			十分の一
墓石「萌芽期」	墓石「急増期」		墓石「急増期」

表中①の「90 年前」(慶長 6 年＝ 1601)は，戦国時代後半から江戸時代の墓石造塔「萌芽期」にあたる時期。この時期の石丁場は「磯辺ニ而少宛石切初」と記され，当初は小規模な磯丁場が中心であったと記す。

表中②の「56 年以前」(寛永 12 年＝ 1635)は，「丁場数拾ケ所程」とあり，丁場数が増加し始めるこの時期は，江戸城及び城下が改修中であるとともに，墓石の「造塔期」にあたり，五輪塔(B)や宝篋印塔(C)，板碑型(G)の造塔が本格的に増加しはじめる時期である。

表中③「38・9 年から 18・9 年以前」(承応 2･3 ＝ 1652･3) ～寛文 12･13 ＝ 1672･3)は「丁場数五拾六七ケ所程」とあり丁場数が急増している。この時期は，これまでの江戸城や城下の改修は一段落するが，明暦 2 年(1657)には明暦の火災があり，「むかしむかし物語」(『東京市史稿』産業編第 4)中に，「明暦正月江戸中大火事，翌年に至ても御城の御普請，江戸中大名衆普請故，舟はいか様の小舟迄も，木材石材運舟と成て，中々涼の屋形舟一艘もなし」とあり，江戸城及び城下，諸大名の普請が急増し，これに必要な木材と石材運搬のため大型船はもとより小型船までがこれに向けられたと記されている。

また，小田原藩永代日記(『神奈川県史』資料編 4 近世(1))中には明暦の大火により消失した江戸城本丸普請の石材 8,400 個を確保するために岩村，真鶴村に老中覚書が出され，必要材の確保を命じたことが記されている。

その後，寛文 12 年(1672)「相州西郡西筋真鶴村書上ケ帳」(『真鶴町史』資料編)には，「一殿様江戸御用石根府川・江ノ浦・岩村・真鶴・新井にて切出し申候，御石御舟積之丸木舟，御石之大小ニより何艘ニても御用次第組て，丸木船一艘ニ水主壱人宛乗セ候て出し申候，壱人ニ付御扶持米五合宛被下候」とあり，江戸での御用石を根府川・江ノ浦・岩村・真鶴・新井村で切りだし御用次第何艘もの舟を調達して応じたことを記している。

上申書後半では，「この地域は，当初は石材運上は領主の必要とする石材を商売値段より安価に提供するかわりに免除されていた。しかし，13年前(延宝6年＝1678)から，江戸の石屋庄太夫がこれを請け負うようになり，「売り上げの十分の一」を渡すことになり迷惑している」と記していて，墓石「急増期」から「最大期」に移行する延宝年間には江戸の商人資本の介入が進んできたことを伝えている。

表中④は，この上申書が作成された元禄4年(1696)である。この時期には，「右之丁場より切出申石ハ築石・板石・四面塔石・仏石・花石前々より只今迄切出シ江戸商売仕申候」とあり，墓石石材を含むこの地域の石材が江戸で商いされていることを記す。しかしこの期の丁場数は「只今者三拾四ケ所」とあり，これまで増加してきた丁場数ははじめて減少に転じ，真鶴半島や伊豆半島石材の生産が停滞しはじめている。

その理由は，この時期が江戸城及び城下の改修や災害復旧にともなう石材需要が一段落していることに加えて，関東地方の墓石造塔数が「最大期」で造塔数が多いにもかかわらず，西湘～伊豆石材への注文が低下していることによる。

史料2

元禄4年(1696)上申書から43年後の正徳5年(1715) 4月の「正徳五年四月御用石出荷経費の前借につき岩村ほか五か村の上申書」(『真鶴町史』資料編№82)に記された岩村・真鶴村・福浦村・吉浜村・門川村・かちゃ村村役人からの上申書には，

一，今度被為仰付候御築石弐千八拾壱本御役値段之代銀，何程ニて何月何日頃迄ニ遣来可仕候哉，積り差上申候用ニと被為仰付奉畏候得共，二三ケ年此方村々困窮仕，別て石切商売仕候村々ハ，去春より御用石相止，江戸表売石等も一円ニ商事無御座，殊ニ米穀諸色高値ニて石切候得ては渡世送り兼，村々石丁場段々相減り申候ニ付船々荷物無御座，湊ニ船掛罷在荷物遣来仕候ヲ相待，少々宛石遣来仕候へハ所々ニて拾積仕候故，船積段々日数相延申候ニ付，粮米等も多く懸り，殊ニ江戸表え着船仕候得ても商事も無御座，永上下ニ罷成り難儀仕，下木上荷共ニ下値ニ相払申ニ付船々困窮仕候，石丁場相止申石切共之儀は，真木商売・漁師・日用等相働渡世送り申し候得共，米穀高値ニ御座候故及渇命，石丁場道具等も段々売代替一日一日と渇命紲申ニ付，右之御用御石切立差上申儀難儀奉存候，御慈悲ヲ以石代運送共ニ商売並ニ被為仰付，前金御借被下置候ハヽ，只今迄相止置申石丁場丁場普請仕，石切道具相調御用御石切出し申候ハヽ，当月より十一月迄遣来可仕哉と奉存候，尤其内ニも随分遣来仕候様ニあ相働可申奉存候

正徳五年

未ノ四月

とある。

この史料2から次のことが読み取れる。

・去春から御用石の依頼が止み，江戸表売の石なども全体に商いがなくなり，加えて諸物価高騰に付き石切では渡世できないこと。
・石丁場数は次第に減少し，石船も稼働できていないこと。
・運搬する石，緩衝材に使用する薪ともに江戸では下値で商いにならないこと。
・僅かな石の需要があっても効率的な石船の稼働が出来ず，かえって経済的負担が増えてしまうこと。
・生活が困窮し石丁場を閉鎖し薪商売や漁師や日雇いをして渡世しているが，日々の生活のために石丁場の道具も売り払っている者がいること。
・このために石代，運送費ともに商売並みの値段にしてほしいこと，経費の一部を前金で支払って欲しいこと。

更に，岩村・真鶴村・福浦村・吉浜村・門川村・かちゃ村米穀など諸色が高くなり,「御用石の注文」とともに「江戸表売」の石材需要が一段と下回り，石切だけでは渡世を送ることが出来かねることなどが記され，真鶴半島近在の石材産地が凋落してきていることを伝えている。

史料3

正徳5年(1715) 10月の「岩村小百姓等漁業渡世願」(『真鶴町史』資料編)によると，岩村の状況は更に深刻化している。岩村名主から神原弥次兵衛，坂本小助，高田市之丞宛に以下の願出が出されている。

一，当村之儀畑作計少々御座候て，小百姓・無田・店借り之者共迄渡世迷惑仕候，殊に一両年は諸石一円商事無御座困窮仕渡世取続可申様御座難儀仕罷在候，此上候，御願申上候通ニ被仰付被下置候ハヽ，古舟又は古網等相調漁仕習申度奉存候，御慈悲を以願之通被仰付被下置候ハヽ，難有奉存候，以上

この願上書から次のことが読み取れる。

①岩村は畑作が少々で，小百姓・無田・店借りの者どもまで渡世が困難である。②殊に一両年は石の商事が一帯になかったことから，生活が立ち行かなく難儀してきた。③このような状況なので，漁業渡世を認めて下されば，古舟または古網などを調えて漁師を習おうと思う。

この時期は，江戸城の改修が一息つき，墓石石材も凝灰岩，砂岩などへ一部が移行し，西湘～伊豆石材への石材依存が低下している。正徳2,3年(1712・3)には石切り稼ぎが一段と衰退した。このため，生活が立ち行かなくなり，古く行っていた漁業渡世の復帰を藩に願い出たのである。

石方六カ村として西湘～伊豆石材の中心となってきたこの岩村が，この時期にはもはや石材業では生活が成り立たなくなっていることを示している。この低迷は，伊豆半島を含めた地域にも共通であったと考えられる。

史料4

このような石材需要が低迷し先詰まりの状況の中で，石方六ケ村間でも寛延2年(1749)「吉浜村・鍛治屋村・岩村石丁場争論裁許状」(『神奈川県』史資料編9近世(6))に見られる石材流通や丁場の権利を巡る争い，対岸の伊豆国宇佐美村からの石材切り出しに根府川村外5ヶ村の反対運動が激しくなっている。

また，享保10年(1725)の「足柄下郡根府川村他五ケ村伊豆国宇佐見村石

切り出しにつき禁止方願書」(『神奈川県史』資料編9近世(6)No.142)には，

近年江戸表御用石等モ無御座，其上町方蔵作り等も段々勘略ニ相成，丸石等ニ而蔵下仕候故，別而去秋より商事無御座，段々船持・石切困窮仕候所ニ，此度宇佐美切出し積越候ニ付，問屋前中買之者モ離レ一切商事も別て不仕，船持石切難相立奉存候，(中略)前々より宇佐美村之義ハ田畑真木商売第一之所ニて，船ニ真木沢山ニ積送り商売仕来り候，此辺村々之義ハ船石方計第一之商売ニて，前々より渡世仕来候村々之義ニ御座候，(後略)

とあって，次のことが読み取れる。

①近年は，江戸表からの御用石などの注文がなく，その上町方の蔵作りなども段々簡略になり，丸石などで蔵の基礎を築き，わけても去秋から商い事がなく，段々船持ち・石切の生活が困窮してきている。

②この度，宇佐美から切出した石材を積み出すことから，問屋，仲買人も職を離れ，船持，石切ともに商売が出来ない。

③以前から宇佐美村は田畑と薪商売を第一とし船に薪を沢山積送り商売してきた。この辺の村々は以前から船石を第一の商売として来た村々である。

文献の性格上多少の誇張はあると見られるが，正徳5年(1715) 10月の「岩村小百姓等漁業渡世願」から10年後の享保10年(1725)の同地の状況を伝えるものである。

この時期の関東地方の墓石造塔は「最大期」であるにもかかわらず，江戸からの御用石の注文はなく，石材需要が一段ときびしくなっていること，特に享保9年の秋からは商いが底をつき，船持ち，石切の生活がさらに困窮していることを記し，この地が石切で成り立ってきたことを強調して宇佐見村の石切禁止を願い出ている。文章中の「町方蔵作り等も段々勘略ニ相成，丸石等ニ而蔵下仕候故，別而去秋より商事無御座」とある簡略化の傾向は墓石造塔にも通じる世相である。

この時は，願いどおりとされたが，宇佐美村の石材は仲買して江戸の石屋三郎右衛門へ搬送された。六か村の石材商いが低迷していることに加え，石切稼ぎへの依存が高いこの隣接地域で新たな丁場開設は痛手であった。

この享保10年(1725)頃は墓石造塔の「最大期」であるが，この地方ではその恩恵を受けていない。むしろ対岸の宇佐美での切り出しが生活に直結する重要な問題であった。

岩・真鶴・福浦・吉浜・門川・根府川村は，江戸でのこの石材に対する需要の低迷により，他の産業に生業を求めなければならなくなっている。この背景には江戸城の大規模改修が一段落し，人口が停滞し，墓石や石仏石材も近隣の安価なものが利用の中心で，この地の石材需要を阻害する要因が大きく働いている。

史料5

岩村には，これまでの史料に続いて天保15年(1844)正月の「岩村石切り渡世不振につき漁業渡世願」と，嘉永元年(1848)の「岩村漁業渡世につき再応願」(『真鶴町史』資料編44)が伝えられている。このうち嘉永元年の内容は，古い時代は元禄4年(1696)の「上申書」内容を踏襲しているが，それ以降はその後の石材業の状況が書き加えられている。このことから，本書では後半の嘉永元年「岩村漁業渡世につき再応願」を引用して幕末までの石材動向を把握することにした。

嘉永元年九月岩村漁業渡世につき再応願

一当村方之儀は少高数多之村方故①昔古ハ漁業渡世専に仕其後②御入国以来少々宛石切始メ，尚又③寛永年中頃より別て石切渡世に相成諸御役相続仕候処，其後④正徳二・三年之頃より石商売不景気にも相成候に付，⑤同五年昔古之通漁業相初申度奉願上之通被仰付候之処，真鶴村にて故障申立，依之双方被召出御吟味之上以来両村相互に入込諸漁仕候様被仰付難有奉畏，則其節両村連印にて御請書奉差上漁業渡世にて取続罷在候処，又々⑥寛保年中頃より江戸表石値段宜敷相成候に付石切漁師入交渡世仕引続石捌方宜敷御座候間，追々石切に相成一同是迄相続仕候，然処⑦近年度々御公儀様御用石数多切出被仰付，別て六・七年以来至て石山手薄に相成以前は凡三百五拾ケ所程御座候処当時開ケ居候場所漸三拾ケ所程有之，三百廿ケ所は揚丁場に相成候儀は於御役所様にも御承知被為有候儀と乍恐奉存候，此段は御見分被下置候ハ，明白に相分可申候，右之仕合故金子多分に相掛ケ普請手入等仕ても石出不申，右残り丁場へ立入申度候ても壱丁場え多は弐人，場広にても三人余は立入仕事出来不申，持主斗にても不足仕無拠⑧去ル辰年以来は，小前之内何方え成共罷越外商売仕相稼申度と村役人共迄出候者どもも御座候得共他所稼之義は諸人用相掛其者之為筋にも相成不申（中略）⑨元来当村之儀は畑林迚も少外に稼之道一切無御座，石一色にて多年相続仕候事故自然石山手薄に相成，其上右奉申上候通度々御用石等被仰付手遠之山或は囲山迄も切尽，且は此節少々宛切出候石之儀も江戸表仕切値段漸運賃丈位之義にて何分日々取続方難出来此上は一村潰にも可及如何可仕哉と途方暮種々懸案仕候得共，是と申手段も無御座必至と当惑仕，一同打寄申談候ても外に仕道無御座，（下略）

嘉永元年

申九月

岩村

名主組頭

浦方

御代官

進藤弥一右衛門様

清水湧く右衛門様

（以下略）

傍線①，③～⑦までは既に元禄 4 年(1696)の「足柄下郡岩村産出堅石につき上申書」記述と同じ内容である。

②家康が関東に入国して以来少しずつ石切が始まったことを記す。

⑧弘化元年(1844)以来は小前の石切の中には必要な場所ならどこでも出向いて石工稼以外でもいいから仕事をしたい旨を役人に申し出たが，目的は達せられなかった。地元での石切稼ぎが再度不振となっている。

⑨嘉永元年(1848)に近い頃の時期には，たびたび御公儀から公用の石材の切出が仰せつけられている。しかし，これまで長年にわたり石材を採石して

きたことから6・7年以降次第に石山の石材が手薄になったことを記す(再応願)。

この後，幕末には海防政策上，西湘～伊豆石材の需要が高まるが，弘化2年(1845) 8月の「御尋ニ付丸山御丁場書上控」(『真鶴町史』資料編№86)中の記述から真鶴村丸山丁場の石材が海防政策に利用されたことが指摘されている。

嘉永6年(1853) 6月には，ペリーが来航し江戸湾の海防が急がれ，品川台場などの構築が急増する中で真鶴半島の村々の石材需要が急増している。同年8月には，根府川・江の川・江の浦・岩村・真鶴・吉浜・門川村がまとまり，品川台場用石材の値段，諸経費の見積をしている。

また，安政5年(1858)の通商条約が締結され箱舘・横浜・新潟・兵庫・長崎五港の開港にともない，横浜港に同6年4月「波止場御用石請負書」横浜築港用石材搬出につき石方六か村請負書が出され，安政6～7年「江戸城西御丸修築用石材費用の岩村見積書」(『真鶴町史』資料編№91)には42,352本の石材数が記されている。

2)真鶴半島周辺丁場と関東地方墓石造塔の比較

表56は，元禄4年(1696)の「足柄下郡岩村産出堅石につき上申書」から嘉永元年(1848) 9月「岩村漁業渡世につき再応願」までの文献資料に現れた石丁場の動向と江戸を含む関東地方の墓石造塔や石材利用を一覧したものである。この表をもとに，これまで触れた石材産地の真鶴半島と需要地である関東地方の墓石型式と造塔内容を比較し，初期には中核石材として重要な役割を果したこの地方の石材がその後不振となった経過を明らかにしておく。

①慶長6年(1601)，8年(1603)頃は真鶴半島周辺地域の丁場数が僅かで，しかも磯辺で石材が採石されている。この時期は大名や大身旗本などが五輪塔型や宝篋印塔型の墓石を造塔し始める「萌芽期」で，江戸とその周辺に少数が分布している時期である。

②寛永年間(1624～1643)には江戸城の普請は継続し，墓石は「造塔期」に入り大名や大身旗本に加えて旗本，士族，更に名主の一部などが宝篋印塔型，

表56　真鶴半島周辺石丁場の推移と墓石の造塔

年	真鶴半島周辺丁場の推移	多い墓石型式	造塔数
①昔古（中世後半）	漁業渡世（再応願）		
慶長6年頃（1601）	丁場磯辺ニ而少宛石切初（上申書）	宝篋印塔型（C型式） 五輪塔型（B型式）	萌芽期 １６００～１６１９
御入国以来 （慶長8年（1603）～）	少々宛石切始メ（再応願）		
②寛永年中頃 （寛永元年(1624)～寛永20年（1643））	丁場数拾ケ所程漁業渡世から別て石切渡世に相成諸御役相続仕候(再応願)	宝篋印塔型（C型式） 板碑型（G型式） 五輪塔型（B型式） 石仏型立像（E型式） 石仏型座像（F型式）	造塔期 １６２０～１６６９
寛永12年頃（1635）	丁場数拾ケ所程（上申書）		
③承応2・3年～寛文12・13 （1652・3）～（1672・3）	丁場数五拾六七ケ所程程（上申書）	板碑型（G型式） 石仏型立像（E型式） 石仏型座像（F型式） 宝篋印塔型（C型式） 五輪塔型（B型式）	急増期 １６７０～１７１９
④寛文12年（1672）	殿様江戸御用石根府川・江ノ浦・岩村・真鶴・新井にて切り出し（上申書）		
⑤元禄4年 （1691）	只今者三拾四ケ所御座候、右之丁場より切出申石ハ築石・板石・四面塔石・仏石・花石前々より只今迄切出シ江戸商売仕申候、(上申書)	板碑型（G型式） 柱状型頂部丸形額有(H型式) 笠付型（K型式）	
⑥正徳2・3年（(1712・3)	石切り稼ぎが一段と衰退（上申書） 石商売不景気にも相成候(再応願)		
⑦正徳5年4月（1715） 10月	二三ケ年此方村々困窮仕、別て石切商売仕候村々ハ、去春より御用石相止、江戸表売石等も一円ニ商事無御座、(中略)村々石丁場段々相減り申候」(上申書) 一両年は諸石一円商事無御座困窮仕渡世取続可申様御座難儀仕罷在候、此上候、御願申上候通ニ被仰付被下置候ハヽ、古舟又は古網等相調漁仕習申度奉存候（上申書） 昔古之通漁業相初(再応願)		
⑧享保10年（1725）	近年江戸表御用石等モ無御座、其上町方蔵作り等も段々勘略ニ相成、丸石等ニ而蔵下仕候故、別而去秋より商事無御座、段々船持・石切困窮仕候（上申書）	柱状型頂部丸形額有(H型式) 板碑型（G型式） 石仏型立像（E型式） 石仏型座像（F型式） 笠付型（K型式）	最大期 １７２０～１７６９
⑨寛保年中頃 （1741～1743）	江戸表石値段宜敷相成候に付石切漁師入交渡世仕引続石捌方宜敷御座候間、追々石切に相成一同是迄相続仕候(再応願)		
		柱状型頂部丸形額有(H型式) 柱状型頂部山形額有(J型式) 柱状型頂部平形額有(I型式)	減少期① １７７０～１８１９
⑩辰年以来 (弘化元年(1844))	小前之内何方え成共罷越外商売仕相稼申度と村役人共迄出候(再応願)	柱状型頂部山形額有(J型式) 柱状型頂部平形額有(I型式) 柱状型頂部皿形額無(M型式) 柱状型頂部山形額無(L型式)	減少期② １８２０～１８６７
⑪近年 (嘉永元年(1848)頃)	度々御公儀様御用石数多切出被仰付。六・七年以来至て石山手薄に相成(再応願)		

五輪塔型の塔を手がけ，富裕庶民層も板碑型墓石を本格的に造塔し始める。これらの石材には，西湘～伊豆石材の内「伊豆石」が中心に使用されたが，その後「小松石」の使用量も増加している。真鶴半島周辺地域の丁場数が増加し，それまで漁業渡世で暮らしを立てていた者が石切に転職する者が出ている。丁場動向が墓石造塔の傾向に連動している。

③承応年間(1652～1654) ～寛文年間(1661～1672)は，半島の丁場数が更に増加していることを記している。この時期の寛文・延宝年間は，檀家制度が成立し関東地方の墓石造塔数が急増し始めた時期である。石工店持の多くは，寺院群の門前などに店を構え，寺院への依存を高めた。墓石は「造塔期」から「急増期」に移行し，更に造塔数が増加した時期で，中でも西湘～伊豆石材製板碑型(G)造塔数が最も多く，次いで石仏型立像(E)，石仏型座像(F)，宝篋印塔型(C)，五輪塔型(B)がこれに次いだ時期である。西湘～伊豆石材製墓石の中では石材に対する目が厳しくなり，やや粗粒の「伊豆石」から，肌理の細かい「小松石」への使用が中心となった時期である。

④寛文12年(1672)殿様江戸御用石を根府川・江ノ浦・岩村・真鶴・新井にて切出している。

⑤元禄4年(1691)には，それまでの丁場数が減少傾向を示す時期である。墓石の全体造塔数は「急増期」であるが，流通先の墓石石材に占めるこの西湘～伊豆石材の率は次第に減少し，流通範囲も江戸を中心とした範囲に狭まり始めている。庶民層の墓石造塔に対する意識が変化し始める時期である。

⑥正徳2･3年(1712･1713)･⑦正徳5年(1715)は，丁場での石切需要が衰退し，江戸での商いもない状況が続いていると記す。ここで働く石切は，元の漁業渡世に戻るための申請書を役所に提出している。この期は「急増期」であるにもかかわらず，この西湘～伊豆石材に対しての需要はほとんど途絶えている。流通先の墓石石材の需要は軟質石材に移行していて，江戸を除く関東地方の墓石は地域軟質石材製の柱状型頂部丸形額有(H)が優勢となっている。

⑧享保10年(1725)は，関東地方の墓石造塔は「最大期」で寺社奉行に墓地増坪願いが出されるほど墓石造塔数が増加している。にもかかわらずこの西湘～伊豆地方の丁場は商いがなく，ここで働く石切や石船持ちの生活は困

窮している。関東地方での墓石型式の主流は簡略化の進んだ柱状型頂部丸形額有(H)となっていて，これには七沢石など関東地方周辺地域の石材が使用されている。西湘～伊豆石材は，江戸とその隣接地に留まっている。

⑨寛保年間(1741 ～ 1743)は，災害復旧など一時的な公共事業の影響により石材需要が上向きになった。墓石石材への利用はこれ以前とはかわっていない。この寛保年中の僅かな石材利用の向上は，前年の元文5年(1740)が庚申の年で，「庚申塔」の造塔数が多かったことや，寛保2年(1742)の災害により荒川流域や利根川堤防が決壊し埼玉県秩父郡西部山地・長瀞町・行田市(当時忍町，上・下中条村)・栗橋町・北川辺町・熊谷市(当時熊谷宿)が大洪水となった寛保の災害復旧需要が生じた可能性が考えられる。

⑩⑪弘化年間(1844 ～ 1847)は，真鶴半島では，丁場での商いが困難で，外稼ぎを目指す石切が出ている。更に丁場が疲弊し石材の切り出しが困難となった場所が多いことが記されている。この期の関東地方の墓石は「減少期」で造塔数そのものが減少するが，これらの墓石石材には前代同様に地域の軟質石材が使用され，特に西湘～伊豆石材の流通していた地域には七沢石が流通している。

これまでの内容が示すように，江戸時代前半の「造塔期」「急増期」に石材丁場数が増加しはじめたのは，江戸城国普請によるが，その後の採石は家屋や寺社の造営にともなう基礎や石垣，石段や石灯篭などの民間需要に依存した。中でも寺院は石工店持が門前に身を寄せる程石材需要が高かったが，その中で一定数が継続的に必要とするのは墓地と墓石造塔であった。このことは，墓石造塔の本格化や檀家制度が成立した寛文・延宝年間に石材供給量が高かった事実も裏付けている。

しかし，表で明らかなように元禄時代に入ると墓石の造塔数は急増しているにもかかわらず，西湘～伊豆石材製の板碑型墓石，五輪塔，宝篋印塔など中世の系譜を引く墓石は減少しはじめ，同時に丁場数の減少傾向が見られた事実は，民間石材需要の中で中心を占める墓石造塔石材から西湘～伊豆石材が外れてしまったことを指摘できる。

なぜ，この石材が廃れたかについては次項で考察したい。

②七沢石の分布と墓石への利用

1)石材と墓石

七沢石製墓石の分布は図5に示した。本図は各墓地内での石材占有率を基本に作成したもので，図中●の大は100～76%，中は75～51%，小は50～26%，点は25～1%を表示している。

図を見ると分布地域は，群馬県南部・栃木県南部・茨城県西部と南部・千葉県・東京・神奈川県に広がっている。流通量は西湘～伊豆石材程ではないが，これに次ぐ広さの流通圏を持ちその範囲もよく似ている。石材産地の神奈川県と関東地方中央部で使用率が高い。

厚木市教育委員会が刊行した「鐘ケ嶽東方の七沢石」(厚木市教委1995)によると，神奈川県内の1600年代の七沢石製墓石類には径が10～50㎜以上の火山礫が含まれ，色調も橙色を帯びたり，赤色や黒色火山礫を含むが，1700年代以降は3～5㎜程度の多色の火山礫を含む暗褐色の火山礫凝灰岩が多く見られ，特に正徳4年(1714)以降はより詳細な火山礫混じり粗粒凝灰岩が用いられている。墓石類には径5～10㎜ほどの火山礫凝灰岩が多く，砂岩質のものは風化が早く玉葱状構造に風化したものが目立つことが報告されている。

2)利用経過

七沢石の採石は，幕末の「石切人別御改帳」信濃国高遠荒町村から，神奈川県西部の七沢石の採石地であった相州大住郡日向村(伊勢原市日向)に出稼ぎしていたことが記されている。明治初年に記録された，『皇国地誌稿本』七沢村(現厚木市七沢)の条には，「礦出，東北ノ方字大平及半谷ノ両山間ニアリ発見年紀詳ナラズ産出高一ケ年凡一万六千貫目其色簿青其質堅良碑石及建築敷石等ニ適用ス」とあり，石材の色調は薄青で岩質は堅くて良いとし，明治初年には年間16,000貫が採石され，碑石や家屋の敷石に使用されていることを記している。記録された時期が明治初年であるから，江戸時代後半の採石の様子をも伝えていると考えられる。

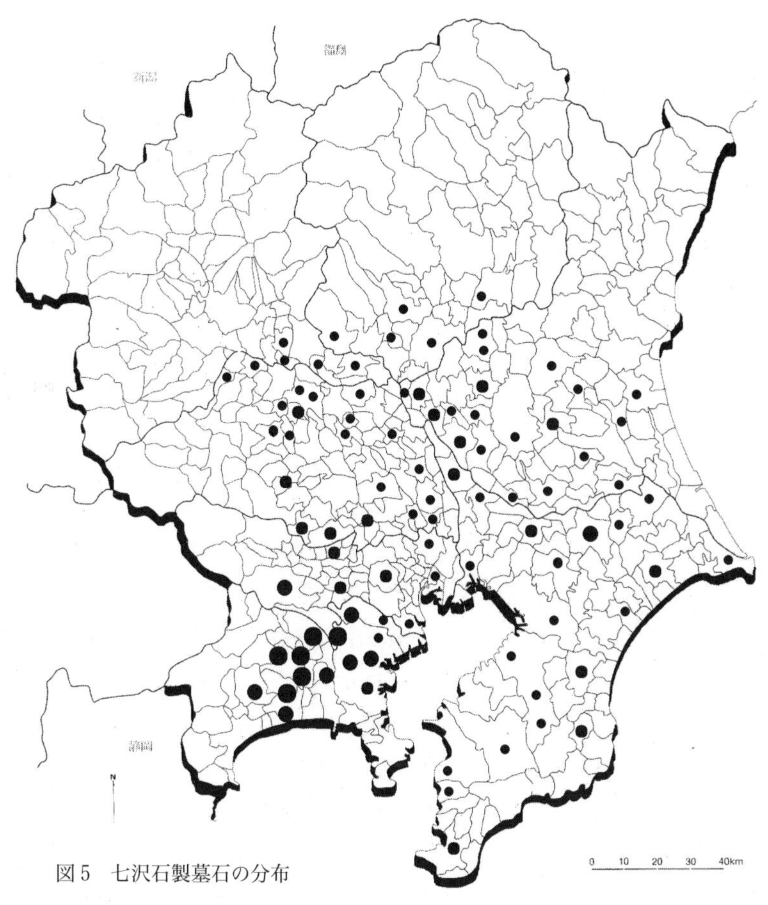

図5　七沢石製墓石の分布

また，最大期の大正時代の石山の様子は『愛甲郡制誌』（大正 14 年刊）に，「七沢石，七沢鐘ケ嶽の山麓を東北に向いて山路をたどれば字半谷に至るこれ七沢石の採掘地である。鐘ケ嶽の北側にあたって巨岩の流が丁度大河の様で石工の打つ鎚の響四方の連山にこだまして誠に壮観を呈している。さて此処から産する石は火山岩に属する安山岩で長石及び角閃石から成っており灰色又は暗黒紫色をなしている。その硬度は極めて高く建築材料として又殊に搗臼に適し遠く北海道方面にまで移出する現況にあるのである。その採掘の始めは詳でないが，現在従事する石工は約百人余である」とあり，ここでは石材名を「七沢石」と記し，鐘ケ嶽山麓での採石状況を伝えている。

昭和38年(1963)頃まで採石されたが近年の用途は墓石・碑石・石仏・道標・石臼・竈・敷石・石垣材等などである。

石材産地の神奈川県では「造塔期」には使用が始まり，藤沢市の史料によると明治以前の年号の墓石90%が七沢石で，流通のピークは宝暦年間(1751～1763)と報告されている。本書の調査でも相模川流域や相模台地で分布量が多いが，丁場から離れると西湘～伊豆石材の流通比率が高まっている。

県外では，図5の如く，特に東京都西部，茨城県西部の猿島台地や栃木県南部，群馬県東部，埼玉県利根川低地や房総半島など，関東地方の周辺地域で流通量の多さが目立つ。この石材が関東地方に広く流通しはじめたのは柱状型頂部丸形額有(H)から平形額有(I)の時期である。その時期は,「急増期」に広がり「最大期」には更に増加し「減少期②」に最大となっている。

流通の経路は，西多摩地方や入間川上流，関東地方内陸部の利根川中流域や房総半島館山等にも流通の高まりが見られることから西湘～伊豆石材の分布状況と類似している。このうち，西多摩地方や入間川上流には相模川流域から陸路北上したが，関東地方内陸部や太平洋岸への流通は，七沢石を玉川～相模川流域～相模湾～江戸に海上を運搬し，ここから江戸川を利根川まで遡上し，埼玉県利根川低地の埼玉県東部，群馬県東部，栃木県南部や茨城県西部の猿島台地，南部の利根川流域・霞ヶ浦地方に流通させたものと東京湾から太平洋岸を経由したと見られる。西湘～伊豆石材の分布状況と類似していることから流通には江戸の資本が関わっていた可能性が考えられる。

これまで江戸時代の七沢石製墓石は，県域内の流通と考えられていたが，今回の調査では江戸時代後半には関東地方に広く流通し，西湘～伊豆石材にかわる石材であることが明らかになった。

③利根川流域石材の分布と墓石への利用

1)石材と墓石

利根川流域安山岩製墓石の分布は図6に示した。本図は各墓地内での石材占有率を基本に作成したもので，図中●の大は100～76%，中は75～51%，

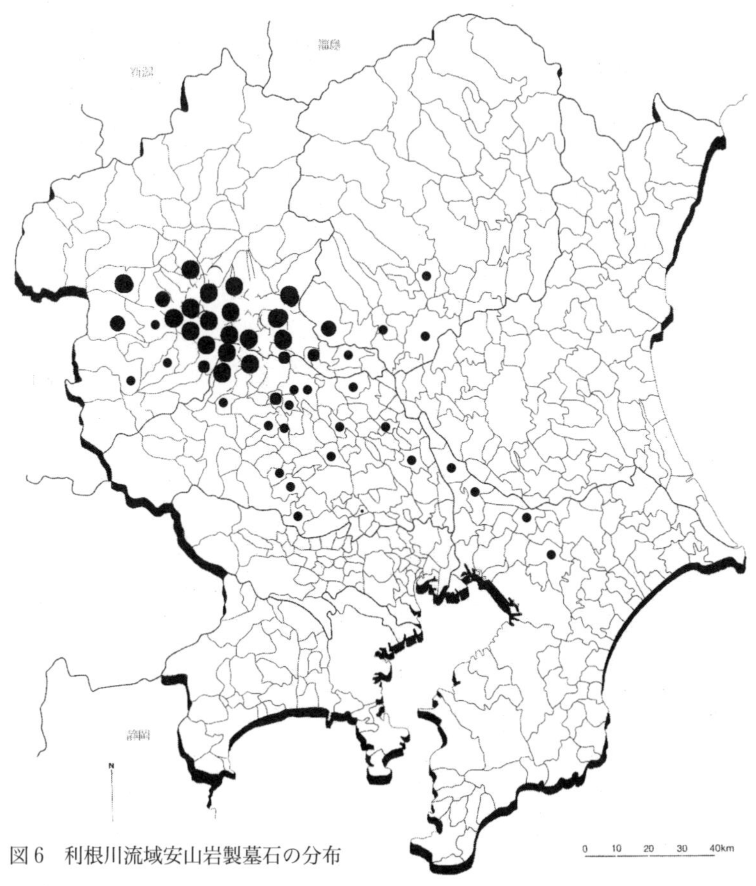

図6　利根川流域安山岩製墓石の分布

小は50～26%，点は25～1%を表示している。

分布地域は群馬県の利根川流域を中心に埼玉県北部・栃木県南部に分布している。利根川流域石材の主なものは，浅間山・榛名山・赤城山等の火山活動に依存する灰色系安山岩，多孔質黒色系安山岩が主体で，それぞれの山麓や沢筋，利根川及びその支流に流れ出た河川転石等を石材として使用する。この石材は多様で複数部材を使用する墓石では部材の色調や岩質に微妙な違いを生じるものが多い。

2)利用経過

赤城山の白色系安山岩や黒色系安山岩は，赤城山麓露頭部や沢筋，渡良瀬川流域に流出した転石を石材としている。元文3年(1738)「上植木村申伝え書上帳」には，「一鹿島宮有板葺利右衛門持　此西，清左衛門持分ノ御山ニ大石数多有之，是ハ元和年中於江戸西ノ御丸御普請ノ節，石屋大勢参り鍛冶小屋かゝり，右ノ石ヲわり，平塚川岸へ車ニ而引出し舟積ニ成候由，右之節西国ノ職人，前ニ書上十二天ノ脇大道ニて車ニしかれ，骨ハ方々へ飛去り皮計残り相果候由物語ニ申伝候，寺庭迄石引出し候時，御普請御仕廻と江戸より御飛脚ニて申来候故，寺庭ニ石捨置候由，仍之石田ト申名所あり」とあって，元和年中(1615～1623)に江戸城西ノ丸普請の際に，この地に石屋が大勢来て鍛冶小屋を設けて道具を調整し，石材を採石して車で平川まで運び，ここから舟積して江戸に向けられた，と記されている。

この鹿島宮西の清左衛門持分御山は，鹿島町上西根の通称「石山」と考えられている(『伊勢崎市史』資料編2近世2)。赤城山頂から山裾に運ばれた岩塊が堆積した独立丘陵から採石して，古墳石室石材や石造物に使用されている。同市下触町石山には近世から利用された石丁場跡が残る。

また，文政2年(1819)『大泉院日記』(『大間々町誌基礎資料』Ⅶ)には，

一，六日日くもり

大工六人，石工三人，門次方石工二人仕事士四人にて

川茂よりのこり石車にて引とる，(以下略)

一，七日くもり，八ツ頃より雨天

大工六人，門次方石工二人，四丁目石工昼後壱人，仕事士四人にて，

石車にて間坂より引取，いよいよ十日御棟上之由，役人方江届ケニ行，

(以下略)

と記載され，渡良瀬川流域の大間々町付近で採石した転石を大泉院の工事に利用した記録が残る。

この他，『赤城神社年代記』(『宮城村誌』)には，天保9年(1838)に赤城神社の門前石垣石材を山麓の粕川か荒砥川流域の河原から採石していることを記しており，この地方では，赤城山麓や渡良瀬川流域の転石を石材として利用

するのは一般的方法であった。

利根川中流にある群馬県南部や埼玉県北部では，流域や榛名山山麓にある多孔質黒色系安山岩を墓石に使用している。この石材は，中世には西は碓氷川，鏑川，埼玉県荒川上流の秩父地方，入間川上流，南は東京都多摩丘陵北部，東方は利根川左岸の太田市，新田町，渡良瀬川流域に流通した石材である。

浅間山の石材が利根川中流で得られるのは，地質時代に堆積した浅間山の安山岩が前橋台地基盤層に含まれることと，その後の度重なる火山活動により噴出した大量の安山岩が吾妻川を経由して利根川に流入し，平野部入り口の渋川から埼玉県深谷市間に堆積しているからである。

慶長12年(1607)江戸城修築に際しては中瀬(現埼玉県深谷市)に堆積した石材を栗石として使用したことが『當代記』(『古事類苑』)に次のように記されている。「此日慶長十二年三月三日ヨリ江戸普請有，関東衆務之，先壱萬石役ニ，クリ石二十坪也，船ヲ以可有在運送トテ，壱萬石分五艘宛カシ預ル，上野国中瀬邊ヨリ運之，一坪ト伝ハ，一間四方ノ箱ニ一ツナリ，中瀬ヨリ一ケ月ニ両度，此舟江戸へ上下」

また，信濃国の高遠荒町「荒町村石切人別御改帳」には嘉永3庚戌年(1850)正月宗七，嘉永4辛亥年(1841)正月宗七・亀次郎，安政4丁巳年(1857)正月久右衛門・宗七・國三郎・弥七，万延2辛酉年(1861)正月國三郎・弥七と石工稼ぎが利根川中流の中瀬に造塔に貢献していることが記録されている(大塚・唐澤1998)。

関東地方で，高遠の石工が本格的に稼ぎをはじめるのは墓石「急増期」で墓石需要が高まった元禄年間以降である。荒町村の御改帳に記載された上野国の粕川流域の苗ケ島村(宮城村)・榛名白川流域の西明屋村(箕郷町)・利根川流域の前橋本町(前橋市)・渡良瀬川流域の太田宿(太田市)は，いずれも中世転石石材の石造物が分布する中心地域で，前代からの石材業が下地となって江戸時代の墓石造塔を行っている。

利根川本流では，天明3年(1783)の浅間山火山活動により利根川流域の前橋～深谷間に堆積した転石を石材として利用した記録がある。『信濃国浅間嶽焼荒記(浅間嶽焼記)』(『浅間山天明噴火史料集成』Ⅲ記録編(二))には，「其外吾妻川は伝もさらなり，利根川通り福島五料中瀬辺迄堅横壱丈四尺の火石川辺に見えたり。年経るに随ひ砕け或は街の妨に成れば割取り（る）。全躰火石は金石成レ共火気にて其性抜ケすの入し如く（し）。然共軽石の類ニはあらず，色黒くして風流家抔の庭石には雅物なるべし」とある。

本史料の著者の成風亭春道は群馬県安中原市あたりの人と推定され，災害後間もなく筆稿したものと言われている。利根川流域の現玉村町福島，五料と対岸の埼玉県深谷市中瀬付近の浅間山から流れ出た「火石」の様子と，これが庭石として珍重されたのではないかと記されている。

本書は部分的にやや異なるが，記載部分は『信州浅間山焼附泥押村々并絵図』とほぼ同じで，この史料がもとになったと考えられている。

『天明浅嶽砂降記』（『浅間山天明噴火史料集成』Ⅲ記録編（二））には，「扨翌九日の頃よりは震動も静まり砂もかつて降らざりける。斯て名波郡辺に至りても四五尺以上の火石よりは大なる蚊やり火の如く四五日も煙出けるに，泥中の石より煙出ることなれば見る人怪しまざるはなく聞人偽と思わざるはなかりし。（中略）右之外少々宛泥入尚可有未詳。又流死人不知村多し。砂降村は不可枚挙故略之。所々の火石は石師（イシヤ）共墓石や礎石に切り出し数年にして大抵尽けり」とあるが，本史料は，名波郡（現伊勢崎市，玉村町で深谷市中瀬対岸）を中心とした利根川の災害と，この付近に堆積した「火石」が長期間熱を蓄えていたことを記している。後半部分は浅間山から戸谷塚村（現伊勢崎市）に至る利根川流域の被災状況を記した後で，これを受ける形で，堆積した火石が石師（石工）により採石され，墓石や建築物の地覆石として取り尽くされたと記す。浅間山の転石石材利用上，注目される記述である。

筆者の常見一之は，延宝3年～天保6年間の生存で，天明3年（1783）浅間焼の時に藩領被災に際して奔走した功績により中小姓，代官副役に昇進，その後，伊勢崎藩学習堂頭取となった人物である。

『武蔵志』（『新編埼玉県史』資料編10）は，武蔵国足立郡箕田郷登戸村福島東雄により享和2年（1802）以前に成立したとされる。この『武蔵志』の加美郡十四，児玉郡十五の本文書き出しの部分には，「天明三年卯七月八日信州浅間山焼（中略）卯ノ方利根川ハ吾妻川ヨリ火石躍流ル大サ長拾間余巾三間余是ヨリ小ナルハ数無限加美郡エ来ル細小ハ幡羅郡妻沼ニ至雨ノ日ハ月ヲ越テ石烟ヲ吐キ度重テ終ニ冷テ石工往々ニ是ヲ切ル」とある。ここでは利根川に流れた火石が，上流で大きく下流で小型化しているなど堆積の様子を簡潔にまとめ，冷却した後に，石工が度々採石したことを記している。

これらの史料は，利根川に流れ出た浅間山の転石を石材として流域で利用したことを具体的に示すものである。今日，伊勢崎市・尾島町・本庄市・深谷市等に残るこの「火石」(多孔質黒色系安山岩・輝石安山岩＝浅間石)製の石垣・石灯籠・建物基礎・墓石・庚申塔などはこれを裏付ける資料である。

この利根川流域は，上流から常に新しい転石が供給されることや，岩石が流れ下る中で摩耗して粘りのある石が得られること，必要な規格の転石を採取でき，採掘の必要性がないことから安価に仕入れることができ，両岸で古くから利用されてきた。このような火山活動と大河川が組み合わさった大規模な転石を利用する方法は，南関東から広域に流通した西湘〜伊豆石材や七沢石に依存することなく，利根川独特の広い石材流通圏を構成している。

利根川流域のように転石を石材として利用する地域は，規模は小さいが宮城県仙台市広瀬川流域や新潟県下越地方，伊豆半島，能登半島など山麓から流れる河川流域や海岸部などでも観察できる。

④地域石材の分布と墓石への利用

これまでの3石材は，流通量が多く県域を越えて広域に流通し，江戸時代の墓石石材の核となっていたものである。本項では，これら石材の間隙にあり流通範囲は狭いがそれぞれの地域で墓石造塔を支えた石材の採石と動向を引き続き考察する。

これに該当する主な石材は，栃木県の芦野石，宇都宮周辺凝灰岩・岩舟石，群馬県の秋間石・牛伏砂岩・椚石，埼玉県の荒川流域結晶片岩，茨城県の町屋蛇紋岩，筑波山周辺花崗岩・黒色片岩，千葉県の飯岡石・房州石，東京都の伊奈石である。

これら各地域石材の分布は図7に示した。本図は各墓地内での石材占有率を基本に作成したもので，図中●の大は100〜76%，中は75〜51%，小は

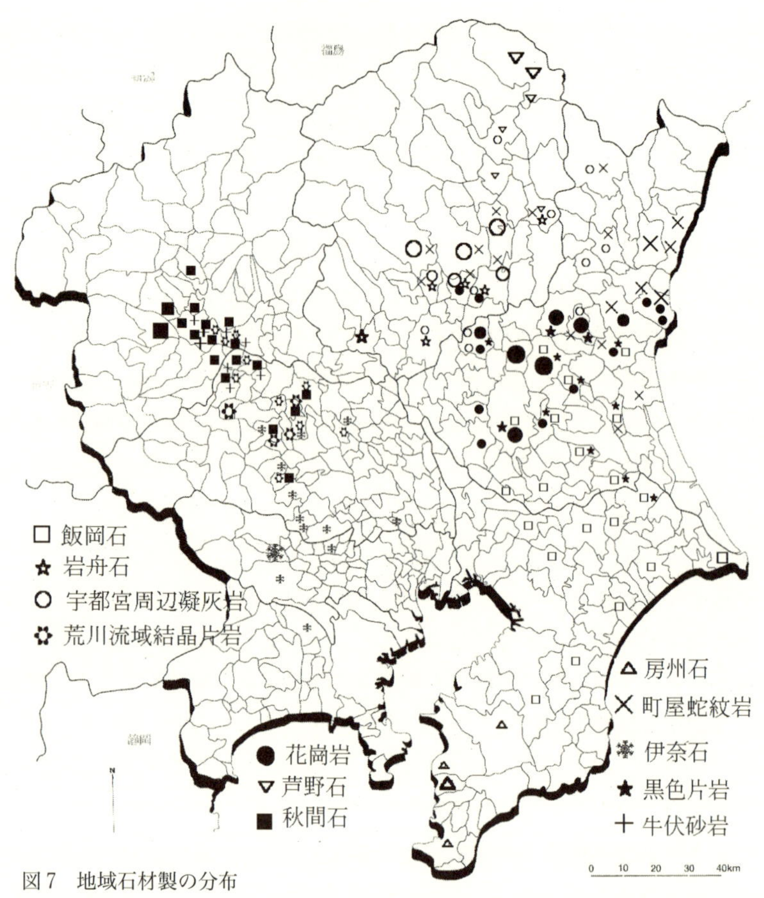

図7　地域石材製の分布

50～26%，点は25～1%を表示している。

(1)芦野石

芦野石は，那珂川上流の那須町芦野にあり，図7に示した分布範囲にある。栃木県北部で福島県境に近い石材産地を中心に分布している。中世には供養塔石材として使用された。

江戸時代には「萌芽期」から自然石型(N)の墓石として使用されている。その後，造塔数が増加する中で那須町から那珂川水系の大田原市・喜連川町・烏山町を中心に流通した。各時代を通して山体からの崩落岩や河川の転石材を加工して墓石としたものが多いが，「急増期」以降は各型式の石材に使用された。

⑵宇都宮周辺凝灰岩

栃木県の凝灰岩は，図７に示した分布範囲にある。石材産地は点在化し，それぞれの石材名が付されている。近世墓地への利用は鬼怒川水系の宇都宮・今市，高根沢町，那珂川流域の市貝町，喜連川町，大田原市，思川水系の小山市，更には茨城県久慈川流域に広がり，石材産地の宇都宮周辺で笠付型（K）・頂部山形額有（J）への利用率が高い。

鎌倉時代には，小山市満願寺文治４年（1188）石幢，茨城県大和村祥光寺建仁２年（1202）宝塔，南河内町元久元年（1204）東根宝塔，国分寺町の大型五輪塔や，室町時代の宇都宮大谷寺五輪塔群や新里町藤本大型五輪塔，さらに小山市にかけての五輪塔に利用された。

⑶岩舟石

岩舟石は，図７に示した分布範囲にある。この石材は，造塔数は少ないが栃木県南部を中心に中世後半の五輪塔に使用されている。

岩船山高勝寺所有の「岩船山縁起絵巻（1670年ごろの作）」には，採石の様子が描かれている。江戸時代には，古河城や近在の社寺の石段，石垣・土台石として利用され，明治４年栃木県庁が栃木町（現栃木市）に建設された時に，庁舎の土台や堀にも利用された。墓石への使用は，図７の如く石材産地の岩舟町では各墓石に使用されるが，前半期には小山市・壬生町・上三川・真岡市・片貝町・烏山町など石材の少ない地域で五輪塔型や板碑型として流通している。量は少ない。

⑷秋間石

秋間石は，図７に示した分布範囲にある。採石地周辺では，古墳石室石材や中世後半の石造物に使用されている。江戸時代の墓石には碓氷川や烏川中流の安中市，高崎市の一部で使用し，墓石造塔数が減少し続ける「減少期②」の時期には柱状型頂部皿形額無（M）として中山道沿いに埼玉県北部の熊谷市方面に流通している。

⑸牛伏砂岩

牛伏砂岩は図7に示した分布範囲にある。中世には，藤岡市平井城後詰めの金山城石垣にも多量の転石が使用され，室町時代前半の1450年代から宝篋印塔，五輪塔石材として使用が盛んとなり，藤岡台地から群馬県南部，埼玉県児玉郡方面に流通し始めている。戦国時代には宝篋印塔も加わり造塔数が急増し，埼玉県児玉郡を中心に秩父郡，比企郡，深谷市にも流通した。

明治22年から23年にまとめられたと見られている群馬県新屋村(現甘楽町)『郷土誌新屋村』の鉱物の項(群馬県立文書館行政文書議会792)には，「鑛物トシテハ所謂天引石ナルモノヲ出ス其區域ハ大字天引村南方山岳ヨリ隣村小幡村ニ至レリ石ハ凝灰岩ノ一種ニシテ色ハ灰黄色質ハ稍柔カナリ粗密一様ナラザルモヨク風雨ニ堪ヘ反テ鞏固トナル殊ニ水ニ對シテハ一層強ク極寒ニ遇フモ崩壊スルコトナシ而シ火力ニハ割合弱シ稍青色ヲ帯ベルモノハ崩壊シ易シ敷石石垣井戸側沓石石塔塀垣石橋ピーヤ等ニ用フ現ニ富岡製糸場軽便鉄道鉄橋ノピーヤ及停車場等ニ用ヒタルハ概此石材ナリ又吉井町耕地整理ニモ多ク用ヒラレタリ近年ハ新町及本庄方面ヘモ多額ニ供給セリ此石ハ餘程古クヨリ採掘シタル様子ナレド其年代等詳ナラズ大字天引村向陽寺境内ニ天長三年(淳和天皇ノ御代紀元千四百八十六年)ニ建テタル古碑アリ慥ニ天引石ニテ作リタルモノナリ彼ノ日本三碑ノ一ナル多湖ノ碑モ或ハ此ノ石ナランカ品質ヨク類似セリ」と記載され，この石材が検討部分も含むが古くから利用され，特に明治時代の近代化が進む中で明治5年の官営富岡製糸場の基礎や明治30年に開通した高崎下仁田間の軽便鉄道用の石材に利用されたことを記している。

(6)荒川流域結晶片岩

荒川流域結晶片岩は，中世の武蔵型板碑がこの緑泥片岩を石材とし関東山地，三国山地，茨城県東部を除く関東各地と隣接県に流通した。特に多く流通した地域は，関東中央部の大宮台地上にある埼玉県さいたま市(旧浦和市，大宮市，与野市)・岩槻市・川口市・戸田市・北本市・桶川市，北関東の利根川中流左岸にある群馬県尾島町，西関東の比企丘陵南部にある埼玉県東松山市・坂戸市，中央関東の武蔵野台地にある埼玉県朝霞市・東京都東村山市・多摩市などである。これらの地域から遠ざかるに従い次第に分布量が少なくなっていた(秋池 2005)。

江戸時代のこの石材の墓石は，図 7 に示した分布範囲にある。関東山地東辺の群馬県高崎市から藤岡市・埼玉県上里町・長瀞町・川本町・嵐山町・小川町・毛呂山町など三波川変成帯の東側沿いに見られ，武蔵型板碑の流通と比較すると極端に限定された地域で中世の武蔵型板碑の流通体系は江戸時代には引き継がれていない。石材産地の小川町大梅寺では石仏型立像(E)，板碑型(G)，柱状型頂部丸形額有(H)，笠付型(K)などがこの石材で製作され，同様のものは毛呂山町でも見られるが，荒川中流右岸で見られる多くは自然石型(N)の板状の不整型石材を墓石としている。

近世の石材採石と運搬利用については，渡辺崋山の天保 3 年(1832)『訪長瓦録』(『新編埼玉県史』資料編 10)に，「秩父石荒川ニ流レ出ツ大ナルモノハ筏ニ載セ運送シ来ル石ハ青色ニシテ平匾ナルモノ多シ其質緻密ナルモノ墓碑ノ材トナスヘシ或ハ白或赤或白黒斑文アルモノ間道アルモノ庭囿ノ設ケ文房ノ具ニ玩置スヘシ」とあり，埼玉県長瀞町の荒川に流れ出た大型扁平の緑泥片岩石材を採石し，筏に乗せて輸送し，岩質が緻密なものは墓碑石材として使用したことを記している。

(7)町屋蛇紋岩

町屋蛇紋岩は，図 7 に示した分布範囲にある。採石地は，常陸太田市町屋町の山麓にあり昭和まで採石が行われた。この石材製墓石の分布は，東は太平洋岸，西は栃木県那珂川水系の烏山町・市貝町・高根沢町，鬼怒川水系の上三川・壬生町・宇都宮・鹿沼市，南は茨城県水戸市，ひたち中市をへて霞ヶ浦沿岸の玉造町に達する比較的広い地域である。特に密度の濃いのは石材のある常陸太田市と日立市，ひたち中市である。常陸太田市にある水戸藩主の瑞竜霊園の歴代藩主の墓石はこの石材が使用されている。

緑色の筋や牡丹状の紋が入る緻密な蛇紋岩で，耐久性に優れ風化破損したものが少ない。採石地対岸の智教院で造塔状況を観察すると，この寺院ではそれまで自然石型(N)の転石石材を使用したものが，「最大期」の 1730 年代にはこの石材の切石が使用されはじめ，「減少期」の 1770 年代には柱状型頂部丸形額有(H)，平形額有(Ｉ)に大量に使用され幕末まで継続している。庶民層の墓石には「減少期」に使用された。墓石の定型簡略化の進む中で切石石材の少ないこの地方では耐久性も高く貴重な石材である。

(8)筑波山周辺花崗岩

加波山や筑波山周辺花崗岩製墓石は，図7に示した分布範囲にある。中世には北は栃木県益子町，西側は千代川村・石下町・水海道市・結城市，東側は霞ヶ浦沿岸，南側は牛久市・竜ヶ崎市・取手市に分布し，利根川を超えて千葉県に入ると急減していたが，江戸時代にも中世同様に加波山，筑波山を中心に北は栃木県南部の益子町，茨城県水戸市，ひたちなか市，南は霞ヶ浦北岸に分布している。

山麓にある真壁町・八郷町では墓石の各型式はこの石材により製作されている。笠間市・友部市・水戸市・下館市で利用率が高いが，遠隔地では板碑型(G)と柱状型頂部丸形額有(H)の時期に流通したものが中心である。岩質が粗粒で銘文の風化の激しいものが多く，特に古手の墓石は年代確定の出来ないものが多い。

水戸藩の小宮山楓軒が文化年間(1804～1818年)に編纂した『水府志料』(『茨城県史料』近世地誌編)の那珂郡浜田組平磯村(水戸迄三里程)石工の項には「石工これを切て市中に出し，賣て潤とす。多くは磯崎坪と云所より出る故に，専ら稱して磯崎石と云」とある。また，久慈郡石神組赤須村(水戸七里)みかげ石の項に「澤々に有り。水戸殿留石なり」とある。更に物産みかげ石の項に「ミカゲ石全隈，岩舟，赤須の村に出す」と記載され，花崗岩が山麓各地で切り出され，近隣の村で使用されていたことが記されている。

(9)筑波山周辺黒色片岩

筑波山周辺黒色片岩製墓石は，図7に示した分布範囲にある。

古墳時代には石棺石材として霞ヶ浦沿岸から東京湾岸の千葉市から市川市明戸古墳まで分布することが報告されている。中世では，茨城県で常陸型板碑として石下町，南北朝時代は小貝川～つくば市に分布，室町・戦国時代にはつくば市とその周辺地域へ広がりを見せている。茨城県東部へは14～15世紀に流通している。これらの石材の一部は，霞ヶ浦沿岸の古墳石室，石棺石材の再転用の可能性が指摘されている。

江戸時代の墓石は，つくば市と霞ヶ浦周辺地域と笠間市・友部町，千葉県佐原市などの筑波山東部の地域に広がる。特に使用率が高いのは石材産地に近いつくば市と笠間市と友部町である。いずれも自然石型(N)で板状不整型石材を使用し最小加工を施したものである。岩質は緻密で風化しにくい。江戸時代初期の紀年銘のものから幕末まで継続して使用されている。

(10)飯岡石(銚子砂岩)

飯岡石製墓石は，図7に示した分布範囲にある。中心は銚子地方で北は霞ヶ浦，西は取手市，南は市原市に及んでいる。この石材は中世下総型板碑，下総型宝篋印塔，下総型五輪塔に使用され，佐原市を中心に下総地方東部に，西は佐倉市から更に旧利根川方向に向かって減少している。南への広がりは山武町付近まで流通し，北側は茨城県行方郡の石材調査によると霞ヶ浦沿岸にまで分布している。南北朝時代に流通量を増し，室町時代から戦国時代にはその範囲が佐原市を中心とした地域に集約されている。

銚子市妙福寺墓石の在り方から見ると墓石造塔期の1700年代から板碑型(G)に使用され，柱状型頂部丸形額有(H)で西湘〜伊豆石材とともに使用が増加し1800年の減少期①頃まで継続している。この後は七沢石と交代している。この地域の石殿型(D)にはこの石材が必ず使用されている。

(11)房州石

房州石製墓石は，図7に示した分布範囲にある。古墳時代には東京湾岸にも流通したが，中世には五輪塔として金谷周辺地域で使用されている。江戸時代は，墓石石材として図7の如く房総半島の江戸湾岸で使用されているが鋸南町を中心とした地域に限られている。

採石地に近い鋸南町吉浜字中谷所在の日蓮宗妙本寺・妙典寺では江戸時代を通してこの石材が使用される。その中心は板碑型(G)，笠付型(K)である。

この妙本寺に伝わる『妙本寺典籍』に永禄11年(1568) 8月1日に逝去した里見義堯妻と天正2年(1574) 7月6日に逝去した里見義堯の墓石造塔にこの石材を使用したことが記されている。

(12)伊奈石

伊奈石は，図7に示した分布範囲にある。中世には南北朝時代から室町戦国時代の板碑，五輪塔，宝篋印塔を主体とする供養塔石材として多摩川支流の秋川流域を中心に，北は入間川流域の埼玉県毛呂山町，東は岩槻市・川島町・武蔵野台地，南は相模丘陵，西は山梨県上野原町西原に及んでいた。

江戸時代の伊奈石製墓石類は，あきる野市・青梅市・飯能市，八王子市から東は川越市・東久留米市・大田区・川崎市・町田市の範囲にあり，五輪塔が先行しその後1651年～1675年には五輪塔と板碑型(G)，1676年～1700年には角柱・傘付墓石の造塔が始まっている(内山1996)。

伊奈地区の石工の活動については，『新編武蔵風土記稿』には往古信濃国伊那郡より石工が移住して業務を広めたこと，天正18年江戸城石垣普請等の仕事をつとめたこと，村名は信濃国伊那郡から多くの石工が来たことによることなどが記されている。元禄17年の伊奈村石工「門開」資料(石川家文書)には「一, 我々弐拾壱人の者共, 先祖七, 八代以前, 家業ニハ仕らず候えども, 石屋の商売仕り候由，申伝候計ニテ，座頭坊衆出入これなく候」など，中世後半の石材業を支えた石工の姿を伝える資料が残されている。

表57の如く,「急増期」の元禄17年(1704),「減少期①」の安永3年(1774)，寛政9年(1797)には，石工の子孫が石工の系譜を清算する旨申し出がなされていて，中世後半から江戸初期に伊奈石石材に関わった者の存在が窺える。

一方,「最大期」には信州石工稼がはじまり，元文2年(1737)には横沢村石臼運上新設永35文×5名文=175文／石工10余人，延享3年(1746)には伊奈村石臼運上新設永35文×18名文=630文／石工40余人の存在を示す文献が伝えられている。

文政5年(1822)脱稿の『武蔵名勝図絵』小宮領伊奈村の条に「石工七，八十年前まではこの地に石工住すること多く，近在の平井，大久野または網代村などの山間より細工石を切り出して，玉川を六郷まで筏に乗せてくだし送り，又，近在の石碑その他の細工物を彫り上げるが，近年は総じてその業をするものなきとぞ」とある。文政5年(1822)から70～80年前というと，宝暦年間(1751年～1764年)頃で，墓石「最大期」に該当している。

『武蔵名勝図絵』では，文化5年(1808)には五日市村の市兵衛がこの地域の丁場経営に参画しようとするなど，独立して石工商売を申請する者も現れ

表 57　伊奈石関係一覧

②		1653(承応 02)	・「伊奈村」文献初見
③		1704(元禄 17)	・(「伊奈村」石工第１回門開２１人)
		1713(正徳 03)	・土屋勘兵衛、阿岐留神社へ伊奈石灯籠奉納
④		1722(享保 07)	・山田瑞雲寺地蔵銘「匠人信州高嶋住小兵衛友右衛門」
		1737(元文 02)	・横沢村石臼運上新設　永 35 文×５名文=175 文／石工10余人
		1746(延享 03)	・伊奈村石臼運上新設　永 35 文× 18 名文=630 文／石工40余人
		1760(宝暦 10)	・高尾村法光院川除岩売却一件→信州石工（大悲願寺文書）
⑤		1774(安永 03)	・(伊奈村石工第２回門開 20 人（大福、宮沢、石川家文書）)
		1797(寛政 09)	・(伊奈村石工第３回門開 39 人（大福、宮沢、石川家文書）)
		1805(文化 02)	・横沢村名主孫左衛門が村内石山の石を三内借宅の信州石工へ売却しようとして大悲願寺住職慈明と対立（慈明日記）
			・大悲願寺長屋門石橋竣工、石工高遠松倉一ノ丞（同）
			・このころ横沢村方石工は庄兵衛１名
		1808(文化 05)	・三内滞在信州石屋和介･繁八等網代入会山採石開始（慈明日記）
			・五日市百姓市兵衛網代散地の石工商売申請（網代家文書）
⑥		1820(文政 03)	・日の出町宗劔寺平井無辺墓石供養塔（伊奈石）高遠石工銘
		1842(天保 13)	・大悲願寺仁王門右脇地蔵石工銘田野倉藤兵衛
		1843(天保 14)	・網代禅昌寺高遠石工の墓石銘信州高遠北原村俗名伊藤國蔵
		1847(弘化 04)	・伊奈岩走神社秋紅翁之碑石工銘伊藤信吉
		1852(嘉永 05)	・田野倉藤兵衛氏大悲願寺手水鉢作製

※②は造塔期、③は急増期、④は最大期、⑤は減少期①、⑥は減少期②
※参考（「伊奈石工・高遠石工関係年表」唐澤慶行(抜粋),『伊奈石』伊奈石研究会 1996）

ている。

伊奈石が隆盛した宝暦年間(1751 年～ 1764 年)は，西湘～伊豆石材製板碑型墓石から軟質石材の柱状型頂部丸形額有(H)への移行が顕在化した時期で，丁場も当初の秋川河畔とその左岸の横沢～平井地区間から，文化年間前後には右岸の高尾，網代地区の丁場開鑿が本格的に開発され，横沢砂岩泥岩部層中の粗粒～中粒の砂岩が採石されている。この地区の丁場跡からは江戸後期の陶磁器や寛永通宝，墓石や石臼などの一部が確認されている(十菱・樽良平 1996，上本・柴田・山本 1995)。

(13)その他

その他石材は，上記の地域石材に含まれないもので，その中心は転石や崩落岩を石材として使用しているものである。利根川上流・中流，栃木県・茨城県北部など山間地をひかえた地域では安山岩などが多く，平野丘陵地では，凝灰岩，砂岩が中心となっている。

3 石材の主な特性

①石材産地と流通圏

関東地方の墓石石材の利用を観察すると，利用の多少は需要量によるが同時に石材そのものの岩質や性質，取り巻く環境，需要地間の距離などの諸条件も重要な要素となっていることが分かる。

表 58 は，各石材産地と流通圏，江戸からの距離などをまとめたものである。

これをもとに，各石材の産地と需要地の中心であった江戸との距離関係を観察すると，表中，江戸から最も遠距離にあるのは，北方の栃木県芦野石 170㎞と神奈川と静岡県にまたがる西湘～伊豆石材(100 ～ 180㎞)である。この内側 60㎞～ 160㎞の間には荒川流域結晶片岩・筑波山黒色片岩・宇都宮周辺凝灰岩・岩舟石・秋間石・牛伏砂岩・椚石・町屋蛇紋岩・筑波山周辺花崗岩・銚子石・房州石など多様な性質の石材が分布し，40 ～ 59㎞圏内には凝灰岩質砂岩の伊奈石と七沢石がある。

表 58　主な墓石石材の所在地と流通圏　　(距離 km)

石材名	所在地	岩種	入手方法	丁場周辺環境	流通地域	流通圏	江戸迄
岩舟石	栃木県	角礫凝灰岩	採掘	渡良瀬川支流	丁場周辺地域	40~60	70
宇都宮周辺凝灰岩	栃木県	凝灰岩	採掘	鬼怒川中流	丁場周辺地域から県内	40~60	100
芦野石	栃木県	凝灰岩	採掘・採取	那珂川上流	丁場周辺地域	40~60	170
牛伏砂岩	群馬県	砂岩	採掘・採取	鏑川流域	丁場周辺地域	40~60	90
利根川流域安山岩	群馬県	安山岩	採取	利根・渡瀬川流域	利根川中流域から北埼玉	70~80	100
同　多孔質安山岩	群馬県	多孔質安山岩	採取	利根川流域	利根川中流域から北埼玉	70~80	100
秋間石	群馬県	溶結凝灰岩	採掘	烏川・碓氷川流域	丁場周辺地域	40~60	120
椚石	群馬県	砂岩	採掘・採取	鏑川流域	丁場周辺地域	40~60	140
荒川流域結晶片岩	埼玉県	緑泥片岩	採掘・採取	荒川・槻川流域	丁場周辺地域	40~60	80
筑波山黒色片岩	茨城県	黒色片岩	採掘・採取	筑波山麓	筑波山周辺地域	40~60	60
筑波山周辺花崗岩	茨城県	花崗岩	採掘・採取	筑波山・加波山麓等	筑波山周辺地域	40~60	60
町屋蛇紋岩	茨城県	蛇紋岩	採掘	那珂川流域	丁場周辺地域から栃木県	40~60	160
房州石	千葉県	凝灰岩	採掘	東京湾	丁場周辺地域	40~60	60
銚子石	千葉県	砂岩	採掘・採取	銚子海岸	丁場周辺地域から茨城県	40~60	100
伊奈石	東京都	砂岩	採掘	多摩川支流と接する	関東地方西部	40~60	40
七沢石	神奈川県	砂岩	採掘	鐘ケ嶽山麓	丁場周辺地域から関東	100~120	50
西湘～伊豆石材	神奈川・静岡県	安山岩	採掘・採取	相模湾と接する	江戸を中心に関東地方	200	100
同　多孔質安山岩	静岡県	安山岩・流紋岩	採掘・採取	相模湾と接する	江戸を中心に関東地方	200	100~180

西湘～伊豆石材は，関東地方に最も広く流通し，江戸を拠点として関東地方中央部約200kmの範囲に流通している。この石材は，江戸初期の江戸城普請用の石材として江戸に大量に流通していたため，民間の石材需要に応じたが，更に江戸で墓石や小口石材として加工され沿岸や内陸水系を通して関東地方に広く供給されていた。

七沢石の丁場は，江戸から西南に約50kmの神奈川県厚木市にあり関東地方の石材の中では最も近距離にある石材の一つである。流通範囲は神奈川県を中心に埼玉県・群馬県東部・栃木県・茨城県南部・千葉県・東京都を含む約100～120kmの広範に及んでいる。江戸初期には，神奈川県内に留まっていたが，「造塔期」の頃から流通範囲が広がり，その後「減少期」に関東地方中央部に流通した。

利根川流域の石材採石地は，江戸から北西約100kmの渡良瀬川流域を含む利根川中流地域や榛名，赤城山麓等にある。群馬県，埼玉県北部や栃木県西部を中心に70～80kmの範囲に流通し，江戸時代を通して西湘～伊豆石材や七沢石の影響を余り受けずに独自の流通圏を維持した。

この他，これら3石材の広い流通圏と隣接，ないしは一部重なりながら利用された地域石材の流通圏がある。

栃木県では，中央部と南部に西湘～伊豆石材と七沢石が流通しているが，南部にある岩舟石は江戸から約70km地点にあり，ここを中心に約40～60kmの範囲に江戸時代前半の板碑型墓石や五輪塔石材として少量利用されている。宇都宮周辺凝灰岩石材は，江戸から北方約100kmにあり，ここを中心に約40～60kmの範囲に流通し，後期には栃木県中央部に広がり独特の墓石型式を生み出した。芦野石は，江戸から約170kmの遠隔地にあり，この地を中心に約40～60kmの範囲に流通している。

群馬県では，中央部に既述した利根川流域石材が流通している。この西側の牛伏砂岩は江戸から約90kmにある石材で，流通範囲は産地を中心に鏑川流域から埼玉県北西部まで約40～60kmである。東部で利根川流域石材，南部で西湘～伊豆石材と接している。秋間石は，江戸から約120kmの遠隔地にある。流通範囲は初期から後期には碓氷川流域に留まるが，その後一部は埼玉県北西部までの約40～60kmの範囲に広がり，南部では西湘～伊豆石材と七沢石に接している。椚石は，江戸から約140kmの遠隔地にある。流通範囲はこの地を中心に約40～60kmである。初期から後期まで鏑川上流で使用された地域石材で牛伏砂岩と接している。

埼玉県では，西部の秩父地方を除いて西湘～伊豆石材と七沢石が流通している。荒川流域結晶片岩は，江戸から約80kmにあり，流通範囲はこの地域を中心に約40～60kmである。西部の結晶片岩層に沿って分布する地域石材であるが，西湘～伊豆石材と七沢石が混在している。

茨城県の西湘～伊豆石材と七沢石の流通は，南部や西部で多いが霞ヶ浦北岸で急速に減少して北部にはほとんど流通していない。筑波山周辺花崗岩石材は，江戸から約60kmにあり，流通範囲はこの地域を中心に約40～60kmである。墓石への利用は，初期から後期まで見られるが，筑波山麓から加波山周辺地域に流通する地域石材である。筑波山黒色片岩石材は，江戸から約60kmにあり，流通範囲はこの地域を中心に約40～60kmである。墓石への利用は，初期から後期まで見られるが筑波山東麓を中心にしている。この2石は南側で西湘～伊豆石材と七沢石に接している。町屋蛇紋岩石材は，江戸から約160kmにあり流通範囲はこの地域を中心に約40～60kmで，「減少期①」期以降は茨城県北部のみでなく栃木県東部まで広域に流通している。

千葉県では，全県に西湘～伊豆石材と七沢石が流通している。房州石は，江戸から約160kmにあり流通範囲はこの地域を中心に約40～60kmに及んでいる。この石材の墓石への利用は，初期から後期まで房総半島南部に流通する地域石材である。西湘～伊豆石材と七沢石が混在している。銚子砂岩は江戸から東方に約100kmの太平洋岸にある。この墓石の分布はこの地域を中心に40～60kmの千葉県東部地域から隣接地の茨城県南部に流通している。西湘～伊豆石材と七沢石が混在している。

東京都では，西部の多摩川上流を除いて西湘～伊豆石材と七沢石が流通している。伊奈石石材は江戸から西方に約40kmにあり多摩地方に流通している。最も江戸に近い石材である。

これら周辺地域に分布する石材は，所在地や岩質，量や周辺環境などに恵まれ広域に流通した石材と異なり制約がある分流通圏は狭かったが，地域石材としてそれぞれの時期の墓石造塔の需要に応じて関東地方の墓石造塔を支えた。

②石材の岩質

墓石石材は，石目の在り方や硬度は加工の難易に，粒子の粗粒や大小有色鉱物の色調は品性に，耐久性は耐用年数に影響し，岩石量は収益に関わることから，重要な要素である。

関東地方の墓石石材の相対的特徴を表59に示した。

関東地方の墓石石材の核となった西湘～伊豆石材は，耐久性に富み，肌理が細かく，最も優れた石材である。「造塔期」前半の墓石には，江戸城の石垣石材に多く使用された伊東市を中心とした安山岩，玄武岩質の「伊豆石」が大型五輪塔（B）・宝篋印塔（C）・板碑型（G）などに使用された。その後次第にきめ細やかで上品な真鶴半島「小松石」が主流となったが，これらは墓

表59　石材の岩質

石材	岩質						
	形状	耐久性	硬度	粘性	肌理	含有鉱物	色調
荒川流域結晶片岩	板状	優	やや硬質	普通	細かい	少量	緑・灰
筑波山黒色片岩	板状	優	硬質	普通	細かい	少量	黒
芦野石	塊・板状	難	軟質	弱	粗い	目立つ	灰
宇都宮周辺凝灰岩	塊	難	軟質	普通	細かい	目立つ	青灰
岩舟石	塊	難	軟質	弱	粗い	目立つ	暗褐色
利根川流域安山岩	塊（転石）	優	やや硬質	強	普通	目立つ	黒・褐
同　多孔質安山岩	塊（転石）	優	軟質	強	多孔	普通	黒・灰
秋間石	塊	良	やや硬質	普通	粗い	普通	茶褐
牛伏砂岩	塊・厚板	良	軟質	普通	粗い	目立つ	黄渇
椚石	塊	優	やや硬質	強	細かい	少量	灰
町屋蛇紋岩	塊	優	やや硬質	強	細かい	目立つ	灰緑
筑波山周辺花崗岩	塊	難	硬質	弱	粗い	目立つ	灰
銚子石	塊・板状	良	やや硬質	普通	普通	少量	黄渇
房州石	塊	難	軟質	弱	粗い	目立つ	灰
伊奈岩	塊	難	やや硬い	弱	粗い	普通	茶褐
七沢石	塊	良	やや硬質	弱	粗い	目立つ	茶褐
西湘～伊豆安山岩	塊・板状	優	硬質	強	細かい	少ない	灰・赤
同 多孔質安山岩	塊	優	軟質	強	多孔	普通	灰・

地における風化摩耗率も低く耐久性に富んだ優れた石材である。

西湘～伊豆石材と同じ地域に「減少期」に流通した七沢石は，軟質粗粒な凝灰岩石材で，定型化した墓石の効率的な採石や加工が容易で，安価な石材であったと見られ造塔数も多い。しかし，今日墓地で観察すると風化破損した墓石が多く耐久性に課題の多かったことがわかる。

北関東で使用された利根川流域石材は，岩質はやや粗く含有鉱物が目立ち，山麓や河川敷の転石から入手することが多い。これにより造塔された墓石は耐久性に優れているが竿の短い墓石が多く，複数部材を使用する時には各部材の色彩や岩質が多様となるものが多い。入手しやすい点から安価な石材となった。

この主要な3石材の他に，荒川流域の結晶片岩は板状剥離しやすい性質を利用して荒川中流に，同様の性質を持つ黒色片岩は筑波山東麓地方の自然石型(N)墓石に使用されている。また，関東地方には少ない筑波山麓周辺地域の花崗岩石材は，この周辺地域で使用されるが，肌理が粗く粘性が低いために風化しやすい性質を持っている。この他，表に掲げた凝灰岩や砂岩は加工が比較的容易であるが，耐久性や肌理の荒さなどに難点を持つものが多い。その分，安価な石材であったと見られる。

関東地方の墓石石材は，以上まとめたような岩質とそれを取り巻く需給環境により石材流通圏が形成され，需要地の要望に合わせて造塔型式が推移していた。

6章　墓石型式と石材移行

6章では，中世後半の墓石・供養塔と江戸時代の墓石型式，西湘～伊豆石材から七沢石への石材移行の二点について考察する。

1 中世の供養塔・墓石と近世の墓石型式

表60に記した如く，関東地方の中世後半は，武蔵型板碑造塔が急減しこれとともの栃木県では芦野石,凝灰岩,岩舟石,群馬県では利根川流域安山岩,牛伏砂岩，秋間石，茨城県では筑波山周辺花崗岩，千葉県では飯岡石，東京都では伊奈石，神奈川県では七沢石，西湘～伊豆石製の小型五輪塔や宝篋印塔がそれぞれの地域で造塔されたが，特に利根川流域と相模川流域で造塔数が多く見られた。この他，利根川中流には石殿，結晶片岩製薄型板碑，石仏，無縫塔があり，一石五輪塔，光背板碑も僅かに確認できた。これらの多くは僧職や在地有力者やそれに従った者たちによる造塔と考えられる。しかし，西日本各地で確認される類型板碑の存在は確認できなかった（秋池2005）。

表60　中世から近世への供養塔・墓石型式

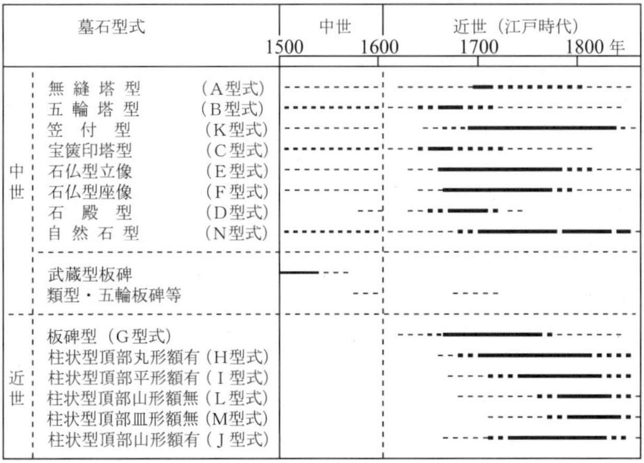

	墓石型式		中世 1500–1600	近世（江戸時代） 1600–1700–1800年
中世	無縫塔型	（A型式）		
	五輪塔型	（B型式）		
	笠付型	（K型式）		
	宝篋印塔型	（C型式）		
	石仏型立像	（E型式）		
	石仏型座像	（F型式）		
	石殿型	（D型式）		
	自然石型	（N型式）		
	武蔵型板碑			
	類型・五輪板碑等			
近世	板碑型（G型式）			
	柱状型頂部丸形額有（H型式）			
	柱状型頂部平形額有（I型式）			
	柱状型頂部山形額無（L型式）			
	柱状型頂部皿形額無（M型式）			
	柱状型頂部山形額有（J型式）			

近世初期には,大名や士族,

幕臣は格式に応じた五輪塔・宝篋印塔，笠塔婆の造塔を手がけ始めたが，一般武士や庶民層に造塔が浸透する中で，無縫塔(A)は僧職者に，五輪塔(B)・石殿(D)・宝篋印塔などの墓石は武士や地侍など在地有力者が使用したと見られるが，宝篋印塔(C)は，「造塔期」には五輪塔をしのぐ造塔数を示すことや，幕臣や旗本などへの使用が多いことなどから，当初は幕政に関わる在地有力者の一部などにも許された型式と見られる。

富裕庶民層から始まる板碑型墓石(G)は，背面を頂部から脇にかけて絞り込み極力軽量化を図っていることや，中世武蔵型板碑に使用された緑泥片岩でなく伊豆石材の性質を利用して製作していることから，新たな流通体制の中で石材の性質や搬送方法，造塔者を考慮に入れて江戸で新たに生み出された墓石型式と見ることができる。

西日本各地で見られる類型板碑が近世まで続くのとは異なる流れを示している。

2　西湘～伊豆石材から七沢石への移行

西湘～伊豆石材製墓石は，「造塔期」～「急増期」の中心石材として江戸から関東地方中央部の埼玉県・群馬県東部・栃木県南部・茨城県西部南部・千葉県・神奈川県東部に広く流通し最大の墓石石材流通圏を形成した。しかし，その後「急増期」後半から「最大期」にはすでに減少傾向を示し始め，流通圏は江戸とその周辺地域に縮小した。

この前半の西湘～伊豆石材流通圏は，江戸で加工された多くの墓石や石材が関東各地に再搬送されたことから，江戸の墓石型式が関東地方に広まる上で重要な働きを果たした。

七沢石製墓石は，初期には神奈川県内にとどまったが，「最大期」には流通地域が広がり始め，「減少期①」「減少期②」の時期には関東地方中央部の西湘～伊豆石材流通地域に範囲を広げた。

本書で調査した西湘～伊豆石材製墓石は，7,194 基で全体の 31.4%を占めている。この石材は，更に西湘地方と伊豆地方の石材に分類できるが，流通

表 61　西湘〜伊豆石と七沢石製墓石造塔数①

石材・期	初期	造塔期	急増期	最大期	減少期①	減少期②	計
伊豆石	2	118	108	23	10	3	264
小松石	0	107	880	714	163	86	1950
その他	6	262	1589	1678	957	492	4984
西湘伊豆計	8	487	2577	2415	1130	581	7198
七沢石	0	16	236	453	1056	672	2433

※伊豆石・小松石はその特徴を明確に示すもののみの記載である。

先での詳細な分析には限界があり，本書では一括して扱った。しかし，条件のいい墓石では明確にそれぞれの特徴を示すものが含まれているので，本章では，あえてこれを伊豆石と小松石，その他に区分し，西湘〜伊豆石材から七沢石への移行と合わせて考察してみたい。

西湘〜伊豆石材の内，「伊豆石」の特徴を明確に示すものは表 61 の如く 264 基である。

伊豆石は，伊豆半島北部東海岸の熱海から稲取，西海岸の沼津から土肥にかけての採石が盛んで，石材は下多賀・上多賀・宇佐見・稲取・河津・戸田等の港から江戸や駿府に積み出されたと考えられている。

「萌芽期」には宝篋印塔，五輪塔などに使用され，「造塔期」には更に板碑型(G)への使用が本格化している。1630 年代から 60 年代に使用数が頂点に達したが，その後 1720 年には減少に転じている。

この伊豆石製の五輪塔型(B)は 21 基がある。江戸にやや多く各地にも点在している。宝篋印塔型(C)は 52 基で東京，埼玉県に多く，地方では栃木県，群馬県，茨城県，千葉県，神奈川県に点在するが限られた墓地に継続する傾向がある。

『伊東市史』本編では，江戸城普請の石材の多くは伊豆半島からであることを指摘し，更にその大半は伊東市周辺から採石されたと記しているが，その後本格化して来た「造塔期」にはこの影響を受けて短期間であるが伊豆石優勢の時期が存在した。その後，江戸城国普請が終息した「急増期」には伊豆石製墓石と平行して使用されていた小松石製墓石へ中心が移行している。

18 世紀〜 19 世紀にかけて作成された「職人尽絵詞」(『日本庶民生活史料集成』第 30 巻)の石切の詞書には，「石ハ摂州の御影石　播州の竜山石　讃州の豊島石を　石碑によきハ和泉石　あつまにてハ伊豆の小松原の青ミかゝりたる」とあり，東国では「小松」の石材が特に優れていることを記している。この時期は，墓石も岩質にこだわり始めた時期である。

以下では，表61と表62をもとに江戸時代後半に西湘～伊豆石材流通圏が七沢石の流通圏へ大きく移行した経過を明らかにしておく。

「造塔期」(1620～69)には，表61の如く西湘～伊豆石材製墓石が487基，七沢石製墓石が16基で，西湘～伊豆石材流通圏は江戸と関東地方中央部に広がっている。

「急増期」(1670～1719年)には，幕府の国普請が一段落して公共事業としての石材需要が減少する時期であるが，墓石造塔は百姓，町人等の一般庶民層へ急速に広がり造塔数が急増している。西湘～伊豆石材，特に「小松石」製板碑型墓石が関東地方に広く，しかも大量に流通した時期である。その周辺には地域石材の使用も増加して流通圏を広げている。

この期の西湘～伊豆石材製墓石は，2,577基で江戸時代で最も多くなる時期である。七沢石製墓石も236基と増加し始めている。

元禄4年(1691)の真鶴半島岩村の「元禄4年上申書」では「丁場数三拾四ケ所に減少」と記された時期である。

この時期，墓石造塔数はますます増加傾向を示すが，一般庶民層への墓石造塔の広がりは次第に経済力の弱い階層にまで及び，この者たちの負担に耐えうる墓石型式と石材の必要性が高まった。この傾向は，西湘～伊豆石材製板碑型墓石の造塔の停滞と墓石型式の簡略化として現れ，板碑型墓石から方柱形の定型簡略化された柱状型頂部丸形額有(H)へと移行が強まっている。

真鶴半島の丁場では，正徳2・3年(1712・3) 4月には，石切り稼ぎが一段と衰退し，「石商売不景気にも相成候」とあり，正徳5年(1712) 4月の申上書には岩村・真鶴村・福浦村・吉浜村・門川村・かちゃ村では，「去春から御用石の需要が止まり，江戸での売石など，全体として商事がなくなり，石切では生活が困難となり石丁場での稼ぎをあきらめた者が道具も売り払って転職している」と記している時期である。また，同年10月の「岩村小百姓等漁業渡世願」では，4月以降更に状況は悪化し「古舟又は古網等相調漁仕

表 62

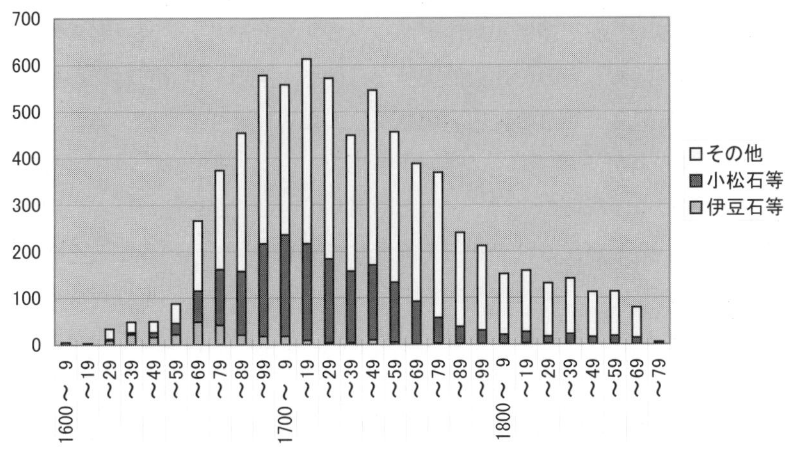

習申度奉存候」と漁師に復帰したい旨役所に願い出ている。

石質に優れるが，はるか遠方から運ばれるこの西湘～伊豆石材に対する割高感は，外に石材がなく採石地域から直接石材の入る江戸とその隣接地では流通量を維持できるが，江戸で加工され再度関東地方に流通するものは急速に減少し始めている。これらの地域では，消費地に近く採石，加工が容易で簡略化の進んだ七沢石や地域石材製の柱状型頂部丸形額有(H)の造塔数が増加し始めている。

「最大期」(1720～1769年)は,江戸時代で最も墓石造塔数が多い時期である。江戸時代前半の西湘～伊豆石材製墓石型式は急減し，新たに方柱型で小型簡略化の進んだ柱状型頂部丸形額有(H)が急増しているが，増加率は停滞している。西湘～伊豆石材の関東地方への流通は江戸とその隣接地に限られ，僅かに小松石製の装飾性が高い笠付型(K)や高度の加工技術や岩質が要求される石仏等に特化して流通圏を維持する状況が顕著になってくる。西湘～伊豆石材への依存率は減少し，流通先で七沢石と混在している地域が多くなる。

この期の西湘～伊豆石材製墓石は2,415基で前期よりは減少し，七沢石製墓石は453基で増加の傾向が見られる。

七沢石は，軟質の凝灰岩で色彩的に個性があり，定型，簡略化された墓石や石材の採石が効率的に出来たと見られることや，生産地と需要地が陸続きで輸送路は陸上，海上運搬が可能であったことなどが考えられ，緻密性や耐久性等に難点はあるものの比較的安価な石材で，西湘〜伊豆石材にかわって墓石造塔に負担感を感じる幅広い層に受け入れられはじめた。

真鶴半島の石材丁場では，享保10年(1725)には，前年の秋からは商いが底をつき船持ち，石切の生活が一段と困窮していること，江戸からの御用石の注文がないことが記され，石工を廃業してもとの漁師に戻ることを願い出るほどになっている。また，寛保年中(1741〜1743)には，関東地方が大洪水に見舞われ江戸の石材値段が上昇しはじめ，これまで鞍替えしていた漁師が再び石切に従事するものが現れている。

「減少期①」(1770〜1819年)は，関東地方の墓石造塔数が減少し始めている時期である。旧型式の墓石はほとんど姿を消し，簡略化の進んだ柱状型頂部丸形額有(H)・平形額有(I)が更に増加し造塔数の頂点に立っている。これらに使用される石材は江戸やその隣接地では西湘〜伊豆石材が主流であるが，この地域を除く関東地方中央部では七沢石の流通量が多くなっている。その周辺地域ではそれぞれの地域石材により流通圏が確立している。

この期の西湘〜伊豆石材製墓石は1,130基で前期よりも減少し，七沢石は1,056基で最大の造塔数を示す時期である。藤沢市の調査では神奈川県内の七沢石の流通のピークは宝暦年間(1752〜1763)にある。

伊奈石採石地の史料には信州石工の出稼がはじまり，元文2年(1737)には「石工10余人」，延享3年(1746)には「石工40余人」の記載が見える。利根川流域では，天明3年(1783)に発生した浅間山火山活動に伴い利根川に流れ出た転石が「所々の火石は石師(イシヤ)共墓石や礎石に切り出し数年にして大抵尽けり」と両岸で採石されて墓石に使用されたことが記されている。

「減少期②」(1820〜1867年)は，墓石造塔数が一段と減少する時期である。この期の西湘〜伊豆石材製墓石は581基，七沢石製墓石は672基である。前期に比べると両石材ともに減少しているが，七沢石は江戸とその隣接地を除いた神奈川県東部・埼玉県・千葉県・茨城県南部・栃木県南部・群馬県東部などの周辺地域に広がり，西湘～伊豆石材流通圏と入れ替わる形で流通している。この期の墓石型式は，竿が方柱形の柱状型頂部皿形額無(M)，山形額無(L)，山形額有(J)，平形額有(I)の順で多く，型式，装飾も単純化・省略化が進んでいる。

西湘～伊豆石材は，直接石材が運搬される江戸及び隣接地に流通するが，弘化元年(1844)以来 再び石商いが下火となり，9月の「岩村漁業渡世につき再応願」には「小前之内何方え成共罷越外商売仕相稼申度と村役人共迄出候」とあり，小前の石切の中には石工稼ぎに他所に出向く者が出始めていることを記している。更に嘉永元年(1848)頃には「度々御公儀様御用の石を数多く切り出せと仰付けられたために，六・七年以来石山の石が尽きてきて石切が困難になっている」ことが記されている。

このように，関東地方で中核となった西湘～伊豆石材から七沢石への推移の背景は，海上運搬距離が100kmを越えるために，石材の贅肉をそぎ落とし薪等と運搬を併用するなど経済的な運搬方法を常に心掛けていたが，石材利用の中心が国普請から民需に移行し，墓石造塔が次第に富裕庶民層から財力の弱い庶民層に広がる中で，一般庶民層に手が届きにくい高価な石材となって来たと考えられる。時代は下がるが嘉永元年(1848) 9月西湘の「岩村漁業渡世につき再応願」では，「少々宛切出候石之儀も江戸表仕切値段漸運賃丈位之義にて何分日々取続方難出来」と記し，岩村の丁場で切り出し江戸に納める石材の売り上げは，運賃ほどにしかならない事態が記されているが，同様のことはすでに「急増期」に出始めていたと言える。

このことは，他に石材がなく西湘～伊豆地方から直接良質な石材が入る江戸では適正の値段であったと見られるが，江戸から再度関東地方中央部に送り出されて販売される墓石や小分石材価格は，周辺に地域石材が存在する関東地方では高価な石材であったと考えられる。多くの庶民層は安価な墓石や石材を利用して自身の先祖供養と二世安楽を果たそうとして，七沢石などに切り替えたのであろう。

西湘～伊豆石材から七沢石製墓石の移行は，こうした背景のもとに行われたものであったが，これら安価な石材製墓石の多くは今日風化による破損が進行し整理されつつあるものが多い。

7章　流通体制と墓石造塔費用

7章では西湘～伊豆石材を中心に石材丁場，管理，運搬方法などの流通体制についてまとめ，墓石造塔の背景を整理しておく。

1　丁場と石材管理

関東地方に大量の石材を供給した西湘～伊豆地方には，大名丁場の他に石問屋や仲買などの商人資本が開発した商人丁場，名主を中心に現地の百姓が開発した百姓丁場があり，これらの石材は相模では小田原藩足柄下郡奉行所，伊豆国では韮山代官により管轄されて流通していた(『静岡県史』資料編11 №365)。

石材の管理については，承応3年(1654)「小田原藩永代日記」の「根府川石密売取調」(『神奈川県史資料編』4近世(1))に密売事件の状況と対処方法が記されている。

この事件は，西湘の「根府川石」が江戸八丁堀の石材置き場に多数置かれていることを不審に思った小田原藩役人が，根府川村名主に石材管理をただしたことから始まっている。事の次第を整理してみよう。

①役所側

「江戸八丁堀に根府川石の売石が多数ありこれを不審に思ったが，これまで庄屋・五人組その他，百姓など石を出す者に対して，許可なく石材を出さないよう申し伝えてきた。もしかすると庄屋たちが隠し置いていたものを出したものか。重ねて出るようであれば，必ず法に訴える」

②岩村名主の言い分

「根府川石を採石する時には予め御大名衆へ断って，石数の書付の通り確認して出荷している。従って私に知らせないで積み出した者はいない。そのような石材は私が知る限り一枚も出していない」

「小田原御家中の町方共の内には，とひ石・水道石・仏石に利用するため断って採石する者と断らずに採石する者がいる。このような中で江戸へ運ばれた石材は分かりかねる」

③役所側

「以後は，名主が承知しないものは，石出ししてはならない。手形を使用するよう申しつける。御家中や町人たちが採る場合でも，名主は存知帳を作り置くこと」

「どのような石についても隠し置いて脇から露見した時は，厳しく処分する」

このような状況からすると，西湘～伊豆石材の石材管理は登録制で，山方名主が中心となり「書類との照合」,「存知帳」を作成し万全を期すことが求められていたことがわかる。

また，時代は少し下がるが石問屋では，享保 10 年(1725)の「諸問屋御改」で北町奉行所に提出した「石問屋仲間仕法并名前書」の「仲間古帳面之写」と 11 年後の元文元年(1736)「石問屋仲間定書」には，「荷物入津の際には送り状を持参すること，この送り状を持たずに途中で船頭と話し合って荷物を入手する者がいれば，この荷物は山丁場に戻し罰則金として一両を仲間に差し出すこと，この船頭はその後石材を運んできても仲間は購入しないこと」などが申し合わされている(『東京市史稿』産業編第 12 覇都時代)。

2 流通の体制

民間の石材流通の体制は，江戸では江戸城及び城下の国普請により調えられた搬路や流通体制を利用して整備された。この中心となったのは石問屋，仲買，石工店(見世)持，石工手間取，石切，山方丁場所有者，石材運搬業者である。表 63 はその役割を模式的に記したものである。

①山方丁場には，丁場を管理する名主や丁場預かりがいて，石問屋やこれに依頼された仲買人,更に石工店持は必要材をこれらの山方丁場に注文する。丁場には石切がいて，注文石材の切り出しや誂え品として出荷する。

表 63　西湘～伊豆石材流通体制

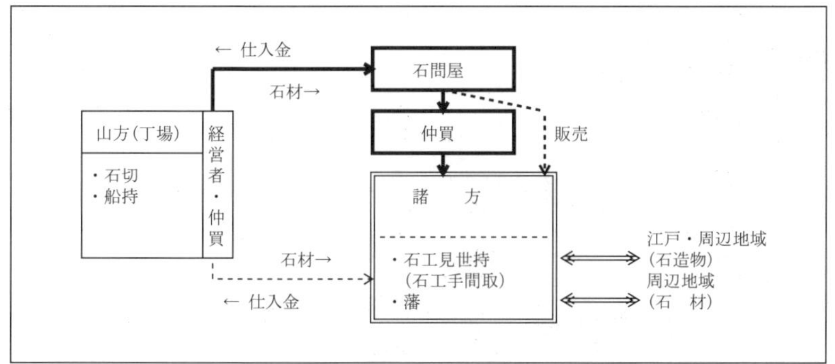

②石材や誂え品は，船持ち石工などの持船により海上輸送されて石問屋の集まる江戸八丁堀などの石置場に納品される。

③石置場に置かれた石材は,仲買人や石工店持の注文に応じて販売される。

④石工店持の多くは石工手間取りを雇い，入手した石材を加工販売して収入を得るが，墓石の占める割合は高かったと考えられる。

⑤墓石は，石材から新たに刻み出される誂品とあらかじめ山方や石工店持が準備した規格品を入手し，簡便な加工と戒名，没年などの必要項目を刻んで墓地に納める場合があった。

⑥江戸で製作された墓石の一部や小分けされた石材は，仲買人らを通して再度埼玉県・茨城県・栃木県南部・千葉県など江戸周辺地域に流通した。

以下では，これらの流通に関わる各業者の仕事内容をまとめたが，墓石造塔もこのような中で行われていたことが考えられる。

1)石問屋

江戸の石問屋は，江戸湾に流入する大川(隅田川)右岸の八丁堀に集まり伊豆石はじめ各種石材をあつかった。その存在は，江戸城二の丸拡張を担当した藤堂高次の『藤堂氏記録抄』の寛永 11 年(1634) 11 月 24 日の覚書中に「一於江戸買石手廻し，油断仕間敷事」と記され，この時すでに江戸で石を扱う商人が存在したと考えられている。また，小田原藩の承応 3 年(1654)「根府川石密売取調報告」中には，「江戸八丁堀ニ根府川石之売石多有之」と石材

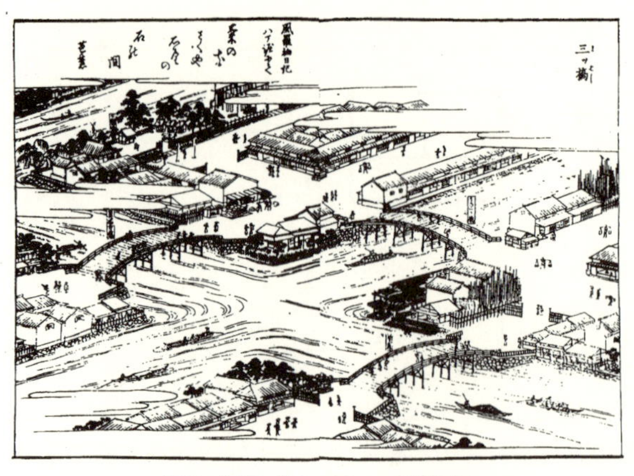

図8　江戸「三ツ橋」の石置場

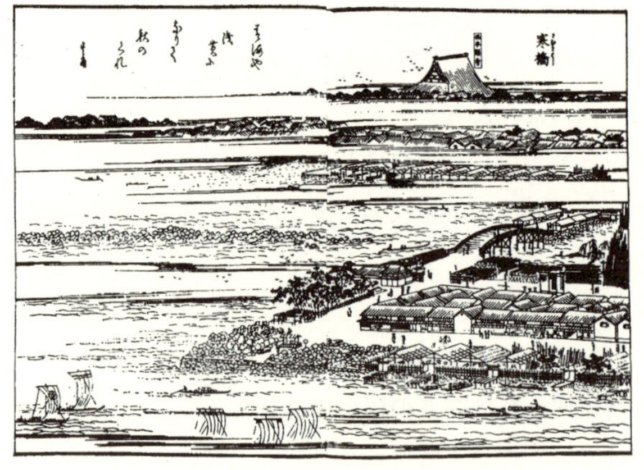

図9　江戸「寒橋」の石置場

が置かれた様子が記されているが，天保 5~7 年(1834~36) 江戸とその近郊の絵入り名所地誌で，江戸斎藤幸雄父子三代が編集し須原屋茂兵衛・同伊八が刊行した「江戸名所図会」(日本名所風俗図会 4 江戸の巻Ⅱ)の「三ツ橋」と「寒橋」図の一部に石置場の様子が図示されている(図 8･9)。

「三ツ橋」(現中央区宝町三丁目 ~ 八丁堀三丁目)の図には，弾正橋付根にある「高札」背後に石置場があり，上部に「『風羅袖日記』八丁堀にて　菊の花さくや石屋の石の間　芭蕉」と芭蕉の句が添えられている。「寒橋」(現隅田川佃大橋と勝鬨橋中間右岸明石町河岸公園入口付近)には，河岸に大小の転石や切石材が多数置かれた石置場が表現されている。

石問屋は，墓石「造塔期」~「最大期」にあたる享保 6 年(1721)には株仲間を組織している。史料 a「石問屋仲間仕法并名前書の仲間古帳面之写」と史料 b「石問屋仲間と石工見世持出入」，史料 c「石問屋仲間定書」(『東京市史稿』産業編第 14 覇都時代)には株仲間が組織された経緯と石問屋の商の内容などが記されている。参考までに引用しておこう。

史料 a

「石問屋仲間仕法并名前書の仲間古帳面之写」

大岡越前守様御懸りニて，諸問屋御改有之候ニ付，當組合之儀，先年より諸国諸石引請問屋渡世致来，去ル享保六丑年仲間申合，問屋商賣仕候得は，町年寄奈良屋市右衛門殿方ニて，右之趣御糺有之，諸石問屋組合住處名前相調，書付差出し可申旨被仰渡，御請御證文奉差上候。依之猶又相談之上仲間取極仕法左之通。

定

右ケ條之趣，御役處え御證文差上申候上は，相互ニ急度相守，少も違背致申間敷く候。為後證連印いたし置候。仍て如件。

享保十乙巳年十月

	霊巌島銀一丁目
寳暦六子年相休。	伏見屋　吉兵衛
延享五辰年三月休。	野間屋　六右右衛門
寳暦四戌年休。	相模屋　三郎兵衛
	相模屋　伊兵衛
享保十二年休。	伊豆屋　治兵衛
明和四亥年休。	伊勢屋　庄兵衛
享保十四酉年休。	苫　屋　太郎兵衛
	湊　屋　七左衛門
	苫　屋　八兵衛
寛保二戌九月休。	榎木屋　五郎兵衛
享保十六亥年休。	三浦屋　九兵衛
元文五申年休。	苫　屋　利兵衛
	同處同町一丁目
	伊豆屋　與兵衛
	霊巌島町
天明二寅年二月休。	榎本屋　六兵衛
元文二巳正月休。	伊豆屋　甚兵衛

天明六年四月休。　　　　　　　　尾張屋　孫三郎

右之通り。

巳十月

右之寫文化六巳年十一月六日定浚御願之節根岸肥前守様御両所え認差上申候。

史料b「石問屋仲間と石工見世持出入」

①「名主返答書」寛政7（1795）乙卯年御触町触諸達

石問屋行事霊岸島壱丁目孫兵衛店七左衛門，同町勘兵衛店伊兵衛他十一人，数年家業致候為冥加相応之御奉公相勤，諸国より引請候諸石値段毎月書上，仲間帳面差上置，以来加入之もの有之節は願之通無差支加入為致可申旨，石問屋共相願申候。右願之通相成候ても差障候義無之哉之段，御尋御座候ニ付，左ニ申上候。

一，石工見世持十三組有之，古来より御国役相勤家業仕来，右石問屋共より諸国買入，又ハ其時宜ニ応，諸国山元え直々懸合，諸石買入勝手次第手広ニ商売仕来候処，此度御願申上候通，右問屋共人数相定候ハヽ，右体山元え直掛合仕候義，石屋共其外より買入候義等難相成，其上問屋共已来御奉公筋相勤候ハヽ，右入用等自然諸石直段ニ相響候様相成可申哉，左候ては商売筋手狭ニ相成，并石工手間取職之もの共義も，石工見世持共手先ニて職分仕候間，旁以差障候義可有御座哉ニ奉存候。

右御尋ニ付此段申上候。以上。

卯五月十五日　　　　　　　南北小口年　　番名主共

樽　御　役　所

右之通返答書差出候旨年番通達

②「石問屋返答書」寛政7乙卯年御触町触諸達

一，（前略）①私共義，古来より山方え夫々仕入金差遣セ置，諸石引請第一仲買并諸方え売渡候義を家業ニ仕候得は，片時も商売相休候道理決て無御座候。勿論②売渡候品留置候義ハ猶以不仕候。且又石値段之義

は，其時々相場を以売来候間，無謂高値ニ致間敷旨被仰渡も有之，一同急度相守候。（以下略）

これらの資料から，石問屋の業務は諸国の石販売とともに，山方の丁場経営者や仲買人に仕入れ金を直接渡して買い付け，これを仲買人や幕府，大名，石工店持等の諸方にその時々の相場により売り渡すことを稼業としていることがわかる。

石問屋組合は，「急増期」から「最大期」の享保 6 年(1721)に問屋仲間が申し合わせて組織されたが，享保 10 年(1725)には，町年寄の奈良屋市右衛門から，石問屋組合の住処，名前を書類で差出すように指示があり，霊岸島の 16 名の石問屋が記載されている。屋号には相模屋，三浦屋，伊豆屋など西湘～伊豆石材に関わる者が目立つが，尾張屋，伊勢屋，伏見屋といった西国ゆかりの石問屋も含まれている。

史料 c 石問屋仲間定書

定

一，賣買之儀，此度被為仰付候之通，新金を以諸事通用可仕候事。

一，諸荷物仲間中え揚来候荷物，入用無御座候共，仲間中え相應ニ割付，積取可申候。萬一其船仲間中え荷物揚申候ハヽ，如何様成馴染御座候共，其船之荷物仲間え一切揚申間敷候。若無據揚品も出来候ハヽ，當行事方え断立，相談を以如何様共可仕候。手前了簡ニて隠し揚仕候ハヽ，組合相除可申候。尤脇揚ケ見遁し仕間敷候。

一，船手より仲間之内え當り合も御座候て，荷物等揚不申品も有之候ハヽ，仲間立合容子承，何れ共譯付可申候事。

元文元年六月廿二日　　行司　相模屋　三郎兵衛　印
同　伊兵衛　印

右之趣承知仕候　此上違背申間敷候

伊豆屋	與兵衛	印	苫　屋	利兵衛	印
榎本屋	五郎兵衛	印	とまや	八兵衛	印
湊　屋	七左右衛門	印	伊勢屋	庄兵衛	印

相模屋	三郎兵衛	印	相模屋	伊兵衛	印
野間屋	六右衛門	印	伏見屋	吉兵衛	印
榎本屋	六郎兵衛	印	尾張屋	孫三浪	印
山本屋	太兵衛	印			

右之通り

辰六月

史料ｃは，元文元年(1736)「石問屋仲間定書」である。支払いには，元文元年(1736 年) 5 月に発行された元文小判を宛てること。運搬した石材は，仲間中に相応に割付け積み取るようにすること，もし揚げるところのない石材が出来た場合には，当行事方に相談して対処すること。手前だけの了簡で隠し揚ることがあれば，組合を除名することなどが取り決められている。行司は相模屋三郎兵衛，同じく相模屋伊兵衛が担当している。

石問屋の屋号にはこの他享保 10 年(1725)の「足柄下郡根府川村他五ケ村伊豆国宇佐見村石切り出しにつき禁止方願書」(『神奈川県史資料編』9 近世(6) №142)中に，江戸霊巌島宇佐見真木問屋六左衛門，八丁堀石屋半四郎など，薪や石材を屋号とした店名も見える(『東京市史稿』産業編第 40)。

2)仲　買

仲買は，石問屋から必要材を購入し石工店持や依頼者に供給する役割と，山方丁場で石材を見極め石問屋に橋渡しをする商い人である。

史料ｂ②に記した，寛政 7 年(1795)の「石問屋返答書」には，石問屋は「第一仲買」に売渡すことを稼業としていると記し，「仲買」が問屋から石材を購入して石工店持などに販売する役割と記している。

また，享保 10 年(1725)の「足柄下郡根府川村他五ケ村伊豆国宇佐見村石切り出しにつき禁止方願書」中には「問屋前中買之者モ離レ一切商事も別て不仕」と記され，山丁場で必要な石材を見極め買い集める「前中買」が存在したことも記している。

3)石工店持

江戸の石工は，江戸城国普請に関わった関西石工や西湘～伊豆石材産地の石工たちが造塔の中心となった。一方，関東地方各地には中世後半に小型五輪塔や宝篋印塔，板碑や石仏などを手がけた石工が存在した。この者たちは，近世に入り墓石造塔が本格化し西湘～伊豆石材製墓石が関東各地に広がる中で，それぞれの地域の石材を使用して造塔に加わった。

また，造塔数が増加した「最大期」には関東地方西部に信州石工による石材産地や需要地への石工稼ぎが始まり，墓石を含む石造物を各地で手がけた。これによって関東地方の石造物造塔体制が整った。

石工店持は，店を構えて商売している石工である。江戸の石工店の多くは，江戸城普請に動員された関西石工や西湘～伊豆石工などで，「石工手間取」を雇い墓石を含む石造物を加工・販売するとともに各種の普請にあたった。

史料 b「石問屋仲間と石工見世持出入」に示された，石工店持の業務は，「右石問屋共より諸国(石？)買入，又ハ其時宜ニ応，諸国山元え直々懸合，諸石買入勝手次第手広ニ商売仕来候」とあり，石材を石問屋から購入する場合と山方から直接入手する場合があった。

石工店持の日常業務は江戸王子の飛鳥山に元文 2 年(1737)閏 11 月 2 日，吉宗による事績を顕彰するために建てられた「飛鳥山碑」の様子を記した『飛鳥山碑始末』(『東京市史稿』遊園篇第 2)に詳しい。

『飛鳥山碑始末』巻一　碑考　成島和鼎(龍洲)撰　寛政 12 年(1800)正月成稿

(前略)常憲大君(五代将軍綱吉)の御とき，紀州より献せし大石，数多吹上の御庭瀧見亭のほとりにありしを，体裁宜しけれハとて下し給ハれり，彫刻せる石工ハ江戸八丁堀の辺に居住せる左平治といへるかつかふまつりぬ，此左平治といふハ，細井次郎大夫知慎より唐刻の法をつたえたりとて，三井孫兵衛親和か吹挙せしなり，左平治其石を我屋へ申下して，かり屋をたて，精手十人をゑらミて彫せし，中にもすくれたる清吉といへるか篆額をハほりしとそ，父なる人，常に石工か新たにつくりしかり屋に至り，監察せられしか，十一月二日，其功なりて山上に造塔せらる，其日，石ハ車にのせ，牛廿頭をもて六頭つゝかハりかハりにひかせたり，御鳥見よりして郊外の事承る人あまた従行せり，父なる人も早朝におハ

して指揮せらる，（以下略）

『飛鳥山碑始末』巻二　附録

（前略）

又伝，飛鳥の碑彫刻すへきとて御代金のつもり，人夫の費用二百金にあまれるを，石工左平次ハ二十金にて請合たり，外の職人ハ皆二百金有余に積りしに，汝かつもり余り少なけれハ軽率に計りて後悔ありなん，さらに計るへしとありけれと，何しにさまて貪るへきと申けれハ，其真率なる正直なる心を賞せられ，左平次に命あり，一月はかりか程して彫刻なりぬ（以下略）

「飛鳥山碑」は八丁堀の「唐刻の法」を身につけた石工店持佐平治が造塔を引き受け，敷地内に仮小屋を設け「篆額彫」に優れた石工清吉を含む十数人の石工手間取を従事させて一ケ月程で完成している。この納品には，石車を牛六頭で引かせ，八丁堀から王子飛鳥山まで輸送している。この代金は総額が二百金を越えるが，佐平治は二十金で請け負っている。佐平治の父親も石工でこの行程を作業場に出向いて監察していることから，二代以上に渡る石工と考えられる。

墓石造塔がこのような由緒ある碑と必ずしも一致するものではないが，この時代の石工店持の業務，加工体制，技術，運搬方法，加工賃などは墓石造塔に通じるものと考えられる。

また，寛政 7 年（1795）「御触町触諸達」（『東京市史稿』産業編第 40）に記載された石工店持株仲間には，柳原組行事・八丁堀組行事・深川組行事・本所組行事・浅草組行事・筋違組行事・谷中組行事・市ヶ谷組行事・駒込組行事・四ッ谷組行事・麻布組行事・伊皿子組行事・芝組行事十三組のそれぞれの代表行事が記されている。このうち，八丁堀行事は現中央区で日本橋川と隅田川合流点，本所行事と深川行事は現墨田区で隅田川左岸，谷中行事と浅草行事は現台東区で隅田川右岸，駒込行事は現文京区，麻布行事と伊皿子行事と芝行事は現港区にあたる。柳原行事と筋違組行事は現千代田区，四ッ谷行事と市ヶ谷行事は現新宿区で神田川流域にあり，それぞれ石工を代表していた。

八丁堀は，江戸城普請に動員された石工や石材を扱った石問屋，石工店持の居住地で石材集散地でもあった。浅草・深川・四ッ谷・谷中・駒込・麻布・伊皿子・芝は寺院群を控える地域で，江戸の寺院整備が進む中で墓地や墓石などの石材を扱う石工店持が集まったと見られる。柳原・筋違・四ッ谷・市ヶ谷界隈は神田川流域で江戸城普請の石材丁場でもあり，その後石材流通の拠点となった。この各組には時期により増減があると見られるが，柳原組31人・八丁堀組42人・深川組11人・本所組24人・浅草組28人・筋違組26人・谷中組14人・市ヶ谷組17人・駒込組13人・四ッ谷組23人・麻布組22人・伊皿子組9人・芝組8人合計268人の石工が加盟していたことが知られている。

4)石工手間取

この項の「石工手間取」は，史料b「石問屋仲間と石工見世持出入」にある「石工手間取職之もの共義も，石工見世持共手先ニて職分仕候」とあるように，石工店持のもとで石工として稼ぎを得ている職人である。先の『飛鳥山碑始末』の「清吉」や18世紀~19世紀の「近世職人尽絵」，「今様職人尽百人一首」や「江戸職人歌合」(日本庶民生活史料集成第30巻)に描かれた石切人物などをさしている。

江戸の寺社や墓石を含む石造物の加工は，このような石工店持と石工手間取により加工された。製作された製品は江戸市中だけでなく関東地方各地に流通した。

5)山方石切(石工)

「石切」と「石工」の使い分けは明確でないが，ここでは山方丁場で石材や石造物を加工する者を意識している。

石切は，貞享元年(1684)『雍州府志』六の「土産」の項には，(『古事類苑』)「石凡山城國処々出者有ニ雑品一上粟田北白川山中悉白石也，村民農業之暇，事ニ石工一故随ニ其一用而斫ニ取之一」とあり，石切技術を持った近在の農民が農閑期の手間稼ぎとして従事した。また，寛政9年大瀬村(現南伊豆町大瀬)で新規に見出した石山の石材切り出しに「作間之時節試稼問切仕度奉願上候」

とあり作間作業で切り出すこととしている(『静岡県史資料編』11)。

相州岩村のように石切り仕事が継続して見込めた地域では漁業から石工に専業化した者もいた。また，伊豆地方で享保10年(1725)には，財力のある船持ち石切数人が石丁場を開き，旅石切を大勢雇用して石材を切りだしたことが記されている(『真鶴町史』資料編)。

3 運搬と方法

①石材・墓石の運搬

西湘～伊豆石材製墓石や石材は，江戸城国普請により確立された海上輸送路を利用して江戸に届けられたが,

・江戸から江戸湾を経由して房総半島から銚子方面の沿岸へ

・江戸から江戸川を遡上して利根川流域の群馬県，渡良瀬川，思川流域，鬼怒川流域を通して栃木県へ，利根川下流から茨城県霞ヶ浦方面へ

・江戸から旧利根川流域，荒川，入間川流域を経由して埼玉県内陸へ

・江戸から多摩川流域へ

このうち，利根川や荒川流域を経由して内陸へ向かう水系は中世では最も重要な水系であった。

図10はこれらを図示したもの(図中番号は石材産地，×印は河川流域の採石，矢印は実線が西湘～伊豆石材，点線が七沢石の搬送ルートを示している)。

松村安一が元禄3年(1690)「関八州伊豆駿河国廻米津出湊浦々河岸之道法并運賃書付」にもとづいて作製した図には，江戸湾から江戸川・利根川・渡良瀬川・思川流域，利根川と江戸川合流点の関宿から銚子方面で鬼怒川と合流し霞ヶ浦に達する利根川水系，江戸湾から東京低地帯には中川水系の元荒川・古利根川，荒川水系，入間川水系に河岸が記されている(松村1959)。

この元禄3年(1690)は墓石造塔時期の「最大期」にあたり，内陸部に分布する墓石はここに記された「米」のように江戸湾から河川を経由して運搬されたと考えられる。西湘～伊豆石材と七沢石製墓石が中世の武蔵型板碑同様に群馬県東部・栃木県・茨城県西部・埼玉県東部に流通量が濃いのはこの

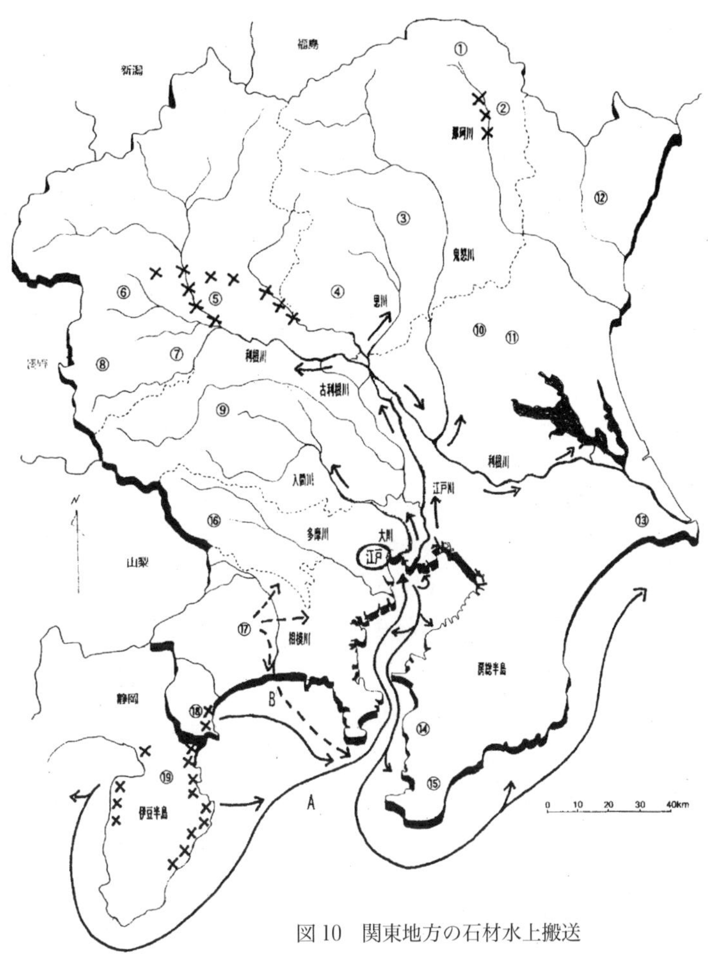

図10　関東地方の石材水上搬送

ためであろう。

江戸に運ばれた民需用の石材や墓石は，特別なものを除き江戸八丁堀の貯石場に納められた。江戸市中への石材は城東部には日本橋川から豊海橋・湊橋・江戸橋・日本橋・一石橋を遡上し，呉服橋・鍛冶橋・数寄屋橋から築地川へ，城北部には大川(墨田川)から神田川を浅草橋・新橋・柳原・泉橋・筋違御門・昌平橋・お茶の水・水道橋・小石川御門橋・神楽坂河岸・市ヶ谷へと運ばれた。

公用石材であるが，寛永10年(1633)玉川上水通りの石枡用石材を請け負い，江戸麹町通，四谷御門前から麹町一丁目までの玉川上水35カ所の石桝新規設置にあたった豆州安良里村二名の請負書には，伊豆堅石を「土肥，戸田，鵜嶋，須崎の4ヶ村から切りだし，江戸数寄屋川岸迄届ける」条件となっている(『静岡県史』資料編11近世3)。

また，寛永12年(1635) 6月の二の丸拡張では，普請用の石垣石材を伊豆たい島等で採石し，神田川流域に石船で運び「湯島之下小屋，同地子金，柳堤之小屋，牛島之長屋」の丁場普請小屋に納めている(藤堂氏記録抄)。

この翌年の寛永13年(1636)には，牛込付近の石垣工事に際し，京都から牛車を移入し，市ヶ谷八幡前(新宿区市谷八幡町)四町余りに石材運搬用の牛小屋を設けている(御府内備考)。文政5年(1808) 9月「紀州藩江戸御中屋舗御普請御入用御石注文」(『静岡県史』資料編11)では，紀州藩の伊豆国戸田浦丁場の「御石場預」勝呂弥惣兵衛に中屋敷普請用の一尺六七寸の丸石543本を，江戸鉄砲洲の石問屋紀伊國屋久兵衛方宛に積出ように連絡している。紀州藩中屋敷は，江戸城西方の現在の赤坂離宮で，鉄砲洲から新橋，外堀方向に運ぶと見られる。

文政町方書上(文政期・1818~1829)には四谷伝馬町2丁目中程の道幅2間の石切横町は，承応年中(1652~54)に玉川上水の石樋用材が置かれ，ここに定着した石工が多かったことが記録されている。この神田川流域の四谷からは，「石工店持」株仲間の行事が選出されている。

このように一般に民間で扱う石材の多くは，石問屋がある八丁堀周辺に仮置きされ，仲買人が必要に応じて購入して，江戸や地方の石工店に販売された。これらの石材は，荷駄や車，河川や堀割を使って運搬し，それぞれの目的地まで届けられ，この一部は，石造物や小分石材として更に関東地方にも流通した。

埼玉県与野市の「神主日記」の天保5年(1834) 9月11日の項には，「与野石屋相見昨日江戸より帰り之由但し石ハ八丁堀之松屋へ掛合候由」とあり，与野の石屋が神社に使用すると見られる石材を江戸八丁堀の松屋と交渉したことが報告されている(私たちの博物館)。また，同じ与野市(さいたま市)の文久２年(1862)の，武蔵国(埼玉県)与野本町の氷川神社の石鳥居を建てた際の「石鳥居寄進連名帳」(「大戸岡田岩雄家文書」『与野市史』中・近世史料編No.306)に下記の文書が記されている。

石鳥居寄進連名帳
　文久二壬戌六月
　　　　　覚
一石鳥居　　　　　　壱組
　右者江戸表より引取入用左之通り
一金壱両壱分　　　　表弐番町より牛込揚場町
　　　　　　　　　　伊勢屋六左衛門迄川岸渡し
一金壱朱　　　　　　右伊勢屋六左右衛門
　　　　　　　　　　セ話料払
一金三分弐朱ト　　　船積込入用
　　　　弐百文　　　はしけ戸田河岸迄
　　　　　　　　　　船ちん
一金壱朱　　　　　　丸太代
　　　　　　　　　　植野屋払
一金壱分三朱　　　　取引両日　建方当日入用
一四百文　　　　　　石工与七手間代
一百文　　　　　　　つのまたのり大五寸釘
一百文　　　　　　　閣絵図認入用
一金弐分弐朱ト　　　閣代
　　　　五百文
〆金三両壱分壱朱ト銭九百文

右者是迄入用相掛り候，尤此内水鉢代金弐両浦和宿弥右衛門方より請取差引残而金壱両壱分一朱ト九百文金不足ニ相成，其外今般御遷宮入用此上相掛り候間，御信心之御方者此帳面江多少ニ不限寄進高御姓名御印御奉加御頼申候仍而者氷川社拝殿江板札ニ而御銘々御名前附永代書顕し置候間，得与御勘考之上御寄進之程御頼申候，已上

願主

戌六月　　　　　　　　　　　　　　　　　　　　　　次兵衛

（金額，名前中略）

〆金壱朱

三貫七百五拾文受取

内金壱分一朱酒代引

差引残り

弐貫七十弐文預かり

氷川神社の鳥居は，神社総代が江戸牛込揚場町伊勢屋六左衛門を世話人にたてて発注され，江戸表弐番町の石工店持のもとで加工された。鳥居完成後は，河岸まで運搬し世話人に受け渡されている。この河岸はおそらく神田川で，ここからはしけで大川（隅田川）に下り，大川を遡上して戸田河岸に陸揚げされた。ここからは発注者により陸路運搬され与野の氷川神社に納められたと見られる。

この史料は，江戸城修築の際に拠点となった神田川上流の表弐番町で加工され，水路，陸路を経由して江戸から関東地方に流通する過程を具体的に示す資料として興味深いものである。

この他，石造物の銘から造塔の経緯が明らかなものに群馬県伊勢崎市昭和町所在の宝暦12年（1762）銘の地蔵尊がある。

この地蔵尊の上部台石左側面には，「宝暦十二壬午歳六月廿四烏　天増現住　万機代」とあり，下部台石左側面には「尊像世話人　武州堤村　戸矢良左衛門　石工江戸北八丁堀　和泉屋治郎右衛門」とある。この銘によれば，宝暦12年6月に武州堤村の戸矢良左衛門を世話人にたて，江戸北八丁堀の石工和泉屋治郎右衛門が刻みだしたこと，使用石材は西湘の小松石である。また，この天増寺は慶長6年に伊勢崎一万石の大名となった稲垣平右衛門長茂の菩提寺で，稲垣氏累代の墓所には慶長17年に死去した長茂の3mを越える大型宝篋印塔をはじめとして歴代大型宝篋印塔があり，石材はいずれも西湘～伊豆石材で江戸を経由してきたことがわかる。

関東地方には，このように江戸を経由した石材や石造物が各地に流通したが，大型良材で加工精度が高いものが多く地元石材の墓石や石造物よりも単価が高く，地方では高価な石材や石造物であった。

「急増期」になると関東地方西部には，江戸からのみでなく信州高遠石工の出稼が盛んとなり，地域石材を使用して墓石や石造物を製作している。信州高遠の石工稼ぎの研究によれば，群馬県では富岡市七日市金剛院の元禄4年(1691)「高遠町石屋上原甚兵衛」銘が最古と言われ,『伊勢崎の近世石造物』では「急増期」の享保8年(1723)以降信州石工の石造物造塔が本格化したことを記している。

②石材・墓石の運搬の工夫

民間の石材需要では，採算を確保するため石材採石や搬送には様々な工夫がなされた。国普請の例であるが，西湘の丸山丁場では，寛文12年(1672)12月7日の「相州西郡西筋真鶴村書上帳」に「一(中略)御城様御石垣御用石，丸山丁場より此所へ大石は牛車，小石ハしゆら人足ニて引出シ，此所ニて舟積ニ付てはと場と申候(後略)」とあり，波止場までは牛車，しゅら，人足により石材を引き出し船積みされていたことが記されている(『真鶴町史』資料編1)。同じく国普請で，群馬県伊勢崎市では元和年中(1615~1623)の国普請の伝聞を，元文3年(1738)に記した「上植木村申伝え書上帳」には，「江戸城西ノ丸普請の際に石屋が大勢来て鍛冶小屋を設けて道具を調整し，石材を採石して車で平川に運びここから舟積して江戸に向けられた」と記している。

民需用石材の積出しでは,国普請のような大がかりな方法はとられないが,伊豆国松原村(伊東市松原)の史料に，「嘉右衛門持小廻船貳艘荷積支度浮出し罷在候を取巻，船人共手出し致候ハヽ打殺可申抔と悪口雑言高聲ニ申訇り両船之楫取，切石山出シ牛車之儀も，通路途中ニ而右同様大勢ヲ以切石往来江取散,理不盡ニ差留候段,事大造ニ訴上候ニ付,相手之者共御召被為遊,」(『伊東市史』資料編)とあり，事件内容は別として丁場から湊に運ぶ山出し牛車を使用したことが記されている。

この他，鈴木牧之の『北越雪譜』(1837年刊)では「輴の大なるを里言に修羅といふ事前にもいえり，これに大木あるひは大石をのせてひくを大持といふ」とある。また，寛政11年(1799)大坂の木村孔恭によりまとめられたとされる『日本山海名産圖會』二には摂津州御影石の切り出しについて，「攝州武庫莵原の二郡の山谷より出せり，山下の海濱御影村に石工ありて，是を器物にも製して積出す，故に御影石とはいえり，(中略)今は海渚次第に侵埋て，山に遠ざかり，石も山口の物は取盡ぬれば，今は奥深く採りて，二十町も上野住よし村より牛車を以て継ぎて御影村へ出せり，」と記し，御影石の採石地が当初は海浜近くの御影村にあったが取り尽くし，次第に山側に遠ざかり，現在「住よし村」から牛車により運び出していることを記している。同書の御影石採石場の図には，石工たちの姿とともに，左右に牛飼いが付いた黒牛が切り出した大石を載せて運搬する「牛車」の図が掲載されている。

このように石丁場やその周辺で使用される石材運搬具は，山方丁場から石引道の傾斜が強い場合には輴(ひきぐるま)や修羅，大持などが使用され，丁場内の整地が進んでいる石引道や平坦地では牛が牽引する石車の使用が見られ，道具類は国普請とは余り違わないようである。

石材搬送船については，伊豆真鶴村の寛文12年(1672) 12月7日「相州西郡西筋真鶴村書上帳」(『真鶴町史』資料編1)で，村の石材運搬船は廻船43艘で，規格は水主11人乗りから3人乗りまで，帆16端帆より8端帆までのものがあり，うち2艘は名主2名の御役御免舟であること，この他荷物運搬船として丸木舟35艘，伝馬船等20艘が記載され，水主は187人が居たことが記され，「御石御舟積之丸木舟は，御石之大小ニより何艘ニても御用次第」と記している。この時期は国普請の名残りや墓石造塔が急増した時代でもあり，常に搬送可能な船が準備されていた。

西湘～伊豆石材の積み込みは，船本体に対する保護と石材の納まりを配慮して緩衝材に薪や藁などが大量に積み込まれたが，この緩衝材は江戸で燃料として販売された。また戻り舟では江戸の品々を持ち帰り販売するなどして輸送の経済効率を高める工夫がなされている。このため，石船所有者には山方の名主や石工船持ちの他に薪炭業者なども加わっていた。その様子は，「廻船ニ積入申荷物，下積ニ薪土肥・吉浜村・門川村・熱海村ニて不漸仕候，御公儀様御用石大分出申候時分ハ，小田原・大磯・須賀村筋より薪小舟ニて

□取，真鶴浜ニ揚置下積ニ仕候，薪御拾分一金ハ其所々ニて納申候，上荷石・水切石・小角石・かんき石・栗石不漸積申候，」と記されていて，石材が頻繁に発注された「急増期」には，吉浜村，門川村，熱海村などの近在で薪の入手が困難となり，「薪御拾分一金」を途中の小田原，大磯村，須賀村にそれぞれ納め，薪小舟で積取り，真鶴浜に仮置きしておいて必要時に石材の下積にしたことが記されている。

また，江戸初期の石船の使用状況については，「むかしむかし物語」に，「慶長の比，夏日照暑気強ゆへ，諸人涼の為平田舟に屋根を作り懸，是を借て乗，浅草川を乗廻し，暑を忘れ慰む。是舟遊の初也。翌年の頃大身衆涼にとて是に出給ふに，大勢の供人故舟狭く，大勢乗故すゞしからず。翌年より船次第々々に大きく拵へ，五六間づゝ有船に成，承応の頃舟の盛りにて，明暦正月江戸中大火事，翌年に至ても御城の御普請，江戸中大名衆普請故，舟はいか様の小舟迄も，木材石材運舟と成て，中々涼の屋形舟一艘もなし」と記され，江戸湾では慶長の頃から浅草川での船遊びが始まり，承応の頃盛んとなった。明暦の大火以降復興の国普請にこれらの舟はことごとく木材石材運搬舟として借り出され，舟が不足したことを記している。

この他，石材や石造物が舟により運ばれた記録は，利根川流域から江戸城築城石材を石船では江戸に運搬したこと，埼玉県荒川の緑泥片岩は渡辺崋山が天保 3 年(1832)に記した『訪長瓦録』に「秩父石荒川ニ流レ出ツ大ナルモノハ筏ニ載セ運送シ来ル(中略)其質緻密ナルモノ墓碑ノ材トナスヘシ」と記している。伊奈石は文政 5 年(1822)に脱稿した「武蔵名勝図絵」小宮領伊奈村(現あきる野市)の条に宝暦年間(1751 年 ~1764 年)頃「近在の平井，大久野または網代村などの山間より細工石を切り出して，玉川を六郷まで筏に乗せてくだし送り」と多摩川を六郷まで石材を送り出した記録が残っている。

石材運送用の石船の記録は，宝暦 11 年(1761)「和漢船用集」に板敷の甲板に石材 8 個を載せ，舵とり 1 名と舳先に 1 名の 2 名が乗り組む図が掲載されている。

4　墓石造塔費用

江戸時代の墓石には，「誂え品」と「既製品」がある。

誂え品は，造塔者が石工店持に注文して誂える墓石で，一般庶民の墓石でもこの方法が主流である。

「播磨屋中井家永代帳」や「吉田清助屋」史料に見られるように，注文を受けた石工見世持が自前の石材や石問屋から石材を購入し，墓石に加工して戒名や没年を刻み，所定の場所に据え付けるものである。

「既製品」は，予め準備された墓石型式で，発注時に戒名や没年等必要事項を刻んで納められる。定型化された墓石が主流となる「急増期」~「最大期」以降に増加したと考えられるが，採石時に山丁場で予め型式が調えられたものと，石工店持が準備したものが考えられる。製作期間の短縮や製作費用の軽減に繋がったと考えられる。

庶民層でこれ等の使い分けがどの程度出来ていたかは明らかでないが，造塔し始めた板碑型(G)の背後の加工が贅肉をそぎ落とすように加工されていて海上搬送を意識していたと見られることや，伊奈石採石地で墓石の竿が出土していることなどから，定形化され造塔数が最も多い柱状型頂部丸形額有(H)等利用頻度の高いものは山丁場で基本形が造り出されていたものも多かったことが考えられる。

墓石造塔費用は，墓石購入費と据え付けのための費用が必要であるが，初めての場合にはこの他に墓地使用料が必要である。これ等の費用は，造塔者が富裕層から財力の弱い一般庶民層に広がっていく中で負担に感じる者が次第に増加した。本項では，「江戸日本橋播磨屋中井家」，「桐生町吉田清助屋」の史料を中心に造塔経費の詳細を検討し，江戸時代庶民層の墓石造塔負担を考察することとする。

(1)江戸日本橋播磨屋中井家の場合

江戸日本橋で財をなした播磨屋中井家「永代帳」（国立史料館　東京大学出版会）の「仏事之一件」には宝暦3年(1753)から天明8年(1788)までの墓石造

塔に関わる下記の記録が含まれている。

仏事之一件

69 一宝暦四年戌八月廿二日渋谷又兵衛様御死去

法名釈浄心信士と号ス

則築地円光寺江ほふむる　印

付届之覚

(中略)

右浄心(信)士墓石，八丁堀本多儀右衛門へ誂，代金弐歩ト拾弐匁

(以下略)

74 一宝暦六子年十一月八日，浄慶様墓石并外々引替葬いたし，玉垣新規ニ仕立代金七両ニ而向八丁堀石屋清左衛門請合ニ而致候

76 一宝暦七年丑八月廿六日，手前店彦介病死いたし候ニ付則浄見寺へ致葬候事，摂州有馬郡百姓

俗名　吉田彦助

法名　釈道円信士

付届之覚　百疋浄見寺，三匁内儀，三匁御袋，銀弐両末寺，三匁ツヽ伴僧四人，七日目法事料百疋，百ケ日迄三百疋，墓石代三分，外弐分四百文買物代，浄見寺へ渡ス

80 一宝暦九卯五月廿六日，茂兵衛死去被致，葬礼一件

手前より甚右衛門殿江相渡ス，則九品院百疋，誓願寺役僧江五拾疋，同伴僧江銀壱両，其外諸家六人江三匁宛，家来二人江百銅宛，墓石代壱分ト銀拾壱匁，其外買物代五百文相掛り申候，手前ニ而軽キ夜食致シ，浄見寺招キ，布施銀壱両遣ス

88 一宝暦拾三年未正月六日よりおし様熱有之不快候所，(中略)同十八日夜四ツ時死去，則浄見寺江葬礼，十九日夜遣ス左ニ

寺江諸入用覚

一金弐百疋　浄見寺　　一金百疋　末寺へ

(中略)

一金壱両弐分　墓石代

〆弐両壱分ト五百四十九文　御寺江相頼代金相払申候

（以下略）

92 一明和二酉年五月昼七ツ時，隠居御死去，法名号将光院誓誉寿円法尼

（中略）

一金壱分五百文　　　墓石直シ代

（以下略）

103 一明和八年辛卯年正月十二日，江州高嶋郡大供村産久治郎病死致候ニ付，浄見寺江葬候，

法名釈了通信士

右付届之覚

一金百疋　御寺へ　金百疋　七日法事料

（中略）

右之通今十八日十七日ニ相当リ候ニ付，右金銀指遣申候

一右墓石ハ此方ニて石や三四郎江申付候事，」

これら史料の項目を揃えて比較したものが表64である。

史料①(69)は，葬儀後から墓石造塔まで一連の流れをよく示している。

これによれば，宝暦4年(1754) 8月22日死去した渋谷又兵衛(法名釈浄心信士)を築地本願寺に埋葬したが，8月27日までには寺等への支払いを済ませ，墓石誂代金の2歩と12匁を八丁堀本多儀右衛門に支払っている。墓石の誂え金としていて仮塔婆代ではなく石塔代金と理解できる。この史料では，墓石の造塔が死後余り間を置かないで造塔される可能性を示している。

史料②(74)は，寛保2年(1742)に死去した釈浄慶信士の墓石造塔が，13回忌に近い宝暦6年(1756)に玉垣を含めた墓地の改修に併せて行われている。

史料③(76)は，使用人の彦介葬儀にあたり僧侶へのお礼に含めて墓石代3分が浄見寺に渡されていて，菩提寺を通して墓石造塔費用が支払われている。

史料④(80)は，茂兵衛の葬儀にあたり僧侶へのお礼等とともに墓石代1分と銀12匁が支払われている。

史料⑤(88)は，店で重要人物と見られる「おし様」の葬儀に関してのもの

表 64　播磨屋中井家墓石の造塔

No	死亡者	死亡日	埋葬寺院	支払先	工事内容	代金	代金支払日
① (69)	渋谷又兵衛	宝暦４年８月２２日	築地円光寺	八丁堀本多儀右衛門	墓石誂え	２歩ト１２匁	同年８月２７日までに代金支払
② (74)	釈浄慶信士	寛保２年			墓石并外々引替葬いたし、玉垣新規ニ仕立	７両	宝暦６年１１月８日
③ (76)	吉田彦助	宝暦７年８月２６日	浄見寺	浄見寺	墓石代	３分	
④ (80)	茂兵衛	宝暦９年５月２６日	浄見寺？	甚右衛門	墓石代	１分ト銀１１匁、	
⑤ (88)	おし	宝暦１３年１月１８日	浄見寺	浄見寺 御寺江相頼代金相払申候	墓石代	１両弐分	
⑥ (92)	隠居	明和２年５月	浄見寺		墓石直シ代	金１分５百文	
⑦ (103)	久治郎	明和８年１月１２日	浄見寺	此方ニて石や三四郎江申付候	墓石		

である。寺へのお礼とともに墓石代も「御寺江相頼代金相払申候」とある。

史料⑥(92)は，隠居の葬儀である。「一金壱分五百文　墓石直シ代」と記載されている。支払先は記載がない。

史料⑦(103)は，久治郎の葬儀に際してである。寺へのお礼とは別に，「右墓石ハ此方ニて石や三四郎江申付候事,」とあり，寺を通さずに「此方」で手配したことを記している。

これ等のことから，次のことが指摘できる。

(1)墓石の造塔は葬儀時に菩提寺住職を通して注文する場合と，直接石屋に手配する場合(69)，(103)があるが，ともに葬儀直後の時の早い時期に発注しお礼と共に経費を前払いしている。

(2)被葬者を見ると，④(80)は，埋葬者が「茂兵衛死去」と呼び捨てであることから中井家の使用人と見られる。この墓石は戒名や金額から，この時期の町人や百姓など庶民層の墓石として一般的に造塔された柱状型頂部丸形額有(H)・平形額有(I)のいずれかと見られるものである。

表 65　墓石費用の比較

	史料 No	墓石経費	備考
中井家	①（80）	1分ト銀１１匁	茂兵衛
	②（92）	1分５００文	隠居（女）
	③（69）	2分(銀)１２匁	渋谷又兵衛様
	④（76）	3分	手前店彦助
	⑤（88）	1両２分	おし様
白木屋		６００疋（３両３分）	支配役２人目
泉　屋		３両１分と９匁５分（寺地代３両別）	住込手代
吉田屋		櫛形極上仕上げ１基・通例仕上げ１基、櫛形古塔改修１基・古式五輪塔改修１基。計４基	合計５３両

※１両＝４分＝１６朱＝４貫＝４０００文（１両＝銀６０）。

⑥(92)は隠居の死去にともなうもので,「墓石直シ代」との記載から既存の墓石に合葬された際の修復経費と見られる。

①(69)は中井家との関わりは明らかではないが「渋谷又兵衛様」と「様」が付されている。

③(76)は「手前店彦介」(摂州有馬郡百姓俗吉田彦助)と記され中井家の奉公人と分かる。墓石の金額が史料④(80)より高額で，中井家に功労のあった者と見られる。墓石も柱状型頂部丸形額有(H)・平形額有(I)の可能性が高い。

⑤(88)の「金壱両弐分墓石代」はこの中では高額である。死去した「おし様」の中井家での位置は明らかでないが葬儀の「寺江入用覚」の記載内容は病の経過が記されるなど他より詳細であり，店では特別な葬儀であったと推測される。

(3)墓石造塔の経費は表65に示したとおりで,①(80)・(92)が1分と銀11匁・1分500文，②(69)・(76)が2分12匁・3分，③(88)が1両2分の三つの価格帯が窺える。

(4)墓石造塔に関わった石工は，(69)八丁堀本多儀右衛門，(74)八丁堀石屋清左衛門，(103)石や三四郎の名があげられている。この内，石や三四郎はその後も同家の年忌の文献に名前が記されている。

墓石造塔は,史料69が「誂え」と記した他は特に記載がない。「誂え」が「墓石代」と表現されたものと異なるのか，また石材から新たに墓石を加工するものか，戒名のみを刻み込むことなのかは明らかではない。

⑵桐生町吉田清助屋の場合

既述した安政６年(1859)上野国桐生町で織物業等で財をなした「吉田清助屋」が新たに「基極念入弐積左右花立之霊水入附弐積一基」,「通例壱積左右花立之霊水入附壱積一基」の２基を新たに造塔し，古くからあった櫛形竿の古石塔にスリン壱，大ナマコ壱を追加し古霊水入御紋鐫付を，また五輪古型の石塔に三方文字鐫直しし，スリン壱，古霊水入御紋鐫付の２基を追加加工する合計４基の墓石造塔代金が53両で発注されている。(吉田幌文書請求番号近世 TI-1　5-23･24 群馬県立文書館)。

安政６年己未年(1859)に吉田清助屋が請人梅蔵と石工棟梁直吉宛てに出した受取証文の総額も53両であった。

この受け取り金額と日時は，着工時の３月22日に内金５両，４月14日に内金１両，４月27日に９両，完成時と見られる６月22日に内金３両，６月27日に内金10両は支払われ，その後７月８日内金３両２分，７月28日内金８両，９月８日内金５両２歩，９月11日内金１両１分，９月14日内金２歩，９月19日内金１両，９月24日内金１両，９月25日４両１分が分割されて記載されていて事業進捗に合わせて分割払いされている。

⑶住友泉屋浅草店の場合

住友泉屋浅草店は住友二代友以が創出した泉屋の遠国出店で，江戸浅草諏訪町に開業した札差と言われている。ここの住み込み手代直次郎の葬礼の記録中に墓地と墓石代の記録がある(「住友史料叢書浅草米店控帳」(上)住友史料館編 1997　思文閣出版)。

玉泉院地代３両

石屋　石塔代　　　３両１分と９匁５分

から戸壱組　　　１分と４匁５分

敷石９枚　　　２分と８匁

線香立大小４，先引石塔修復共

１分８匁

大店手代の埋葬に際して，玉泉院墓地使用料が３両で石塔代が３両１分９匁５分であることが記載されている。

⑷白木屋木綿店の場合

白木屋木綿店は後の白木屋の前進である。ここの支配役2人目の葬儀入用帳には「石塔料金600疋」と記載されている。これを一疋25文で換算すると15,000文，これを換算すると3両3分となる。

以上の各家の造塔費用を比較したものが表65「墓石費用の比較」である。

庶民層の墓石造塔費用には①1分~1両までの価格帯を下限として，②3両~4両と③それ以上の価格帯の傾向が窺える。

被葬者はいずれも店に関わる者であるが，中井家では金額が低く白木屋，住友家，吉田家で高い傾向が出ている。比較的低い中井家でもおし様分を除くと彦助が高く，身を寄せたと見られる渋谷又兵衛や店に使えていた茂平衛等は低く，店の中での役割による違いが反映されている。これと比較すると白木屋手代直次郎と泉屋支配役の墓石費用は中井家より高額でそろっている。吉田屋は，墓地改修を兼ねて先代夫妻の墓石を新たに造塔したもので，内一基は「極上仕上」である。財を成した地方有力商人の墓石造塔費用として注目できる。

このように墓石造塔の軽費は，葬儀に付随するものであり財政力の弱い一般庶民層に墓石造塔が浸透し，しかも一人一墓石の時代には造塔負担が一層増加し，墓石の定型化や規格，石材等を工夫し安価な墓石型式へと移行していく原因となった。

8章　本州各地の墓石利用

1　東北・北陸・中部・近畿・山陽地方の墓石概要

8章では，これまで考察してきた江戸及び関東地方と巻末資料2に記載した東北・北陸・中部・関西・山陽地方の墓石調査結果を比較し，関東地方墓石造塔の国内での位置と特性を明らかにし，本州各地に与えた影響を考察する。なお，各地方の特徴的な墓石型式の一部を図11に示した。

本州各地の墓石を型式から検討すると，静岡県西部を除いて関東地方とは石材流通圏が全く異なることから，墓石の系統性を検討する上では型式上の詳細な比較が必要である。中世に供養塔や墓石として既に型式が固まっている無縫塔(A)，五輪塔(B)，石仏型立像(E)，石仏型座像(F)，宝篋印塔(C)については中世からの呼称を使用した。この他，江戸時代になり新たに生み出だされた墓石型式については，関東地方と石材流通圏が異なることから，共通する型式については，「類似型式」と表示した。また，関東地方の型式と大きく異なるものについては地域の特性を示した墓石とし「その他」の項目に配置した。

①岩手県盛岡市永泉寺墓地(表66)

永泉寺は，盛岡市内2カ所の寺院群の一カ所で，盛岡市城東南約1㎞，最上川と雫石川が合流する大慈寺町に所在する寺院である。墓地には，江戸時代の墓石が多く残るがこのうち318基を調査した。これを造塔数の多い型式順に並べると，次の通り。

①その他型式(O) –②墓石129基(40.7%)

②その他型式(O) –①墓石107基(33.6%)

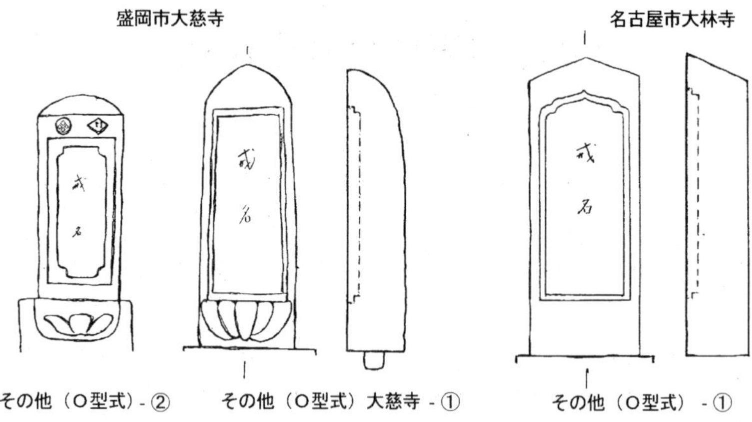

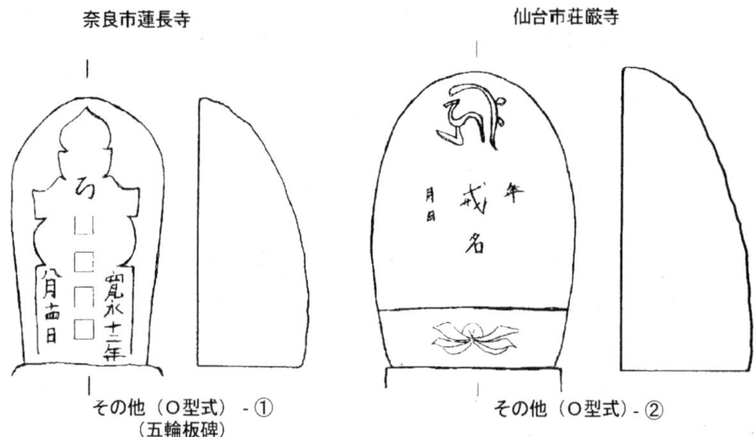

図11　本州各地の墓石型式

③柱状型頂部丸形額有(H)類似 48 基(15.1%)

④その他型式(O) –③墓石 10 基(3.1%)

⑤石仏型立像(E) 7 基(2.2%)

⑥笠付型(K)類似 6 基(1.9%)

⑦自然石型(N) 5 基(1.6%)

⑧柱状型頂部山形額有(J)類似 3 基(0.9%)

表６６　〔永泉寺〕(岩手県盛岡市大慈寺町)　（凡例・●＝花崗岩　・■＝結晶片岩　・▲＝仙台石　・×＝その他）

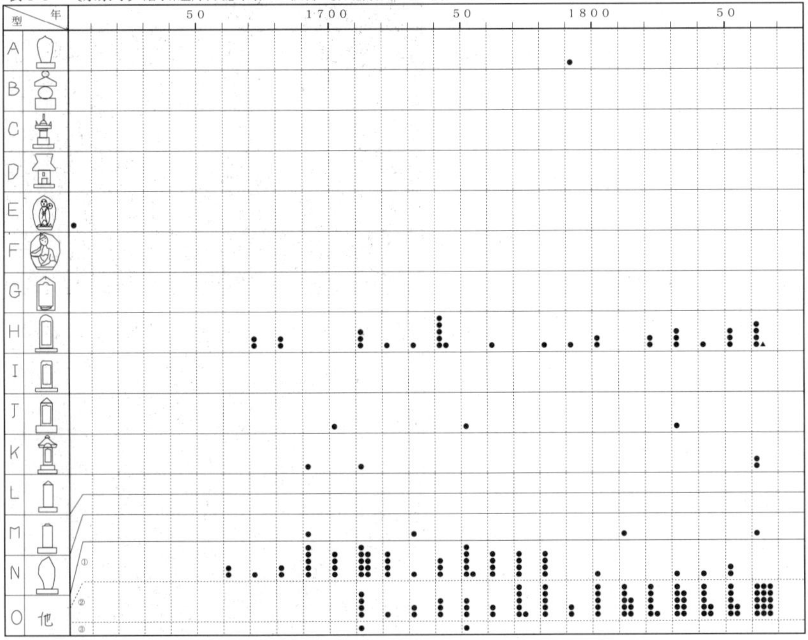

型＼年	50	1700	50	1800	50
A					
B					
C					
D					
E					
F					
G					
H					
I					
J					
K					
L					
M					
N ①					
O 他 ②					
③					

⑨無縫塔型(A) 1基(0.3%)

⑩柱状型頂部平形額有(I)類似１基(0.3%)

⑪柱状型頂部山形額無(L)類似１基(0.3%)

このうち，年号の確認できたもの194基を表66に表示した。墓石型式が江戸及び関東地方と類似するのは柱状型頂部丸形額有(H)である。

その他型式(O)－①類型板碑型を関東地方や関西地方と比較すると，長径細身で厚さが少なく頂部山方の側線は鋭さを欠き額面の彫り込みは浅い。背面は平坦であるが頂部ははつられて前面になでつけられている。墓石基部に出臍状のホゾが付けられ，台石のホゾ孔に差し込み自立させる方法をとっている。正面には，家紋が付されるものや額下部に写実的な蓮台が彫り込まれるものが含まれる。複数戒名も多く関東地方の板碑型より年代幅がある。この墓石型式中には頂部が「かまぼこ型」の丸形額有(H)に類似するものも多い。この丸形額有(H)類似の古手のものは頂部の山方が尖り気味で中央に縦線を残すものが含まれる。

その他型式(O) −②は，関東地方の柱状型頂部山形額有(J)類似であるが，頂部の山形すなわち四角錐部分が球状をなし，竿正面の額上部には家紋と見られる彫り込みを施すものを含む。古式のものは戒名と並んで没年が記されるが，時代が下がると向かって右側面に記される。複数戒名のものが多い。

その他型式(O) −③は，これらに含まれない各型式である。

永泉寺(岩手市)　花崗岩製

盛岡市の墓石造塔は，寛文2年(1662)にその他−①類型板碑型から始まっているが，その後この型式とほぼ平行して丸形額有(H)類似が造塔され幕末まで達している。この両型式よりやや遅れ宝永8年(1711)，享保2年(1717)，享保4年(1719)以降には，この地方独特のその他−②型式が「減少期」の中核墓石型式として造塔され明治時代まで継続している。

②宮城県仙台市青葉区新坂富町荘厳寺墓地(表67)

伊達氏が居城を置く仙台市には，仙台駅東南の新寺町と北部北山の2カ所に江戸時代の寺院群が残る。このうち，北山寺院群は青葉城の下を流れる広瀬川が仙台平野に流れ出る左岸にあたり，流域の転石を使用した墓石が多い。支倉常長の墓，更には林子平の墓など江戸時代に伊達氏と関わりの深い者を埋葬した寺院が多い。

この一角にある荘厳寺は，墓地の改修が進んでいるが，古い墓石は墓地境に立て並べられ相当数が残されている。これらは密集しているために個々の

表６７　〔荘厳寺〕（宮城県仙台市青葉区新坂町）　（凡例・●＝安山岩　・■＝溶結凝灰岩　・▲＝　・○＝　・×＝その他）

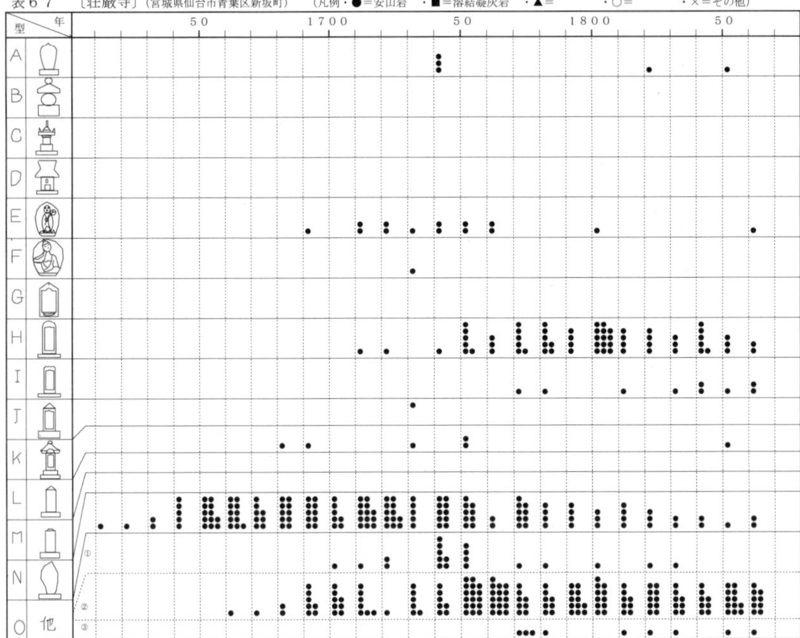

墓石年号などの確認が困難なものも多数含まれるが，確認できたものを資料としてまとめた。本寺の調査墓石数は合計 546 基である。この墓石型式の内訳を多い方から記す。

①自然石型(N) 205 基(37.5%)

②その他型式(O) –②墓石 177 基(32.4%)

③柱状型頂部丸形額有(H)類似 68 基(12.5%)

④石仏型立像(E) 31 基(5.7%)

⑤その他型式(O) –①墓石 24 基(4.4%)

⑥その他型式(O) –③墓石 14 基(2.5%)

⑦無縫塔型(A) 9 基(1.7%)

⑧柱状型頂部平形額有(I)類似 9 基(1.7%)

⑨笠付型(K)類似 6 基(1.1%)

⑩石仏型座像(F)類似 2 基(0.3%)

⑪柱状型頂部山形額有(J)類似1基(0.2%)

このうち，年号を確認できたものが453基である。これをもとに作成した表67により各墓石造塔を観察すると，転石を石材とした自然石型(N)とその他-②の両型式で約70%を占めている。墓石型式のその他-①~③までは特に地域性の強い型式である。

自然石型は，稜線を残さない安山岩製楕円転石の平坦面上部に，古手のものでは種子を，時代が下ると円相を配し，その下方に戒名，両脇に没年を年と月日に分けて表現している。一般に初期から造塔期のものは重さが数百キログラムと見られる大型のものが多いが，その後数十キログラムの中小型墓石の造塔数が増加している。

その他-①は平板状転石の片面を彫り下げ，地蔵や観音立像を浮き彫りとしたもので，中には線彫りによるものも含まれる。

その他-②は，高さ60~90㎝，重さ数十キログラムの楕円形の転石を半割にし，この割り面中央上部に円相を記し，その下部中央に戒名，両脇に年月日を分けて配置している。背面は自然面を残したままのものが多い。下部を土中に埋め込み自立させている。

その他-③は，楕円形の転石石材の平坦面を整形し額を設けてこの中に戒名と年月日を振り分けて記載し，額下部には蓮台，上部には円相を表しているものの他，平板状の転石平坦面に石仏座像を浮き彫りにしたもの，関東地方や関西地方でも見られる櫛形墓石を含んでいる。

石仏型立像(E)類似と柱状型頂部丸形額有(H)類似は，関東地方とよく似た型式で，大型で額面は縁一杯に広がり頂部の余白を残さない特徴を示している。平形額有(I)類似や山形額有(J)類似，笠付型(K)類似は僅かである。

荘厳寺(仙台市)　安山岩製

自然石型の造塔は，「萌芽期」の天和3年(1617)，「造塔期」の寛永14年(1637)と継続し,「急増期」に急増して「最大期」にはこの墓地の中核をなしている。その後は次第に減少して幕末に達するが造塔数の最も多い墓石である。この間,「最大期」には転石石材の割り面に梵字と戒名,没年を記した墓石その他−②型式があり,その後この型式は一定数が維持され中核となって幕末に達したが,明治期にも継続している。「減少期」には,江戸や関東地方と類似する平形額有(I),山形額有(J),笠付型(K)の墓石も観察される。

③新潟県新発田市諏訪町三光寺墓地(図68)

新発田藩城下の寺町にある庶民層の寺院である。墓地内は整理が行われた場所もあるが未整理の区画も多くこの地域を中心に調査対象とした。

調査墓石数249基の内訳は次の通り。

①柱状型頂部丸形額有(H)類似110基(44.2%)

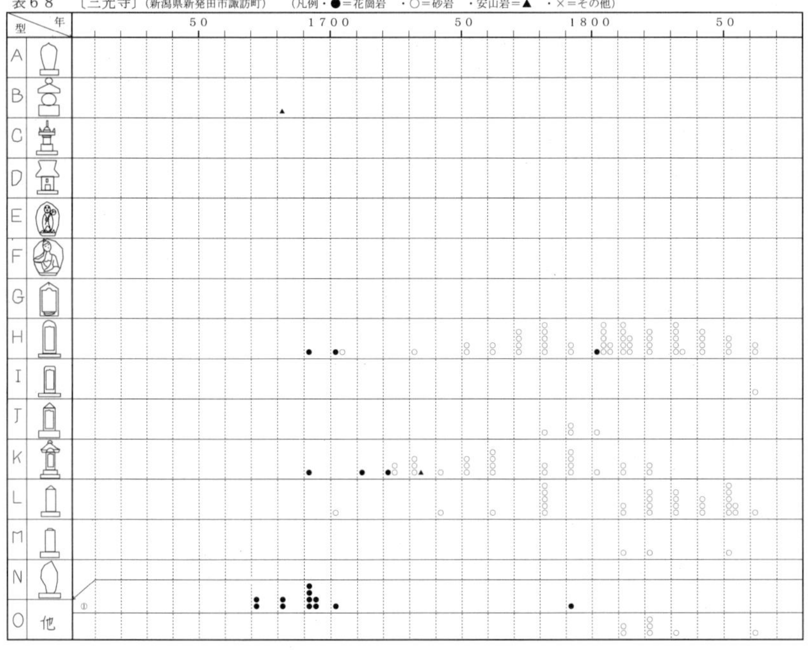

②笠付型(K)類似 46 基(18.5%)

③柱状型頂部山形額無(L)類似 31 基(12.5%)

④無縫塔型(A) 21 基(8.4%)

⑤その他型式(O) –①類型板碑 20 基(8.0%)

⑥その他型式(O) 7 基(2.8%)

⑦柱状型頂部山形額有(J)類似 5 基(2.0%)

⑧柱状型頂部皿形額無(M)類似 4 基(1.6%)

⑨五輪塔型(B) 3 基(1.2%)

⑩柱状型頂部平形額有(I)類似 1 基(0.4%)

⑪石仏型立像(E) 1 基(0.4%)

このうち，年号の確認できたものは 138 基である。表 68 に基づいて分析すると，笠付型類似型式にこの地方の地域性を強く示す墓石型式がある。板碑型類似は 12 基が存在している。

無縫塔型は年号のあるものはないが細身で小型縦長である。五輪塔型は 1 基がある。その他型式–①類型板碑は，12 基がある。1 基を除いて急増期の 1670~1700 年代にあり花崗岩製である。最も多い丸形額有(H)類似は 54 基であるが，最初の 2 基は花崗岩製，他は一基を除いて砂岩製で 1770~1840 年代に中心分布がある。山形額有(J)類似 4 基は 1800 年前後にある。笠付型類似は前半は花崗岩製でその他は砂岩製である。分布は 1730~1820 年代にやや多く，中心分布は 1760~90 年代と見られる。山形額無(L)類似はいずれも砂岩製で前半が散在的であるが 1780~1850 年代に中心がある。皿形額無(M)類似は 1810 年代以降に僅かに見られるが嘉永 4 年(1851)砂岩製では瀬戸内地方で見られた頂部角が反り返る特徴を示している。その他型式は櫛形と頂部が鍋底型に膨らむものである。

これら，各墓石造塔の傾向から見られる造塔推移は，1670 年代に類型板碑から始まったが，その後元禄年間には笠付型類似と丸形額有(H)類似に移行し，1750 年代にはこれらの造塔数が増加し，1810 年代からその他の墓石型式が加わり幕末まで継続している。

④静岡県伊東市市内 60 墓地調査

伊豆半島東岸にある静岡県伊東市は，江戸時代の関東地方に伊豆石を送り出した中心地の一カ所である。同市は市史編纂事業に伴い市内墓地 60 地点の中近世墓地を調査し，2005 年に「伊東市の石造文化財」を刊行した。その概要は以下の通り。

調査墓石数は，13,371 基でこの内年号判読が可能なものが 10,582 基(79.1%)，確認不可能のものが 1,094 基(8%)，年号銘の無い墓石が 1,672 基(12.5%)で，この他石材産地特有の戒名が存在しないものや未完成と見られる墓石 23 基が存在した。

墓石造塔数の推移は，同書掲載の「年代別墓石数の推移」(表 69)によると，元和 9 年(1623)を初見としてこの 10 年間は，年平均 1.8 基，次の 10 年間は 4.0 基，更に次の寛永 20 年(1643)から承応元年(1652)の 10 年間は 5.0 基と次第に増加し，その後元禄 6 年(1693)以降は概ね年間 50 基前後で推移し，天保 7 年(1836)ころまで大幅な増減は示していない。しかし，天保 9 年(1838)を境に幕末までの 30 年間は年平均 43 基と減少している。

表 69　伊東市年代別墓石造塔数の推移

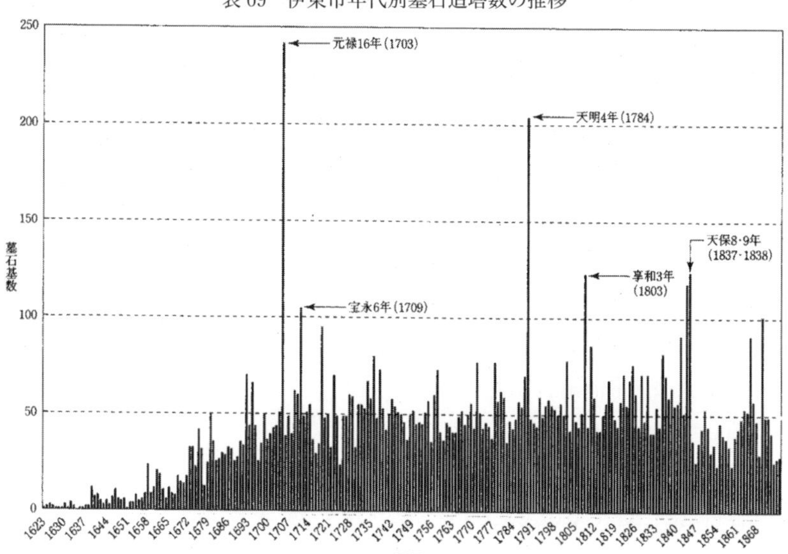

この内，元禄16年(1703)の増加は11月22日と同23日付けの墓石が196基があり，いずれも海岸部の墓地にあることからこの両日にこの地方を襲った元禄16年の津波犠牲者と推定している。この他，享保17･18年(1732)の凶作，文化2年(1805)の「赤痢」流行や天明4年(1784)の天明の飢饉による増加などが指摘されている。また，天保期以降の墓石数減少は複数戒名の増加と考えている。

墓石形式は，板碑形(板碑1形・板碑2形・板碑3形)，蒲鉾形角柱尖頭形，角柱突頭形，角柱平頭形，笠付形，仏像光背形，仏像丸彫形，無縫塔，不定形，自然石に区分しているが，その推移は板碑形から蒲鉾形，更に角柱形に移行し墓石造塔数のピークは板碑形1~3形が元禄13年(1700)~安永7年(1710)，蒲鉾形が安永7年(1710)～天明9年(1797)，角柱形が天保元年(1830)~10年にあり，元禄津波，天明飢饉，天保飢饉の年代と一致していることを指摘している。

⑤愛知県名古屋市千種区城山新町大林寺墓地(表70)

墓地は，地下鉄覚王山北約1㎞の丘陵上にあるが，いずれも墓地の改修が進み江戸時代の墓石は一隅にまとめられている。

大林寺墓地は庫裏東にあり，江戸時代の墓石の多くは東の土手際に埋め込まれている。このため側面に没年を記載する墓石の年代判読が困難なものが多い。このような資料的偏りを承知で調査した。226基の墓石型式内訳は次の通り。

①柱状型頂部丸形額有(H)類似92基(40.7%)
②その他型式(O)−①類型板碑62基(27.5%)
③柱状型頂部山形額有(J)類似46基(20.4%)
④柱状型頂部平形額有(I)類似9基(4.0%)
⑤石仏型立像(E)7基(3.1%)
⑥笠付型(K)類似4基(1.8%)
⑦無縫塔型(A)1基(0.4%)
⑧五輪塔型(B)1基(0.4%)

表７０　〔大林寺〕（愛知県名古屋市千種区城山新町）　（凡例・●＝花崗岩　・■＝安山岩　・▲＝砂岩　・○＝　・×＝その他）

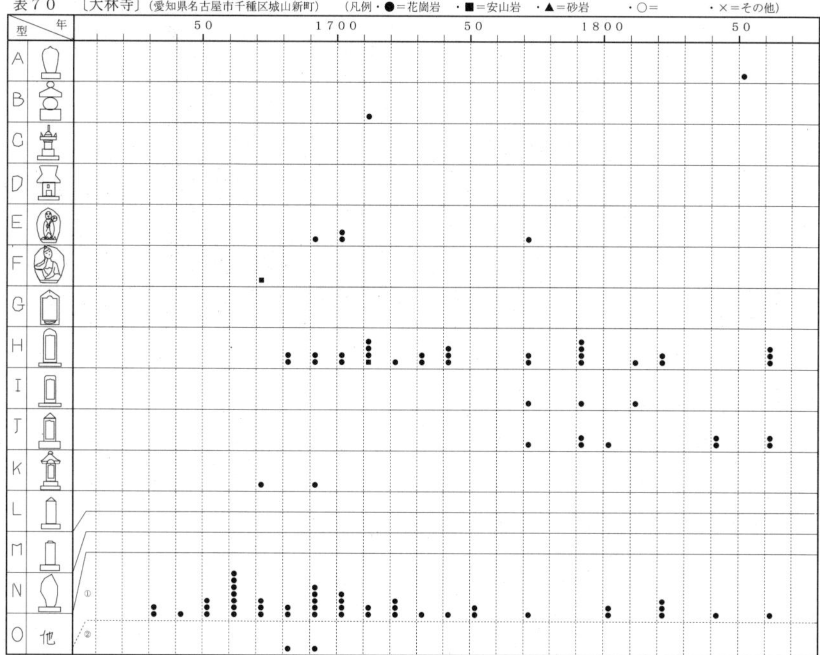

⑨石仏型座像（F）１基（0.4％）

⑩その他型式（O）－②櫛形３基（1.3％）

このうち年号の確認できたものは96基である。表70に基づいて分析すると，その他－①～②は特にこの地方の地域性を強く示す墓石型式である。

その他型式－①類型板碑型は，正面型は板碑型墓石をなすが，背部は舟底形に抉られず平坦で平板の石材がそのまま使用されている。また頂部が山形で正面型は板碑型を示すが長径2.5mに及ぶ大型墓石や額内側の彫り込みが傾斜するもの，上部左右の横線を強調したものが含まれている。

丸形額有（H）類似は，竿額部の彫り込み幅が狭く底面と縁が傾斜し，硬質の花崗岩を加工する手間が省かれた形となっている。この古手のものは，額上部と墓石頂部との間に空白域を幅広に残している。

この他，山形額有（J）類似は，頂部四角錐が低くやや膨らみを持つもの８基，平形額有（I）類似５基，笠付型（K）類似２基，その他２基がある。

大林寺(名古屋市)

尋盛寺(名古屋市)

尋盛寺墓地は，大林寺墓地の北に隣接している。墓地の改修が進み改修時の墓石539基が階段状に積み上げられているが，大量の墓石型式と石材傾向を知ることができる。型式別の内訳は次の通り。

①柱状型頂部丸形額有(H)類似255基(47.3%)

②柱状型頂部山形額有(J)類似91基(16.9%)

③石仏型立像(E) 61基(11.3%)

④柱状型頂部山形額無(L)類似41基(7.6%)

⑤その他型式(O) –②櫛形32基(5.9%)

⑥無縫塔型(A) 25基(4.6%)

⑦その他型式(O) –①板碑型24基(4.5%)

⑧柱状型頂部皿形額無(M)類似5基(0.9%)

⑨笠付型(K)類似3基(0.6%)

⑩柱状型頂部丸形額有(H)類似1基(0.2%)

⑪自然石型(N) 1基(0.2%)

先の大林寺と比較すると山形額無(L)類似とその他墓石数は異なるが墓石型式の傾向はほぼ同じである。

大林寺をもとに墓石の造塔傾向を観察すると，「造塔期」にはその他–①類型板碑が寛永年間に始まり，寛文年間から元禄年間に造塔数の高まりが見えその後減少し始め，元禄年間を中心に丸形額有(H)類似へと移行している。「減少期」には造塔数が少なく墓石型式も板碑型類似，丸形額有(H)類似，平形額有(I)類似，山形額有(J)類似とばらつきがある。本寺院の類型板碑には 2m を越える地域色の強いものなどが含まれるが，墓石型式と移行の仕方は大枠で江戸及び関東地方と類似する点を含んでいる。

⑥奈良県奈良市油阪蓮長寺・西方寺墓地(表 71)

両寺院は奈良市興福寺を西に下る油阪北側に位置する隣接寺院である。このうち蓮長寺墓地は，改修が進み無縁墓石は墓地内の 2 カ所に集められている。その北側の墓石には中世後半の供養塔や江戸時代の墓石が多数混在している。調査数墓石は 452 基である。

この型式の内訳を多い方から記そう。

①柱状型頂部丸形額有(H)類似 182 基(40.3%)

②その他型式(O) −②戒名板碑 103 基(22.8%)

③その他型式(O) −④櫛型 76 基(16.8%)

表７１　〔西方寺〕(奈良県奈良市油坂町)　(凡例・●＝花崗岩　・■＝安山岩　・▲＝砂岩　・○＝　・×＝その他)

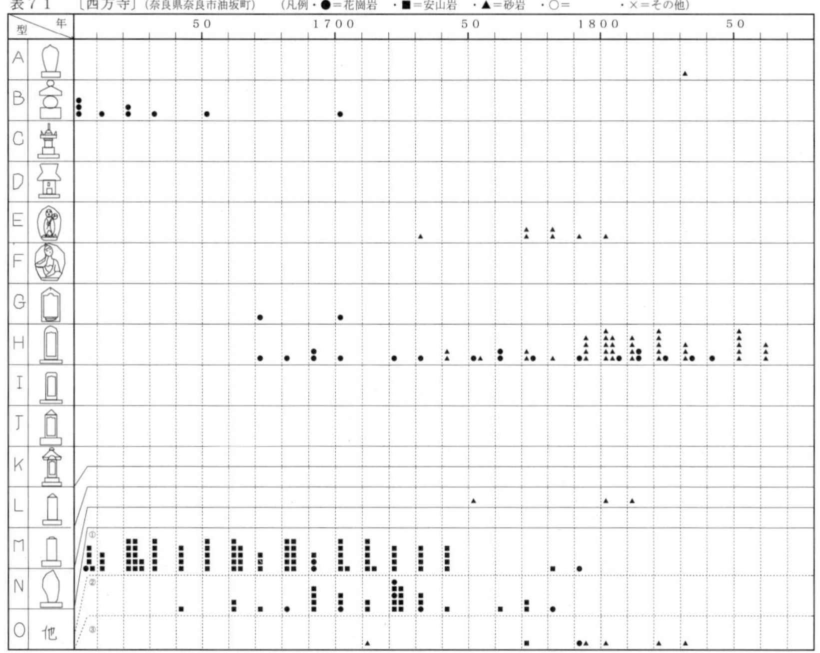

④その他型式(O) –①光背五輪塔 37 基(8.2%)

⑤類型板碑墓石 19 基(4.2%)

⑥笠付型(K)類似 12 基(2.7%)

⑦石仏型立像(E)類似 6 基(1.3%)

⑧自然石型(N) 4 基(0.9%)

⑨柱状型頂部皿形額無(M)類似 3 基(0.7%)

⑩五輪塔型(B) 1 基(0.2%)

⑪板碑型(G)類似 1 基(0.2%)

⑫その他型式(O) –③その他 8 基(1.7%)

その他型式–①は光背五輪塔, –②は戒名板碑で京都, 奈良地方に広がる型式である。その他型式–④は櫛型墓石で, その他型式–③はこれら以外の墓石である。

正親町天皇御綸旨大和総墓所の西方寺は, 個々の墓地は改修されているが墓地西隅には中世後半の供養塔や江戸時代初期の墓石が多数残る。ここでは466 基を調査対象とした。その内訳は次の通り。

①その他型式(O) –①光背五輪塔 159 基(34.1%)

②その他型式(O) –②戒名板碑 133 基(28.5%)

③柱状型頂部丸形額有(H)類似 101 基(21.7%)

④石仏型立像(E) 29 基(6.2%)

⑤五輪塔型(B) 21 基(4.5%)

⑥無縫塔型(A) 7 基(1.5%)

⑦柱状型頂部皿形額無(M)類似 3 基(0.6%)

⑧その他型式(O) –④櫛形 9 基(1.9%)

⑨その他型式(O) –③その他 4 基(1.0%)

その他型式–①, –②がこの地方の特性を強く示している。図 11 に示したように, その他–①光背五輪塔は安山岩製半割石材の平坦面に五輪塔を浮き彫りし, 水輪に釈迦如来を表す種子, 地輪中央に「霊位」と記しその左右に寛永八年二月十日等と刻んでいる。五輪塔の縁に沿った光背は時代が下るに従い横幅が広くなっている。京都, 大阪など関西地方に広く見られる室町時代

西方寺(奈良市)　光背五輪塔

から江戸時代にかけての型式である。このうち2基に宝篋印塔が表現されているものが含まれる。

奈良市では，「萌芽期」には中世からの花崗岩製五輪塔と安山岩製のその他型式–①光背五輪塔が次第に増加した。このうち後者は天正年間に現れ1670～1700年代に造塔の頂点があることが報告されている(坪井1940)。「造塔期」この光背五輪塔のあとには造塔者や戒名のみを記載したその他型式–②戒名板碑が増加した。また，この間には，延宝6年(1678)，宝永3年(1706)銘をもつ類型板碑も造塔されている。その後は，花崗岩製・安山岩製墓石の丸形額有(H)類似へと移行し，更に減少期には砂岩製の丸形額有(H)類似に中心が移行している。

⑦大阪市北区同心一丁目龍海寺，天徳寺，栗東寺墓地(表72)

大阪府内は，都市化のために市街地の墓石整理が進んだ墓地が多いことから，大阪平野の中央，淀川左岸で大阪城北西約2㎞にある北区同心一丁目所在の龍海寺，天徳寺，栗東寺の各無縁墓地を一括して調査対象とした。

各寺院の墓石調査数は，龍海寺255基，天徳寺226基，栗東寺232基で合計713基である。この内訳は次の通り。

①その他型式(O)–②櫛形175基(24.5%)

②柱状型頂部丸形額有(H)類似155基(21.7%)

③柱状型頂部皿形額無(M)類似133基(18.7%)

④笠付型(K)類似70基(9.8%)

⑤その他型式(O)–①類型墓石31基(4.3%)

⑥無縫塔型(A) 41基(5.8%)

⑦五輪塔型(B) 17基(2.4%)

⑧柱状型頂部山形額無(L)類似17基(2.4%)

表７２〔栗東・天徳・龍海寺〕(大阪府北区同心一丁目)　(凡例・●=花崗岩　・■=安山岩　・▲=砂岩　・○=結晶片岩　・×=その他)

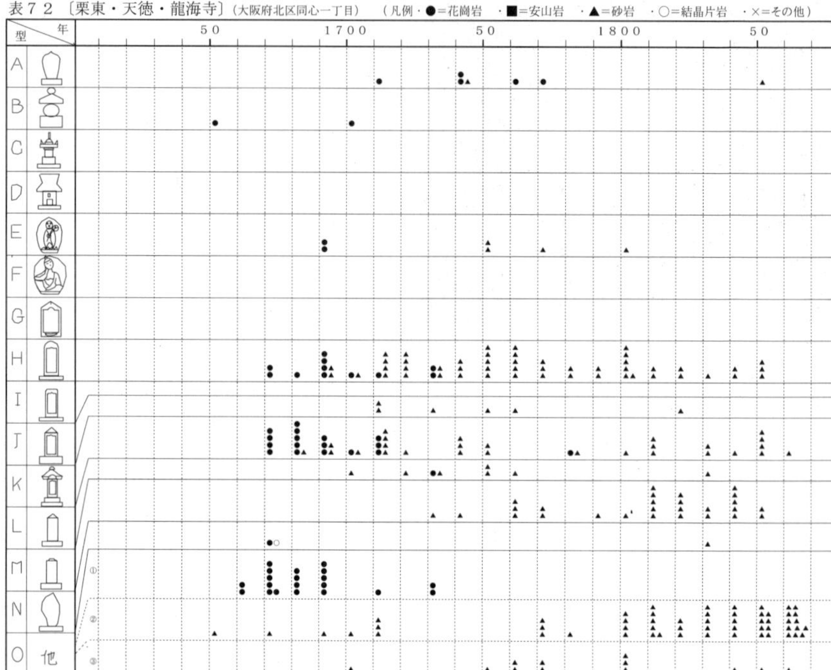

⑨石仏型立像(E) 16 基(2.2%)

⑩柱状型頂部山形額有(J)類似 14 基(2.0%)

⑪柱状型頂部平形額有(I)類似 2 基(1.7%)

⑫石仏型座像(F) 11 基(1.5%)

⑬自然石型(N) 5 基(0.8%)

⑭その他型式(O) –③墓石 16 基(2.2%)

その他型式–①はこの地の類型板碑，その他型式–②は櫛形墓石で，その他型式–③はこれらに含まれない墓石である。

関東地方では少ないその他型式–②櫛形墓石数が 24.5% と多いこと，その他型式–①類型板碑は厚さが一定の花崗岩製板状石材を使用していること，笠付型の竿部分の幅に対して身の厚みの少ないものが多いことなど簡略化が進んでいる。また，石仏の造塔数が少ないことなどの違いがあるが江戸及び関東地方と類似した墓石型式も存在する。

大阪市の3寺院の墓地では，表72の年号をもとにその推移を見ると，場所柄，中世後半から江戸時代初期の墓石は確認できないが，能勢町興徳寺には永禄11年(1568)銘の光背五輪塔があり，本来は他の関西地方同様にこの時期には五輪塔や一石五輪塔，光背五輪塔が使用されている時期である。その後，その他型式–①類型板碑が寛文年間から見られ始め，元禄年間までの間に造塔数が多く系統性が窺われる。これを受けて丸形額有(H)類似が元禄年間に造塔数が多くなり，その後幕末近くまで連続した。後半の1800年代の文化・文政・天保期に皿形額無(M)類似の造塔数が高まり，更にその他型式–②櫛形墓石が同じ文化・文政期から特に嘉永～慶応年間に造塔数を増やしている。

大阪の庶民中核層の墓石型式は，類型板碑～丸形額有(H)類似～皿形額無(M)類似～その他型式–②櫛形へと流れている。笠付型類似は延宝年間から造塔数が多く，その後幕末に達している。「最大期」「減少期」の墓石型式には多様化傾向が窺え，額面を造り出さない皿形額無(M)類似とその他–②櫛形が優勢となっている。

⑧兵庫県神戸市兵庫区北逆瀬川町能福寺墓地(表73)

JR山陽線兵庫駅東約1㎞にある中世からの古い寺院で境内には兵庫大仏がある。庫裡裏にある墓地は改修が進み新しい墓地となっているが，この中央に中世五輪塔部材の一部と江戸時代の墓石を高さ5m程に円錐状に積み上げた無縁墓石の塔がある。このうち，江戸時代の墓石と見られるもの合計368基を調査した。その内訳は以下の通り。

①その他型式(O)–①類型板碑90基(24.4%)
②柱状型頂部丸形額有(H)類似88基(24.0%)
③柱状型頂部山形額無(L)類似57基(15.5%)
④五輪塔型(B) 49基(13.3%)
⑤その他型式(O)–②その他32基(8.7%)
⑥笠付型(K)類似20基(5.4%)
⑦柱状型頂部山形額無(L)類似14基(3.8%)

表７３　〔能福寺〕（兵庫県神戸市兵庫区北逆瀬川町）（凡例・●＝花崗岩・○＝砂岩・×＝その他）

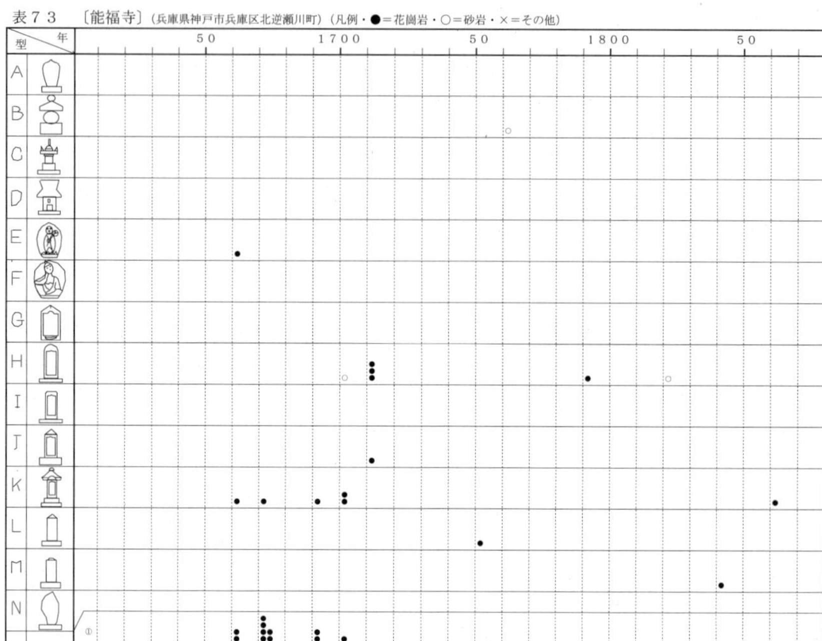

⑧石仏型立像（E）11 基（3.0％）

⑨無縫塔型（A）5 基（1.3％）

⑩石仏型座像（F）1 基（0.3％）

⑪柱状型頂部山形額有（J）類似 1 基（0.3％）

このうち五輪塔は 4 基，その他は一石五輪塔である。その他型式－①類型板碑は，正面形は関東地方と同型式であるが石材に厚みがあり，円相や蓮などの装飾は見られない。丸形額有（H）類似は砂岩製が多く風化破損したものが多い。笠付型は笠石部分を欠くが大型のものが多い。皿形額無（M）類似は頂部の四隅が跳ね上がる尾道市同様の特徴を示すものが多い。その他櫛型墓石が含まれる。複数戒名が多い。

表 73 により能福寺の墓石造塔を見ると，「萌芽期」に中世後半から江戸時代初めの五輪塔が存在し，その後「造塔期」後半には石仏型立像 1 基，その他型式－①類型板碑がある。その他型式－①類型板碑墓石は，寛文 4 年（1664），

6 年(1666), 8 年(1668)の年号を持ち，その後も寛文･延宝･元禄年間など「造塔期」「急増期」の年号を記した 17 基が継続している。笠付型は一般に大型で寛永 17 年(1640) 1 基，寛文 3 年(1663)があり，延宝年間 1 基，元禄年間 2 基がある。「急増期」の後半には，類型板碑型墓石や笠付墓石は減少し，代わって砂岩を多く使用した丸形額有(H)類似が増加し始めている。中世後半から江戸時代前半と見られる一石五輪塔中には花崗岩に加え砂岩製のものが含まれる。「減少期」には山形額無(L)類似，皿形額無(M)類似が造塔されていて，江戸及び関東地方で見られた傾向と類似するものが含まれている。

⑨広島県尾道市長江町正授寺・福善寺(表 74)

寺院は JR 尾道駅から東北約 2㎞，瀬戸内海を見下ろす丘陵中にある。正授寺は丘陵上の頂部に広がる墓地で，墓地内には「持倉進之太夫則秀父子之墓」と伝える中世大型花崗岩製五輪塔 2 基がある。江戸時代の墓石は元禄期以降の造塔数が多い。福善寺は，正授寺の山下で道を挟んで向かい側にある寺院で，墓地は狭いが改修された江戸時代前半の墓石が本堂前に集められている。尾道市では, この両寺院の墓石データをまとめて集計することにした。

両寺院の墓石造塔数は 329 基である。この造塔数の内訳は次の通り。

①無縫塔型(A)類似 4 基(1.2%)
②五輪塔型(B) 34 基(10.3%)
③石殿(D)類似 2 基(0.6%)
④石仏型立像(E) 6 基(1.8%)
⑤石仏型座像(F) 10 基(3.0%)
⑥その他型式(O) –①類型板碑 17 基(5.2%)
⑦柱状型頂部丸形額有(H)類似 64 基(19.4%)
⑧柱状型頂部平形額有(I)類似 2 基(0.6%)
⑨柱状型頂部山形額有(J)類似 18 基(5.5%)
⑩笠付型(K)類似 12 基(3.7%)
⑪柱状型頂部山形額無(L)類似 4 基(1.2%)
⑫柱状型頂部皿形額無(M)類似 15 基(4.6%)

表７４　〔正授寺・福善寺〕(広島県尾道市長江町)　(凡例・●＝花崗岩　・○＝　・×＝その他)

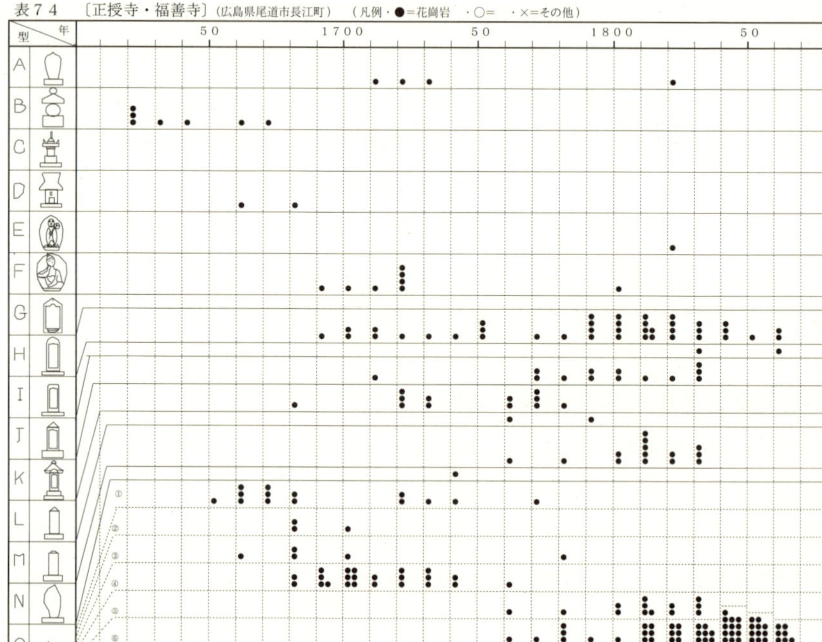

⑬自然石型(N) 1 基(0.3%)

⑭その他型式(O) –②光背五輪塔 7 基(2.1%)

⑮その他型式(O) –③変形櫛形 5 基(1.5%)

⑯その他型式(O) –④戒名板碑 23 基(7.0%)

⑰その他型式(O) –⑤竿角反上 20 基(6.1%)

⑱その他型式(O) –⑥頂部角丸 71 基(21.6%)

⑲その他型式(O) –⑦その他 14 基(4.3%)

五輪塔型には，一石五輪塔 30 基と小型五輪塔部材 4 を含む。石殿型類似は，側壁と奥壁上に横長の屋根を載せたもので，関東地方の石殿とは形式的に異なっている。石仏型座像は地蔵像が中心である。

その他型式 - ①類型板碑は，中部，関西地方同様，花崗岩製板状石材を使用したもので平板石材から造り出されている。

皿形額無(M)類似は，関東地方の同型式に近いが，頂部丘状中央部に臍状の突起が付けられている。

その他型式-②は，大型光背中に五輪塔2基を陽刻した光背五輪塔の一形式。その他型式-③は，額を設けた変形櫛形墓石で側面上部に凸帯を付し，長さに対して横幅が広い。その他型式-④は，やや細身の舟形光背中央を抉るように窪めてここに戒名を付している。その他型式-⑤は，竿頂部角を反りあげて強調するもので，神戸市能福寺でも見られた特徴である。その他型式-⑥は，頂部角を丸味を持たせて仕上げたもの。関東地方でも類似型式が見られるが少ない。その他型式-⑦は，これまで含まれなかったものを一括した。

尾道市正授寺，福善寺の墓石年代推移を検討すると，墓地には中世の五輪塔や部材が存在するが，江戸時代の「造塔期」には一石五輪塔で元和9年(1623)，寛永3年(1626)，寛永4年(1627)がある。これに続いて類型板碑型墓石には寛文3年(1663)，寛文4年(1664)があり，この期から庶民層墓石の本格化傾向が窺える。この後，地域性の強いその他型式-④には天和9年(1681)，元禄3年(1690)がある。また，丸形額有(H)類似には寛文6年(1666)，天和2年(1682)がある。この型式はその後1760~80年代には山形額有(J)，その他型式-⑥へと中心が一時移行するが，その後1790年代には再び丸形額有(H)類似が中心となり，更に幕末には地域性の強いその他型式-⑤，その他型式-⑥へと推移している。

2 墓石造塔傾向の比較

本項では，本州5地方の12寺院一地域の墓石造塔型式と推移について，特に中世後半から江戸時代前半の「萌芽期」,「造塔期」の墓石造塔の本格化，檀家制度が成立する中で造塔数が急増した「急増期」,「最大期」の様子と，これらに使用された石材利用について，関東地方との比較を試みる。

①中世後半の墓石・供養塔造塔状況

関東地方の中世後半から江戸時代に移行した墓石型式と江戸時代に新たに

生み出された墓石型式は図2で明らかにしたところである。以下では本州各地の概要をまとめ．比較する中で関東地方の特徴を考察する。

・**東北地方**

東北地方は，岩手県平泉町釈尊院に仁安4年(1169)銘の在銘国内最古の銘をもつ五輪塔，福島県石川郡玉川村厳峯寺跡には「施主□□入道，治承五年辛亥十一月日為源基光」と刻銘された源有光の子である基光と考えられている治承5年(1181)銘五輪塔がある。

宮城県から岩手県南部にかけての北上川流域には13世紀後半から15世紀初頭に阿弥陀信仰を背景に粘板岩(井内石)製板碑が造塔された。

このうち岩手県の室町時代後半から慶長年間までの主な板碑は次の通り。

永正16年(1519)東磐井郡黄海下　永正17年(1520)同

大永5年(1525)同　大永5年(1525)同

天文6年(1578)胆沢郡白山村　慶長12年(1607)気仙沼郡矢作村

慶長14年(1609)花巻中根子栄楽寺　慶長17年(1612)東磐井郡猿沢村

慶長17年(1612)江刺郡黒石村　慶長17年(1612)東磐井郡黄海下

慶長20年(1615)東磐井郡猿沢村

これらの板碑の石材は100km程離れた宮城県石巻市雄勝町産の黒色砂質頁岩製が中心で，南部の気仙・東磐井・西磐井・胆沢・江刺地方に多く，北部の紫波・和賀・稗貫・下閉伊・二戸地方では少ないことが報告されている(『岩手県史』第3巻)。

井内石製板碑について佐藤正人は，北上川下流の宮城県石巻市から岩手県平泉にかけて，4,000基を越える数があり東北地方で最も広範囲に流通したことを記している(佐藤1983)。千々和到は，この井内石を中心に「板碑文化圏」が存在した可能性を提唱した(千々和1995)。

五輪塔と宝篋印塔は，県南の平泉を中心に衣川，遠谷，太田川流域，一関に多数分布する。北上川流域と西部の台地上の和賀郡には五輪塔と宝篋印塔が分布し，紫波郡，岩手郡では五輪塔が多い。平館を中心に宝篋印塔が残り二戸郡では一戸を中心に20基余，浄法寺の天台寺山内に20基の宝篋印塔，九戸郡にも宝篋印塔や五輪塔が残っている。

県南には五輪塔や板碑の古碑が残るが，二戸，三戸，九戸諸郡にはこれらは希薄で，代わりに宝篋印塔が多いが，年号のあるものはないと報告されている(『岩手県史』3)。この内，糠部郡の石塔類は陸奥南部氏と関係を持つものと考えられている。

本書で調査した，盛岡市永泉寺の初期墓石造塔にはこのような中世からの型式が継続した形では観察できないが，この時期盛岡市北山聖寿禅寺南部氏歴代の墓には花崗岩を利用した五輪塔や宝篋印塔が存在している。

本書で調査対象とした，仙台市荘厳寺がある宮城県仙台市には中世板碑がある。この地方の板碑石材は，河川流域で採石される安山岩と転石が全体の43%，アルコース砂岩などの近隣地域石材が50%，粘板岩(井内石) 14基で6.9%である(大石・永広 1998)。このような仙台平野の板碑石材は，この地域の地質，岩石と広瀬川，名取川を中心とした自然環境から生まれているが，江戸時代の墓石造塔も同様の影響を強く受けている。

・北陸地方

新潟県，特に新潟平野北方から阿賀野川，更に北部一帯の下越地方は，水澤幸一によると，中世の板碑約500基が分布し，その内紀年銘のあるものが24基存在し，最古のものは永仁7年(1299)，最新のものが天文11年(1542)であることが報告されている(水澤 1997)。内訳は鎌倉時代9基，南北朝時代9基，室町時代2基，戦国時代4基で造塔数の中心は鎌倉・南北朝時代にある。これらに使用した石材は初期の元亨元年(1321) 2基，至徳4年(1387) 1基の計3基はこの地域で採石される柏尾石，その後造塔された板碑95%が扁平な川原石を主体としている。

また，天保年間成立の『北越雪譜』には，本書で調査した新潟新発田市三光寺に近い蒲原郡来迎村(現新潟市)所在の曹洞宗永谷寺近くの早出川東光が淵の記録に「さて此永谷寺の住職遷化の前年，此淵より墓の石になるべき圓き自然石を一ッ岸に出す，これを無縫塔と名づけつたう」(三之巻)とあり，江戸時代にも隣接地の河川自然石が墓塔に使用されていることを伝えている。

新潟県下越地方の石材利用を見ると，山岳地帯を浸食し平野から日本海に注ぐ間に堆積した河川転石を採石する石材環境であることを示している。

この新発田市三光寺では，関東地方の墓石型式と類似するものが多いが，石材は花崗岩と砂岩が中心である。

・中部地方

中部地方の内，伊豆半島は中近世の伊豆石採石地であり関東地方や静岡県西部地方に石材を供給した。この内，半島東海岸にある伊東市は特に江戸城普請石材の供給地の中心地となった場所で多くの墓石は伊豆石製である。

この地の中世石造物は『伊東市の石造文化財』によると535部材で，その内訳は五輪塔283部材，宝篋印塔193部材，宝塔22部材，一石五輪塔8個体である。中世後半には五輪塔，宝篋印塔が造塔の中心で宝塔と一石五輪塔が僅かに造塔されているが，武蔵型板碑など板碑類の流通は報告されていない。

近世初期には，これら中世の系譜を引く五輪塔や宝篋印塔，一石五輪塔が継続的に使用されるが一石五輪塔は慶安年間を境に使用量が急減している。この間，板碑形墓石から始まる近世の墓石型式がこの地域でも見られる。

この「板碑形墓石」の加工方法を観察すると，「板碑2･3」は正面加工や背部を抉り薄く軽量化を図り江戸への海上輸送を意識して石材産地で加工したものと見られ関東地方に分布する型式と類似している。「板碑1」は，正面型や背部の剥離加工に違いがあり伊豆地方で流通したものと見られるが，背面を薄くしない加工は石材産地近在の板碑型墓石でよく観察されるものである。この時期に江戸向けと伊豆地方向けの型式が併存し始めたことを伝えている。

伊東市で確認された墓石型式は，石材産地特有の石材利用や墓石形式の造塔時期，光背五輪塔流通など地域特有の在り方を示すものもあるが，江戸石問屋とのかかわりが強いこともあり，中世の系譜を引く墓石から江戸時代に新たに始まった板碑形，蒲鉾形，角柱形へと移行する形は，大筋で関東地方と類似した推移を示している。

名古屋市周辺には中世後半の花崗岩製類型板碑の存在が報告されている。

愛知県半田市常楽寺　天文23年(1554)空岸上人

愛知県知多郡篠島　西方寺　天正14年(1586)　心誉浄安主墓

愛知県知多郡日間賀島　安楽寺　天正19年(1591)枕霊菴主妙円大姉墓

愛知県知多郡篠島　西方寺　文禄2年(1593)行誉浄心菴主墓

これらの類型板碑は名古屋市地域の近世初期の異型板碑へと継続する型式と見られる。

・関西地方

この地方は，高野山や比叡山といった国内を代表する寺院が多数存在し様々な形で墓石造塔に影響を与えてきた。

この地の中世後半の墓石型式には，五輪塔，宝篋印塔，類型板碑，一石五輪塔とこの地方独特の光背五輪塔がある。

この内，花崗岩製五輪塔は各地に点在し滋賀県東近江市石塔町石塔寺，兵庫県宝塚市波豆普明寺などでは五輪塔群が形成されている。この他滋賀県東近江市大森町法蔵寺，京都市左京区大原勝林院町大原北墓地と大阪府豊能郡能勢町観音寺などの五輪塔群中には中世後半の一石五輪塔が含まれている。花崗岩山地に近い滋賀県から京都・兵庫にかけてこれらの造塔数が多く江戸時代に継続している。宝篋印塔はこれらに混在するが五輪塔に比較すると造塔数は少ない。

一石五輪塔は，畿内各地の点在するが遠隔地では和歌山県上富田町普大寺永禄9年(1566),成導寺寛永8年(1631)•9年(1632)•慶安5年(1652)などがある。

光背五輪塔は，坪井良平の山城木津惣の調査では1670年代～1700年代が造塔のピークとなっている(坪井1939)。大和盆地の奈良県当麻町当麻北墓中，奈良市阪原町南名寺などを中心に大阪府豊能郡能勢町野間大原興徳寺永禄11年(1568)，京都府木津川市加茂町高去垣内高去集会所，京都府木津川市加茂町大畑家上ノ大畑墓地中，兵庫県加西市玉野町玉野薬師堂墓地などに中世末の年号を持つものが点在して江戸時代に継続している。大和盆地では安山岩製が多いが周辺地域では花崗岩製のものが加わっている。

類型板碑は，

滋賀県東近江市糠塚町　地福寺六字名号板碑　天文8年(1539)

奈良県生駒市萩原町　応願寺六字名号板碑　天文16年(1547)

奈良県桜井市多武峰　談山神社西口六字名号板碑　天文 21 年(1552)

奈良県奈良市狭川町　ハコネ山墓地　天文壬子年(1552)嶺蔵主墓

京都府木津川市加茂町高去垣内　高去集会所六字名号板碑　永禄 5 年(1562)・永禄 7 年(1564)・慶長 9 年(1604)

大阪府豊能郡能勢町稲地　観音寺六字名号板碑　天文 23 年(1554)・永禄 4 年(1561)

などがあり，この地方の近世前半の型類型板碑は，このような中世後半の類型板碑が継続した。

・山陽地方

本書調査墓地近在には，尾道市東久保町浄土寺の宝塔・宝篋印塔(鎌倉時代～南北朝時代)，同市西久保町西国寺五輪塔(鎌倉時代)，同市瀬戸田町御寺光明坊五輪塔(鎌倉時代)，のほか隣接市の三原市本町宗光寺石塔(鎌倉時代)，同市沼田東町納所米山寺宝篋印塔群(鎌倉時代)，同市鷺浦町(佐木島)向田野浦向田野浦地蔵磨崖仏(磨崖和霊石地蔵)（鎌倉時代)など大型で優れた作りの中世花崗岩製石塔が集中している。

この地の中世後半の墓石形式は，これら花崗岩製小型五輪塔，一石五輪塔，宝篋印塔が中心で，その後江戸時代初期に継続していると考えられる。

この地方の近世石材利用について明確な史料はないが，この地域は花崗岩層であることから三原市鷺浦町(佐木島)向田野浦向田野浦地蔵磨崖仏(磨崖和霊石地蔵)に見えるように近在の石材が使用されていると見られる。

②墓石造塔の本格化

関東地方の江戸時代初期には，中央では五輪塔と宝篋印塔が，周辺部では自然石型(N)墓石造塔が僅かに行われていたが，元和・寛永年間の「造塔期」には板碑型(G)が加わり，庶民層の墓石造塔が本格化し始めている。

本州各地の「造塔期」の墓石造塔は表 75 の如くである。東北地方の仙台市荘厳寺では天和 3 年(1617)の転石に続いて，寛永 8 年(1622)，寛永 14 年(1637)，寛永 15 年(1638)，正保 2 年(1645)，正保 3 年(1646)，慶安 3 年(1650)には転石半裁型が継続的に造塔されている。

中部地方の名古屋市大林寺では，その他①類型板碑寛永15年(1635)，慶安2年(1649)，明暦3年(1657)，万治元年(1658)，万治2年(1659)がありその後も継続している。

中部地方の伊豆半島伊東市では近世初期には元和5年(1619)，寛永18年(1641)五輪塔や中世後半から近世初期の一石五輪塔が造塔されている。板碑型墓石(板碑1型・板碑2型・板碑3型)の初現は，寛永元年(1624)からであり，その後板碑2型は寛文・延宝年間に，板碑3型は元禄16年(1703)の津波の時を頂点として造塔が盛んである。その後宝暦8年(1758)頃まで継続し更に寛政年間まで見られる。

奈良市蓮長寺・西方寺2寺院には，慶長6年(1601)，慶長10年(1605)，慶長11年(1606)，慶長16年(1611)の花崗岩製五輪塔と慶長7年(1602)，慶長10年(1606)，慶長12年(1607)，慶長13年(1608)，慶長18年(1613)，天和8年(1615)に安山岩製その他型式－①光背五輪塔が造塔されている。「造塔期」には，次第にその他型式–②戒名板碑型墓石に移行している。この型式は，正保3年(1646)，慶安元年(1648)などがあり，これ以降中心的な墓石となっている。

大阪市では，承応元年(1652)の花崗岩製五輪塔がある。また，神戸市能福寺には，中世後半から江戸時代初めと見られる五輪塔部材や一石五輪塔が大量にあるが，墓地内で近世初期の年号を記したものが確認できなかった。

山陽地方の尾道市正授寺・福善寺には，中世後半の五輪塔部材と元和9年(1623)，寛永3年(1626)，寛永4年(1627)の年号が確認できる一石五輪塔があった。

これらのことから，本州各地の江戸時代初期の墓石は，中世後半から五輪思想を背景にそれぞれの地域で行われていた五輪塔・一石五輪塔・光背五輪塔・類型板碑やその後の環境により転石などの墓石型式を使用して元和・寛永年間には墓石造塔が行われはじめたが，墓地の新旧によりその所在数には差があった。

関東地方で一般庶民層の墓石造塔が本格化した時期は，檀家制度が確立し

表７５　中世後半～近世前半の主な墓石型式の比較

寺院・型式	墓石型式	中世	近世（江戸時代）		
		後半	萌芽	造塔期	急増期
関東地方 標準	五輪塔	----	----	----	----
	宝篋印塔	----	----	----	----
	笠塔婆（笠付型）	----		----	----
	板碑型（G型式）			----	----
	柱状型頂部丸形額有（H型式）				----
	柱状型頂部平形額有（Ｉ型式）				----
	柱状型頂部山形額有（Ｊ型式）				----
盛岡市 永泉寺	類型板碑				----
	笠付型（K型式）				----
仙台市 荘厳寺	自然石型（N型式）			----	----
	笠付型（K型式）				----
	転石半裁型式			----	----
新発田市 三光寺	五輪塔				----
	類型板碑				----
	笠付型（K型式）				----
伊東市 60寺院	五輪塔形	----		----	----
	宝篋印塔形	----		----	----
	一石五輪塔形	----		----	
	光背五輪塔形				
	板碑型（1形）			----	----
	板碑型（2形）			----	----
	板碑型（3形）			----	----
	笠付形			----	----
名古屋市 大林寺	類型板碑			----	----
	笠付型（K型式）				----
大阪市 龍海禅寺 栗東寺等	五輪塔			----	----
	類型板碑			----	----
	笠付型（K型式）				----
奈良市 西方寺 蓮長寺	五輪塔	----	----		
	笠付型（K型式）				----
	光背五輪塔	----	----	----	
	戒名板碑			----	----
	類型板碑				----
神戸市 能福寺	一石五輪塔	----	----		
	類型板碑				----
	笠付型（K型式）				----
尾道市 正授寺 福善寺	一石五輪塔	----	----	----	----
	類型板碑			----	----
	笠付型（K型式）				----

た「造塔期」の寛文・延宝年間であった。このことを念頭に置きながら，表77を併用しながら関東地方との比較をまとめてみた。

盛岡市永泉寺では，その他–①類型板碑は「造塔期」の寛文2年(1662)，寛文3年(1663)，寛文4年(1664)，寛文6年(1666)，寛文8年(1668)にあり，笠付型類似は元禄12年(1699)がありその後も継続している。仙台市荘厳寺では，その他–②墓石に延宝5年(1677)，寛文3年(1663)がありこれ以降造塔数が急増している。笠付型は元禄2年(1689)，元禄12年(1699)がある。

新発田市三光寺では，最も古いのが類型板碑の延宝元年(1673)，柱状型頂部丸形額有(H)元禄12年(1699)，笠付型が元禄12年(1699)で，いずれも急増期に入ってからのものである。

静岡県伊東市では，板碑2型式の造塔ピークが寛文・延宝年間にある。

名古屋市大林寺では，笠付型類似には寛文10年(1670)がある。

大阪市龍海寺では，その他–①類型板碑型墓石には寛文2年(1662)，寛文3年(1663)，笠付型には寛文10年(1670)，延宝元年(1673)，延宝6年(1678)，延宝9年(1681)，延宝10年(1682)があり，この後継続する丸形額有(H)には延宝元年(1673)があり造塔数を伸ばしている。同市栗東寺では，笠付型類似には延宝元年(1673)，その他型式–①類型板碑型墓石には元禄9年(1696)，丸形額有(H)には元禄4年(1691)がある。また同市天徳寺には，笠付型類似には延宝元年(1673)，その他型式–①類型板碑型墓石には延宝3年(1676)，延宝4年(1677)，丸形額有(H)には延宝6年(1678)，自然石型には延宝元年(1673)がある。

奈良市蓮長寺には，元禄9年(1696)類型板碑，天和2年(1682)，元禄元年(1688)には笠付型類似がある。西方寺には，延宝6年(1678)，宝永3年(1706)類型板碑，寛文4年(1664)，寛文6年(1666)には戒名板碑型墓石があり造塔数が増加し始めている。

神戸市能福寺では，その他①類型板碑が寛文3年(1663)，寛文4年(1664)，寛文4年(1664)と連続してその後も継続している。笠付型類似は，寛文3年(1663)がある。

尾道市正授寺，福善寺では，五輪塔，一石五輪塔に続き，類型板碑には寛文3年(1663)，寛文4年(1664)，延宝3年(1675)，天和3年(1683)，享保7年(1722)，享保11年(1726)などがあり，この時期継続している。笠付型類似は元禄元年(1688)がありこれ以降断片的に継続している。

このように本州各地でも寛文・延宝年間に類似性のある墓石が多数存在し，継続していることが分かる。更に墓石内容を観察すると，墓石造塔数の多少はあるが，それぞれの地域で類型板碑，異型板碑が中心となり，その後は関東地方同様により簡略化の進んだ竿部分が方柱形の柱状型頂部丸形額有(H)類似型式に継続する地域が多くなっている。また，最も特徴的な笠付型類似も時期の差はあるが盛岡市・仙台市・新発田市・名古屋市・大阪市・奈良市・尾道市の各寺院で認められ，この時期関東地方で見られた型式が本州各地に波及したことや庶民層に広く流通したことを明確に示している。

③墓石型式と推移

本州各地の墓石型式の組み合わせを表76で観察すると，盛岡市では，類型板碑墓石，柱状型頂部丸形額有(H)類似，その他墓石型式の造塔比率が高く，限られた地域色の強い墓石により庶民層の造塔が行われた。

仙台市調査寺院では，転石使用の石仏型立像(E)類似，柱状型頂部丸形額有(H)類似，自然石型(N)，その他墓石が中心となった。庶民層の墓石造塔は，限られた型式により推移している。

新発田市調査寺院は，類型板碑，柱状型頂部丸形額有(H)類似，笠付型(K)，

表７６　「国内各地の墓石型式別造塔数一覧」　(類似型式)

寺院＼型式	A	B	C	D	E	F	G	H	I	J	K	L	M	N	O	計
盛岡市	1				7			48	1	3	6	1		5	246	318
仙台市	9				31	2		68	9	1	6			205	215	546
伊東市	189	36	16		443		2870	2417	1653		174	I・J欄		87	5556	13441
新発田市	21	3			1			110	1	5	46	31	4		27	249
名古屋市	26	1			68	1		347	9	137	7	41	5	1	121	765
大阪市	41	17			16	11		155	2	14	70	17	133	5	222	713
奈良市	7	22	1		25		3	283			12		6	4	545	918
神戸市	5	49			11	1		89		1	20	14	57		121	368
尾道市	4	34		2	6	10		64	2	18	12	4	15	1	157	329

山形額無(L)類似型式が中心となった。

名古屋市調査寺院では，類型板碑，丸形額有(H)，山形額有(J)類似の造塔数が中心となった。

大阪市調査寺院では，丸形額有(H)，皿形額無(M)類似，その他型式(O)－②櫛形墓石造塔数が多く，この型式移行が庶民層造塔の流れと見られる。

神戸市調査寺院では，一石五輪塔，石仏型座像(F)，平形額有(I)から丸形額有(H)類似に移行し更に平形額有(I)，山形額有(J)類似に移行している。

尾道市調査寺院では，五輪塔，一石五輪塔型式に引き続いて類型板碑，五輪板碑，へら型板碑，更には丸形額有(H)類似，竿頂部角を反りかえらせたその他型式(O)－⑤からその他型式(O)－⑥墓石へと推移したことを示している。

名古屋市，奈良市，大阪市や京都市等の関西圏では中世からの類型板碑，光背五輪塔，五輪塔を中心に江戸時代前半の墓石が造塔され，その後庶民層の造塔が本格化する「造塔期」にそれまでとは異なる厚板状石材による類型板碑を利用した墓石造塔が始まった。その後寛文・延宝年間以降の墓石造塔型式と造塔推移は関東地方に近い形を見せているものもある。名古屋市や神戸市は光背五輪塔の確認はできなかったが，他の石塔型式は類似した使用傾向が見られた。細部では地域性も強いが，大きな流れとしては類似性が認められる。特に瀬戸内地方の類型板碑，その他型式(O)－⑤墓石の竿頂部四隅の反り上がりの特徴で類似性が高い。

盛岡市，奈良市は，関東地方と類似する墓石型式と推移を示すものは少ない。仙台市では丸形額有(H)類似が減少期に継続するが主流は地域石材にある。

また，静岡県伊東市は近世初期には五輪塔，宝篋印塔と板碑形墓石が造塔され，この間仏像・笠付型も造塔されるが，その後蒲鉾型・角柱型と推移している。

東海道沿いの名古屋市，大阪市，神戸市の板碑型墓石～皿形額無(M)類似までの一連の墓石型式推移は関東地方と類似した傾向が見られ，尾道市でも類型板碑は神戸市と類似した傾向を示している。東北地方の盛岡市や仙台市では地域性の強い墓石型式と移行が中心となった。

③墓石型式と推移

関東地方と本州各地の近世初期の墓石型式と推移を比較すると，本州各地は，「萌芽期」には五輪塔が主体で，その後「造塔期」から「急増期」には板碑型墓石やその後の近世墓石型式が造塔されている。

この内，関西地方を中心とした西日本では，近世初期の「萌芽期」には中世後半の五輪塔，一石五輪塔，光背板碑，宝篋印塔，類型板碑が各地で造塔され，その後庶民層の墓石造塔が本格化する「造塔期」から「急増期」にかけては板碑型墓石の使用が盛んとなるが，この板碑型墓石は関東地方と異なり厚板状でこの地域の類型板碑からの系譜と見られるものである。

東日本では，西日本と異なり一石五輪塔や光背板碑は少数であり，関東地方の伊豆石を供給した静岡県伊東市の調査でも一石五輪塔は中世の8基に続いて「萌芽期」から「造塔期」には元和年間以降の19基，光背五輪塔は3基が報告されているのみで，西日本に比較するといずれも少数である。

このような近世前半の墓石型式の相違点も，「最大期」を境に全国的に類似した型式を示す地域が多くなっている。

④石材利用

本州各地調査寺院の墓石石材は，表77の如く岩手県盛岡市が花崗岩，宮城県仙台市が安山岩転石，静岡県伊東市が安山岩，愛知県名古屋市が花崗岩と砂岩，奈良市が安山岩と花崗岩・和泉石，大阪市が花崗岩と和泉石，兵庫県神戸市が花崗岩と和泉石，広島県尾道市では花崗岩が主として使用されている。

この内，盛岡市の花崗岩と少量の結晶片岩は近隣の石材と見られる。また一点であるが文久2年(1862)の柱状型頂部丸形額有(H)類似に稲井石が使用されている。

新発田市三光寺に隣接する宝光寺の新発田藩主溝口氏の墓石は初代慶長15年(1610)の笠塔婆は安山岩製であるが，その後歴代の宝篋印塔は花崗岩製

表７７　国内各地の主な墓石石材と始まり

寺院＼型式	墓石石材	硬質石材の始まりと軟質石材への移行	
盛岡市	花崗岩	類型板碑	寛文２年（1662）～
仙台市	安山岩	自然石型（N型式）	寛永８年（1622）～
伊東市	安山岩	五輪塔型（B型式）	元和５年（1619）～
		宝篋印塔（C型式）	元和５年（1619）～
		一石五輪塔	元和８年（1622）～
		板碑形	寛永元年（1624）～
		蒲鉾形	元禄６年(1693)～
新発田市	花崗岩	類型板碑	延宝元年（1673）～
		柱状型頂部丸形額有（H型式）	元禄12年（1699）～
		笠付型（K型式）	元禄12年（1699）～
	砂岩	柱状型頂部丸形額有（H型式）	宝永６年（1709）～
		笠付型（K型式）	享保７年（1722）～
名古屋市	花崗岩	類型板碑	寛永15年（1635）～
	泥質砂岩	柱状型頂部丸形額有（H型式）	享保３年（1718）～
大阪市	花崗岩	五輪塔型（B型式）	承応元年（1652）～
	和泉石	柱状型頂部丸形額有（H型式）	貞享３年（1684）～
奈良市	花崗岩	五輪塔型（B型式）	元和８年（1622）～
	安山岩	墓石五輪板碑	寛永２年（1625）～
	和泉石	柱状型頂部丸形額有（H型式）	安永４年（1775）～
神戸市	花崗岩	類型板碑	寛文４年（1664）～
	和泉石	柱状頂部丸形額有（H型式）	元禄16年（1703）～
尾道市	花崗岩	一石五輪塔	元和９年（1623）～
		類型板碑	寛文３年（1663）～

である。この三光寺で見られる延宝元年(1673)～元禄12年(1699)初期の類型板碑や丸形額有(H)，笠付型(K)墓石は，いずれも花崗岩製である。その後，丸形額有(H)類似では，宝永６年(1709)，笠付型(K)類似では享保７年(1722)以降は砂岩製が優勢となっている。

名古屋市では，大林寺の226基の石材は花崗岩製180（79.6%)基，砂岩製は46基(20.4%)である。「減少期」には簡略化の進んだ丸形額有(H)類似に砂岩の使用率が高まり，硬質から軟質石材に移行している。花崗岩は岡崎産と考えられる。

岡崎みかげは，領家帯の武節花崗岩体に属し，白亜紀後期（7000~8000万年前）に，南側の領家変成岩類と北側の伊奈川花崗岩体を貫いて形成された花崗岩で，愛知県岡崎市真伝町・箱柳町など東方丘陵や山地に産出する非常に細粒の両雲母花崗岩である。岩質は，白雲母を多量に含む。

真伝町・箱柳町で行われている採石は機械掘りにより丘陵や山裾の岩層を馬蹄形に掘削して石材を得ているが，古い時代の民需用はこれより小規模であるが同様の方法によったものと考えられる。

参河國名所圖繪（愛知県郷土資料刊行会）は，三河国の名所を絵と文で説明したもので豊橋上伝馬の金物商夏目可敬が弘化元年より嘉永4年に編著したものであるが，この中の「岡崎の部」にはこれらを加工した石工の生活が記録されている。

「岡崎の部　傳馬町北裏に在石切町と云，両側俱に石工立並びて，数十軒あり，其製する所を以て最上とす，故に近国はさらなり，江戸大阪へ運送して是を鬻ぐ事夥し」とあり，この地の花崗岩が岡崎，名古屋をはじめ江戸大坂までも流通したことを記している。

この地は，採石地まで2~3km程の岡崎市伝馬通裏の花崗町にあり，現在でも石材店が軒を連ねている。また，名古屋市内で調査した墓地までは30km程の地でもあり花崗岩製墓石石材はこの地方からのものと考えられる。（参河國名所圖繪（下巻） p376　昭和56年7月7日再版　愛知県郷土資料刊行会）

奈良市では，蓮長寺が花崗岩製269基（59.5%），和泉石製131基（29.0%），安山岩製52基（11.5%）である。「急増期」の元禄，享保期以降には板碑の墓石に移行するが，この時期に安山岩から花崗岩石材に移行している。西方寺は，その他−①光背五輪塔が安山岩，その他−②戒名板碑は安山岩から花崗岩に移行している。丸形額有（H）類似の方柱形墓石は花崗岩から安山岩石材，更に砂岩石材へと移行している。

この奈良市では中世後半から江戸時代前半には花崗岩と安山岩，その後半を受け持つ丸形額有（H）類似には花崗岩，安山岩，砂岩石材の順で使用されている。

大阪市では，和泉石602基（84.5%），花崗岩製111基（15.5%）である。砂岩

図 12　大坂「長堀川石浜」の石置場

石材は，丸形額有(H)類似の貞享年間(1684 ～ 1687)以降使用が盛んとなり後半には主体となっている。

神戸市能福寺は，花崗岩 87.5%，砂岩 12.5% である。「最大期」後半には新たに始まる方柱形の丸形額有(H)類似には，青灰色の細流で耐久性に乏しい和泉石の使用率が 34% と高くなり，その後比率は下がるが江戸時代を通して各型式にこの石材が一定数混入している。大阪市より花崗岩への依存が高まり砂岩への依存は下がっている。

大阪中枢部で使用される石材は生駒石，本御影，和泉石などがあるが，墓石石材には和泉石や御影石の使用が中心である。和泉石は南約 50㎞に位置する鳥取荘(現阪南市鳥取ノ荘)および下荘箱作村(現阪南市箱作)で，花崗岩は西約 30㎞に位置する摂州武庫・菟原の二郡(現神戸市)や住よし村(現神戸市)で採石し，牛車で御影村に運び石材や製品として使用された。その一部は大阪長堀川石浜(現中央区船場)の石置き場に運ばれた。

大阪の石材流通は，寛政 10 年(1798)刊行の『摂津名所図会』巻之四(古典籍刊行会)「長堀川石浜」には，大阪長堀川河岸に陸揚げされる石材や石置き場の石材(図 12)，小屋掛の石工店が並び石工が製品を加工する姿が描かれている。

図中には，

長堀の石浜は山海の名石，あるは御影石・立石・和泉石など諸国の名産をあつめ，その好みに従ふて，石の鳥居・石の狛犬・灯炉・水鉢・石臼・

地蔵・大日・不動・阿弥陀・石碑・道標・石橋・井筒・石風呂・孝行臼まで拵へ買ふなり(以下略)

とある。

また，和泉石の加工については寛政8年(1796)刊行された「和泉名所図会」(日本名所風俗図会 11)の和泉石加工の場面に，屋外右端に角石材が置かれ，屋内中央で石臼，左手奥で燈籠，狛犬の加工に取りかかる作業姿を描き，上方には「和泉石ハ其性細密尓して物を造る尓自在也多取荘箱作尓石匠多し」と記している。また，解説には「名産和泉石　鳥取荘および下荘箱作村，多く出づる。その色青白にして細密なり。石碑を造るに文字顕然たり。京師および諸国に出づる事多し。近年，孝行臼といふものこの石を以て作る。強き魚物の類，この舂に入れすなわち同石の杵を以て舂き和らげ，歯のなき老人に進む。味はひ損せずして可なり。また，引茶，白酒等に，みなこの磨を用ゆる。」とある(図13)。

図13　和泉石加工の図

和泉山地丘陵部や山裾からの採石が主体であるが，阪南市桑畑谷筋には採石場が稼働し関西地方に分布し滋賀県や和歌山県にもおよんでいる。

同じく花崗岩については，寛政11年(1799)，大阪の木村孔恭によりまとめられた『日本山海名産圖會』(古事類苑植物部金石部四玉石)には，「攝州武庫菟原の二郡の山谷より出せり，山下の海濱御影村に石工ありて，是を器物にも製して積み出す，故に御影石とはいえり，(中略)今は海渚次第に侵埋て，山に遠ざかり，石も山口の物は取盡ぬれば，今は奥深く採りて，二十町も上の住よし村より牛車を以て継ぎて御影村へ出せり，」と記している。

採石地の六甲山中の「武庫郡」や南裾の「菟原郡」山裾や谷筋で採石したが，手前のものは次第に取り尽くし，その奥の「住みよし村」(現神戸市東灘区住吉本町)におよんだ。坊主山南両脇下の住吉山手，六甲台町には採石による地形の変形痕跡がある。石屋川はこの中間約3kmを下り，海岸に流れ込む部分に御影石の集散地である御影がある。加工された製品は大阪をはじめ各地に届けられた。

大阪，奈良，神戸市で使用される石材は，近世職人尽絵詞の詞書に「石は攝州の御影石　播州の竜山石　讃州の豊島石を　石碑によきハ和泉石　あつまにてハ伊豆の小松原の青ミかゝりたる」(日本庶民生活史料集成　第30巻諸職風俗図絵)とある「和泉石」と「御影石」と見られる。

尾道市では，この花崗岩が主体で軟質石材への移行は見られず小型化傾向へ進んでいる。

この地の花崗岩石材は，三原市磨崖仏和霊石地蔵に見られるように，この地の花崗岩が使用されたと見られる。

以上のように本州各地の石材利用方法から，特に新発田市，名古屋市，大阪市，奈良市，神戸市では前半の墓石に花崗岩や安山岩等の硬質石材が使用され，その後主流となる丸形額有(H)類似型式に砂岩等の軟質石材が使用されていることがわかる。このような硬質石材から軟質石材への移行は，関東地方の硬質石材である西湘～伊豆石材から七沢石など軟質製材への移行と同じ時期であるとともに，同じ墓石型式で観察できる。このことは，寛文・延宝年間には墓石型式と造塔推移と同様に石材利用の仕方も特に西日本では類似していたことを示し，庶民層造塔の広がりが庶民層にまで全国的に及んだことを示している。

これらのことから，江戸時代初期の「萌芽期」には為政者や在地有力者を中心に五輪塔や宝篋印塔，類似板碑，一石五輪塔，光背五輪塔，自然石型墓石などが使用され散在的に造塔されていた。

「造塔期」の元和・寛永年間には武家や富裕庶民層の墓石造塔が関東地方をもとに，本州各地でもそれぞれの地域石材製の墓石を使用して本格化し始めたが中世の地域色が強く残されたものであった。

その後，檀家制度が成立した寛文・延宝年間には，本州各地で類型板碑の造塔数が増加し始め，この墓石に続く柱状型頂部丸形額有(H)や特徴的墓石である笠付型(K)など関東地方と類似した墓石型式や推移を示す地域が存在し，一般庶民層に造塔が広く浸透したことを示していた。

江戸を中心とする関東地方と本州各地の墓石型式や推移の類似性は，特に寛文・延宝年間を境に顕著となっていて，江戸からの影響と考えられるが，このような波及はそれぞれの地域の信仰，石材，岩石環境等が整った地域のみで受け入れられ，これが整わない地域ではそれに準じた型式の墓石とされている。

これらの詳細な比較は，今後の資料的充実を踏まえた上で更に検討を深めていきたい。

終章　墓石の歴史

本章では近世関東地方の墓石造塔の背景は，表 78 に示した如く「固定的要素」と「流動的要素」が相関関係を持ちながら独特の墓石造塔推移が行われてきたことをまとめておく。

1　墓石造塔の本格化

群馬県甘楽町造石『造石法華経供養塔遺跡』中にある大型石造地蔵尊の元和 9 年(1623)胎内文書断片には，地蔵尊造仏にあたり近在の百姓 55 人が小口の勧進に応じて寄付金を寄せて功徳を積み，自身の二世安楽を願う姿が記されていたことは既に記したところである。この時期，彼らの墓石造塔はいまだ行われず仮塔婆で済ませ，中世から続いたこの地のような霊場や持仏堂などの宗教行事に参加して功徳を積み，自身の二世安楽を叶えようとする近世庶民層による墓石造塔が本格化する直前の姿と見ることが出来る。

1) 幕府の政治方針と仏教政策

江戸幕府は，開幕後の慶長年間(1603 ～ 1614)・元和年間(1615 ～ 1623)にはキリスト教徒弾圧と，各寺社に対する法度の整備を行い，寛永 8 年(1631)には，寺院本山に対して末寺帳の提出を命じ，寛永 10 年(1633)までにはこれらが提出され，幕府による全国寺院支配体制が完成した。幕府は，この本寺末寺の制度を通して寺請証文の発行を義務付けるとともに寛永 12 年(1635)には寺社奉行，寛永 17 年(1640)には幕府宗門改役を設置していることから，この時期に檀家制度が整えられ始めたと考えられている。

この檀家制度は，一家一寺制がとられ，檀那寺に檀家一人一人が登録され

表７８　墓石推移の要因

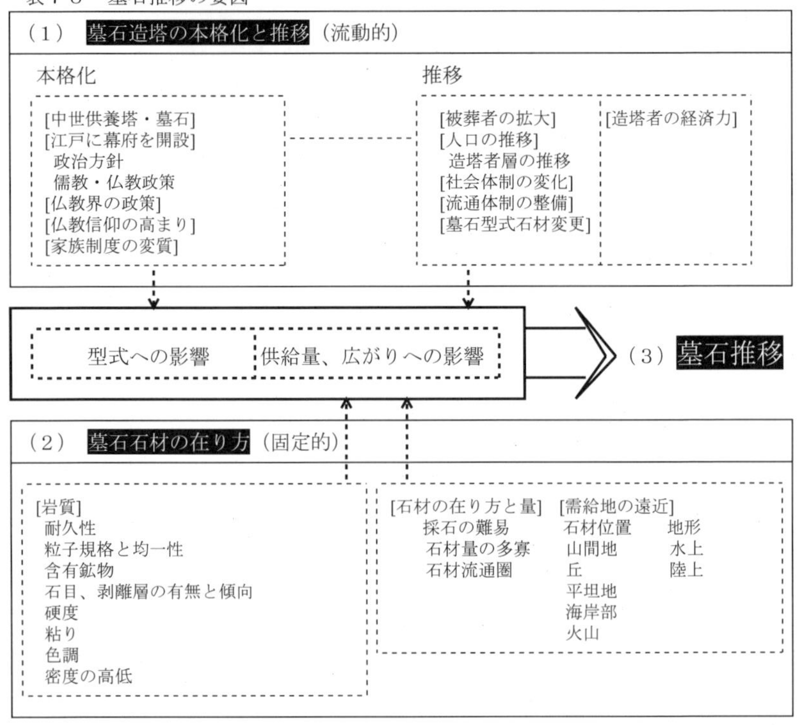

たが，このような幕府の寺院を通した宗教政策は，寺院と檀家との結びつきを強め，次第に手厚い仏事へと移行していった。

この時期，本格化し始めた旗本，士族の五輪塔や宝篋印塔型の墓石，富裕百姓町人の板碑型墓石造塔はこうした背景のもとで本格化してきた。寛永19年(1642)には，祭礼仏事の倹約を命じる御触が出され，大名に対しては慶安２年(1649)「高野山法度」で国持ち大名の石塔婆を建てる土地が二間四方に制限されるなど，仏事に対する意識の高揚を推測させる施策がこの時期にとられはじめている。

2)仏教思想・儒教思想の浸透

墓石造塔が本格化し始める元和・寛永年間には，寛永15年(1638)に刊行

された仮名草子の「清水物語」に，

> まづ，おやと子の中にてハ。親を，もとゝし。子を，すゑと，するなり。親ハ，もとなるゆへに。何事も，親を，さきとし。子の事を，後とす。これを，かうかうと，いふなり。
>
> はかなき此世の事に，心をやつさんよりハ。来世の，なかき道を，いとなミ，後世を，ねがハれ候へ
>
> 仏になる舟と，橋にハ。きょうをよみ，寺をたて，僧を，くようしてこそ，よけれ。此世の，みちを，よく知たりとも，来世の事にハ，ゑきなし。きょうもんに。によどとくせん，とも，とかれたり。くせいの舟とも，いえり。かようの，くどくにて，来世にハ，たすかる事なり。(中略)仏になる舟橋に。寺をたて，たうをたて。僧を，くやうずると，おほせられ候。(中略)
>
> 仏をたに，しんかうすれは。現世あんおんとて，万，災難を，のかれ。此世にてハ，むひのらくに，ほこり。仏より，御あてがひ，ありて，仕合よく，家もさかえへ。来世にてハ，七宝しやうごんの，まき柱のもとに，ゆくなり。是を，二世安楽，と，申なり。

とあり，現世安穏と極楽往生のためには，その手段として寺や塔を建て，僧を供養することが二世安楽の方法であると説いている。本文中の「塔」は仏塔で，庶民層にとっては供養塔や墓石が含まれる。墓石造塔の本格化を生みだした寺院側の仏教的・儒教的意識とこの影響を受けた庶民層の仏教的背景を読み取ることができる。

仮名で書かれた「清水物語」は，その後も再三編纂され，「京やゐなかの人々」に二，三千部も売れたと記されていることから，この物語を通して観音信仰・現世安穏・二世安楽などの仏教の教えとともに，道理・陰陽五行説・本末前後・相応・三綱五常・五常五倫など中国の思想や孔子の道などが記され，近世初期の仏事に大きな影響を与えたと考えられている。

3)家族構成の変質と墓石造塔

江戸時代に入り社会の安定が図られる中で，庶民層の生活基盤は次第に安

定し始め，中世から続いてきた複合大家族的家族集団は，家族を強く意識した単婚小家族的家族構成へと解体し始めた(圭室 1987)。宗門人別帳など江戸幕府の基本政策も次第にこの家族制度が基本となった。

4) 将軍葬儀と墓石造塔

大坂の陣後，元和 2 年(1616)には徳川家康の葬儀が行われ，翌元和 3 年(1617)には，家康の遺命に従い久能山から日光山へ遷座された。また，元和 8 年(1622)には，二代将軍秀忠のもとで僧天海が東叡山寛永寺を徳川家祈禱所として造営し，寛永 2 年(1625)には本坊を完成，翌年東照宮を造営している。二代将軍秀忠は，寛永 9 年(1632)に死去し，遺命により葬儀は行わず増上寺に埋葬されたが，三代将軍家光は慶安 4 年(1651)に死去し上野寛永寺で葬儀が行われ日光に埋葬された。

このような徳川将軍家の一連の葬儀や造寺は，諸大名をはじめ各層に徳川幕府の威光を知らしめたが，同時に大名や武士に先祖供養や墓石造塔の機運を盛り上げ，そうした風潮が庶民層の墓石造塔にも影響したと考えられる。

5) 江戸城の改修と墓石石材

家康の関東入府以来，江戸城改修は家臣団や町人の移住に必要な城下町建設に，開幕後は将軍の居城，政治の中心としての威容を整える改修事業に力が注がれた。慶長 8 年(1603) 3 月には，助役として加藤，福島，伊達氏等を動員し，神田山を掘り崩し日本橋から新橋付近までを埋め立て，町人をここに集住させた。その後，慶長 9 年(1604)，慶長 11 年(1606)，慶長 12 年(1607)には二ノ丸・三ノ丸などの石垣が築造され江戸城の大城郭としての形が整えられた。

更に，慶長・元和・天和・寛永と工事が続き，寛永 13 年(1636)には江戸城総構が完成した。この姿がほぼ幕末まで維持された。

この間の改修には，西湘～伊豆石材が多数用いられたことから，山方丁場の開発や江戸と西湘～伊豆間の石材海上ルート，江戸城下の掘り割り整備が進み，その余り石の一部が民需に回るなど，その後の民間石材需要の環境が整えられた。

これらの国普請が終息する時期と墓石造塔本格化の時期が連続し，国普請の石材需要の落ち込みを墓石造塔へと結びつける思惑が介在した可能性も考えられる。

2　墓石造塔の推移

庶民層の墓石造塔は，造塔者の増加と共に檀家制度の成立，人口動向，造塔者層の広がりと経済負担，幕府の法度・御触，流通環境の整備などを背景に造塔数や型式が推移した。

1)檀家制度の成立と仏事

幕府は，檀家制度の成立と共に寺院側への資金流入が大きくなると，寛文2年(1662)には檀那寺に宗門改を念入りにするよう布達し，翌年には新寺社建立禁止を命じている。

寛文5年(1665)「諸宗寺院法度」により寺院中心の「寺請証文」から幕府自身が行う「宗門人別帳」へと切り替え，身分を問わず一人一人が寺を檀那寺として記帳させた。この一連の政策の変更は，檀家と寺院の結びつきを一段と強めると同時に手厚い仏事を促し，それまで墓石造塔に参加していなかった者にまで墓石造塔の機会を生みだし，庶民層の造塔に大きな影響を与えた。

2)人口動向と墓石造塔推移

元和・寛永年間の「造塔期」に，旗本，士族の墓石造塔と共に富裕庶民層が始めて本格的に墓石造塔を始め，その後「急増期」には一般町人や百姓に浸透し，「最大期」には更に家族一人一人まで造塔が行き渡った。この時期が江戸時代最大の造塔数になるが，この背景の一つには江戸を中心とする関東地方の人口急増がある。

江戸時代の全国の人口数は，一般的には時代を通して約3000万人といわ

表７９　関東地方の人口数と墓石造塔期（万人）　　━左目盛関東地方　〰右目盛り江戸）

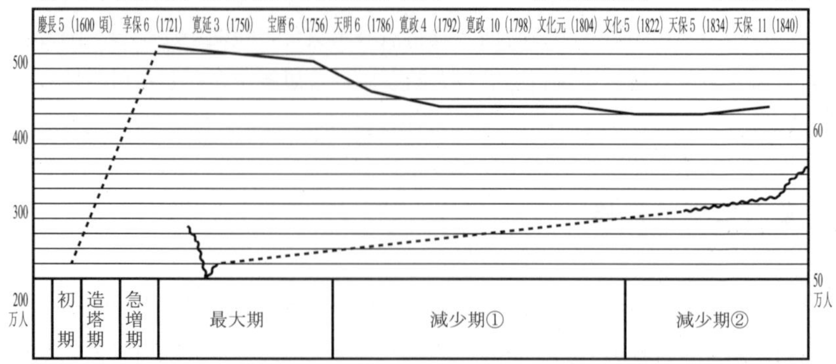

※国史大事典７　ｐ８１０　吉川弘文館
※西木浩一『江戸の葬送墓制』都史紀要３７東京都公文書館平成15年及び江戸学辞典掲載「江戸町人人口表」より作成

れるが，関東地方は表79に示したように，享保年間には頭打ちとなり，天明年間には減少，寛政年間以降は横ばい状態で推移している。この間，墓石「減少期」には造塔数は毎年急速に減少し，人口動態と墓石造塔の推移にズレが生じている。

この人口推移を詳細に検討すると，幕府開設直前の慶長5年頃(1600年)には約200万人であるが，121年後の享保6年(1721)には約500万人で関東地方の人口数はこの時が頂点となっている。この間の人口増は，江戸幕府の町人等の移住による影響が大きいが慶長5年頃(1600年)の約2.5倍となっている。

その後，寛延3年(1750)，宝暦6年(1756)の間はほぼ同数で推移するが，30年後の天明6年(1786)には明確に人口減少の傾向を示しはじめ，天保5年(1834)には江戸時代統計では最も低い約417万人を示している。天保11年(1840)には僅かに増加している。

表中の太い波線は右目盛りに示した江戸の町人人口を記したものだが，それによると，江戸初期の史料と延享年間以降から天保年間までの80年間は史料を欠いているが，50万人台で推移し幕末に向かって微増している。

この中期から後期の人口停滞と減少は，東日本で顕著で，原因は気候変動にあるとされているが，弘化3年(1846)には443万人で再び増加傾向を示しはじめている。

これら江戸時代の人口統計には，武士階層などが含まれていないことや，途中の統計史料に平均性がないことから細かい検討は控えるが，墓石「急増期」の造塔数の急増は表中の増加曲線とほぼ一致しており，この時期が人口増加に加えて庶民層が造塔に加わり，更に家長のみでなく家族一人一人が被葬者として墓石造塔の対象者に加わり始めた時期である。最大期の造塔数の頂点は，このような状況の中で生まれてきたものと考えられる。

その後，墓石は「最大期」から「減少期」に向かい全体の造塔数が減少するが，この減少は江戸時代の人口数動向とは一致しない。その背景には次の点が考えられる。

①墓石造塔ができない者が増加
②複数戒名を付した墓石の増加
③安価な墓石使用による破損や消失墓石の増加
④墓地確保の困難性

3)墓石造塔者の広がりと財政負担

富裕庶民層が初期に造塔をはじめた板碑型(G)は五輪塔や宝篋印塔と比べると平板であったが，比較的大型で装飾加工ともに優れたものが多かった。その後，一般庶民層の間に墓石造塔が浸透する中で，石問屋や石工店持は墓石を定形化するとともにより薄く小型簡略化した安価な墓石を生みだしてこれに応じた。こうした動きは，関東周辺各地の石材産地でも見られた。

造塔者は「急増期」「最大期」を境に，より手厚い供養を心がける富裕庶民層は板碑型から笠付型(K)に移行する一方で，多くの庶民層は簡略化された墓石型式へと移行しはじめ造塔者層の二分化が明確になった。

近世初期に格式をもとにして調えられた墓石型式は，その後の社会制度の変質や造塔者の経済力，信仰心の変化に合わせて型式変化しながら造塔されたが，こうした墓石型式の推移は，庶民層の貧しい生活とあつい信仰の狭間で選択してきた信仰心の姿を示している。

4)利根川の改修と墓石の流通

幕府は，利根川水系を組織的に改修することにより，内陸と江戸及び江戸湾を結ぶ物資運搬路の整備を進めた。

元和 2 年(1616)には，利根川本支川の定船場 16 カ所を指定し，元和 3 年(1617)に宇津間川(巴波川)の舟運を開き，この年日光東照宮造営が始まって多くの石材が運搬された。元和 7 年(1621)には新川通及び赤堀川開削(異説：赤堀川開削承応 3 年)が行われ，寛永 6 年(1629)に荒川を和田吉野川に付替え，寛永 12 年(1635)に江戸川開削着工，寛永 18 年(1641)に江戸川開削通水，承応 3 年(1654)に赤堀川三番掘り工事により利根川本流が常陸川に流入し，利根川が銚子河口より太平洋に流出することとなった。

この間，寛永 13 年(1636)には，家康 21 年忌に向けて日光東照宮神殿大造営に着手し多数の石材が水上経由で運び上げられた。この水系整備は，関東地方の内陸への物資輸送の動脈となった。

西湘〜伊豆石材や七沢石製の墓石が内陸地方にも多く分布するのはこのルートを経由して運搬されたためである。

5)流通体制の成立

関東地方の墓石石材流通は，西湘〜伊豆石材の場合，江戸の石問屋から必要材が山丁場所有者に発注され，採石された石材は，船積みされて相模湾を江戸に運び石問屋のある霊岸島に仮置された。石材は，ここから仲買人や石工店持が購入して目的の石造物に加工して造塔者に供給された。

石材流通体制は，寛永 11 年(1634)に石問屋の存在が窺われることから，この時期には成立していたと考えられている。その後，墓石「最大期」の享保 10 年(1725) 10 月に，霊岩島，八丁堀界隈の 16 名の石問屋により「石問屋株仲間」が結成され，石材流通の先導的な役割を果たしていたことが分かる。

石工は，江戸時代初期には関東各地に中世後半からの石工が存在したが，江戸では江戸城普請時に西国大名などにより招集され，その後八丁堀や神田川流域，寺院群周辺などに定着した伊豆や関西石工が江戸や関東地方中央部の石造物造塔に指導的役割を果たした。更に墓石「造塔期」には関東地方西部の石材産地や需要地を中心に信州石工の出稼が加わり関東地方全域の石造物造塔体制が整った。

近世の民間石材需要の中で墓地や墓石加工が重要な役割を果たしたことは，石問屋が江戸への物資の集散地である江戸湾の大川河口に集中したのに対して，石工店持や石工の居住地域が寺院群に隣接して形成されていることからも明らかである。

3　墓石石材の在り方

関東地方の墓石石材は，中央部の埼玉県荒川中流～茨城県筑波山麓には古生代～中生代の結晶片岩，筑波山麓～加婆山～八構山地南端に花崗岩露頭部が点在し，この周辺の利根川流域や栃木県北部・千葉県銚子付近・房総半島・神奈川県西部には新生代第三期の凝灰岩や砂岩層がある。北関東には浅間・榛名・赤城火山活動により生みだされて山麓や利根川川筋などに堆積し，一部が利根川流域に流れ出た安山岩転石や崩落岩が，南関東には箱根火山と湯河原火山から生みだされて相模湾や伊豆半島沿岸や半島北部に流れ出た安山岩・玄武岩質溶岩など新生代第四期～沖積世の堆積層があり，個性的な岩石が各地に点在している。

これらの岩石は，関東地方の周辺地域に点在し，石材や墓石などとして多数使用されていたが，製品は荷駄による陸上や水運を利用して各地に運ばれた。

江戸時代の墓石石材の利用は，墓石型式と共にこのような多様な岩質の石材と搬送方法を組み合わせることにより造塔者の意向に合わせた墓石が作成された。

まとめ

本書では，近世関東地方の庶民層墓石造塔の実態を明らかにし，本州各地の調査結果と比較する中で，歴史的意義を考察してきた。この結果，明らかになった主な点は次のとおりである。

1　墓石の型式と推移

江戸時代の墓石型式は「仏塔，特に墓石造塔にも様々な制約が設けられ，天皇御墓は九重塔，宮家御墓は三重塔，将軍家御墓は宝塔，大名墓は五輪塔，旗本士族墓は宝篋印塔，僧侶墓は無縫塔，庶民墓は駒形塔等」とする石田の見解の根拠を確かめることはできなかったが，現地調査では大名墓には五輪塔が多く，大身旗本や旗本上がりの大名には宝篋印塔の多い傾向を確認できた。しかし，これらの中にもそれ以外の型式を使用する者もいて，大名，旗本，士族の墓石型式は，各家の中世後半の信仰形態や被葬者の出自などを考慮した上で，仏事の「格式」の一環としての常識に規制されたものと考えられた。

これらの大名や旗本配下の一般武士や地侍は，近世初期には菩提寺などに墓石として五輪塔や宝篋印塔，類型板碑，異形板碑を造塔したが，その型式は中世からの継続性が見られた。

関東地方では「萌芽期」には，五輪塔・宝篋印塔が限られた者により造塔されたが，造塔が本格化し始めた「造塔期」には，一般武士や地侍の一部は小型五輪塔，石殿，旗本や名主など村役人の一部には宝篋印塔の使用が広がり，富裕庶民層は板碑型（G）墓石を造塔し始めた。その後，庶民層の墓石造塔は急速に増加したが，この間墓石型式はそれぞれの時期の造塔者の信仰心，財力などに応じて墓石Ｈ型式～Ｍ・Ｋ型式へと推移した。造塔数は「最大期」に頂点に達したが，その後は幕末に向かって減少の一途を辿った。

近世初期の墓石型式や格式は元和・寛永年間の「造塔期」に整えられたと見られるが，その後檀家制度が成立する「急増期」から「最大期」に庶民層へと広がる中で，一段と経済性を優先させた型式や規格の造塔数が多くなった。

さらに，関東地方や本州各地の墓石造塔数の増減からは，造塔者の広がりや墓石選択の姿を明らかにすることができたが，更に詳細な調査により，生活や災害，疫病など，それぞれの地域の伝承や記録を実証することも可能と考えられた。

2　関東地方と本州各地の墓石型式の関係

徳川家康は，関東入府と同時に江戸城の改修に着手し，城下には各地から商人や職人を住まわせ商いを盛んにした。開幕後は家臣の旗本や士族のみでなく，諸国の大名をも城下に住まわせ，各種統治政策や仏教政策が江戸の地から進められた。ここに居住した商人や職人は急速に成長し，江戸は政治の中心であるとともに経済活動でも大坂に匹敵する地となった。

関東地方の墓石は，このような国内各地とは異なる背景のもとで造塔されていて，この影響はこの地で幕政に関わった大名・旗本・士族や富裕庶民層，更には一般庶民層の造塔時期や型式，型式推移，造塔数推移に現れ，石材供給と併せて関東地方の特徴となっている。

関東地方と本州各地の墓石使用を比較すると，造塔時期では特に元和・寛永年間に大名旗本士族と富裕庶民層が本格的に墓石造塔を始めたこと，旗本士族と一部名主（宝篋印塔を造塔しても違和感のない者が選任された）が使用したと見られる宝篋印塔の造塔数が多いこと，中世の後半に直結しない新たな型式として板碑型墓石（G）が使用され始め，その後の関東地方の墓石型式は江戸が発信源となっていたと見られることなどを指摘しておく。

石材は関東地方と同じ伊豆石材を使用した静岡県西部地方を除けば，各地のものが使用されたが，型式と型式推移の形では関東地方と類似した傾向を示す地域がある。この傾向は，東北地方より東海道沿いの中部・関西方面で濃く残っている。また，各地方とも江戸初期には中世から継続する五輪塔や一石五輪塔・光背五輪塔，類異型板碑などが長く使用され，庶民層の板碑型墓石は関東地方よりは遅れて寛文・延宝年間に近い時期の地域が多い。そしてこの時期以降，柱状型頂部丸形額有（H）の類似型式が国内各地で見られ，その後も類似した地域が多い。

江戸と類似する墓石型式や推移は，各地でそれぞれ別々に始まったものではなく，江戸の型式の発想が本州各地に影響し，地域色を持ちながら造塔されたことが考えられた。そして，その波及は同心円状に広がるのではなく，それぞれの場所のそれまでの造塔経緯や宗教的関わり，石材環境などの地域状況に応じた違いがあり，条件的に可能な地域が類似した型式を示していると考えられた。

3　墓石の動向と石材需要

江戸を中心とする近世石材産業は，当初は江戸城国普請や大名普請，寺院の造営などによる石材特需が中心となったが，これが終息する中で次第に民間石材需要へと移行した。

この中で，仏事に関する石材や墓石加工の比率がどの程度のものであったか明らかではないが，石材加工の中心である石工店持の店の多くが石材集散地の他に，墓地造塔や改修が定期的に見込まれる寺院群に隣接して構えられていることを考えると，一定数が必ず見込まれる墓地や墓石造塔の仕事量はかなり高率であったと考えなければならない。

一般的に，石工店持が販売する墓石価格は，石問屋や一部の石工店持が岩質や採石量を見極め山丁場とかけあい，運搬や保管に関わる経費や儲けを加えて石材卸値が決められ，ここから石材を購入して加工手間賃や造塔費用などを加算して決定された。

江戸時代前半に関東地方の中核となった西湘～伊豆石材は，岩質の良さと国普請による海上大量輸送の流通体制を利用して江戸に運ばれ，大名や旗本士族，富裕層を対象に関東地方に広く流通した。しかし，財力の弱い一般庶民層が造塔に参加する中で100㎞以上離れた遠距離から江戸に運ばれ，江戸から更に関東地方に再搬送される墓石や石材は高価であり，造塔層の広がりと被層者一人一人の墓石造塔の一般化は継続的な財政負担が困難な者を増加させ，次第に安価な地域石材製の墓石へと移行し始めた。

このような墓石造塔や石材利用の推移は，単に庶民層の先祖供養を物語るものだけではなく，静岡県伊東市がまとめた元禄16年(1703)の津波災害の特異な実態など各地の様子を明らかにできるとともに，庶民の日常生活の中での信仰の在り方が墓石型式や推移を生み出し，石材産地や石材搬送業者などの盛衰を左右する原動力となっていたことをも示している。

4　墓石調査の必要性

墓石は，無機質な石材製であるために一見標示物としてとらえがちであるが，このように全国各地の造塔者や被葬者の生活や先祖信仰の動向を今日に伝える屋外最大の資料であり，その動向は各地の地域性や近世の産業，経済に大きな影響を与えていることを明らかにすることが出来た。

これらの墓石を墓地で観察すると，墓石の中には江戸時代に生活との折り合いを付けて安価な墓石を漸く造塔したが，今日調査してみると風化により意外に早く破損したものや，富裕者が良材を吟味して大造りしたと見られる墓石が，その後それを支える子孫が絶えて廃棄されたものなど様々なものが含まれている。

これまでは,これらの墓石は自然淘汰を乗り越え今日に伝えられてきたが,高度経済成長以降，墓地の改修は全国に広がり，墓石を瞬時に砂に変える装置も開発されるなどしてその数を急速に減じている。

この時期に全国各地でこの危機を逃がすことなく，調査が実施され，これまで不明であった庶民層の果たした歴史的役割が明らかにされることを期待したい。

本書がそのきっかけとなれば幸いである。

参考・引用文献

県　敏夫　1975「形態の部」『日本石仏事典』第二版庚申懇話会

秋池　武　1989「近世牛伏砂岩の利用について」『東国史論』第4号

秋池　武　1988「関東管領上杉氏と牛伏砂岩多孔質角閃石安山岩について」『群馬の考古学』

秋池　武　1998「児玉町中世石造物石材の流通と変遷」『児玉町の中世石造物』

秋池　武　1998「利根川流域中世石造物石材の流通と変遷」『群馬県立歴史博物館紀要』第19号

秋池　武　1999「関東地方点紋緑泥片岩の分布と利用について」『群馬県立歴史博物館紀要』第20号

秋池　武　2000「利根川流域における角閃石安山岩転石の分布と歴史的意義」『群馬県立歴史博物館紀要」第21号

秋池　武　2002「中世石造物転石石材利用の検討」『双文』19号

秋池　武　2005「多湖碑の石材的検討」『古代多湖碑と東アジア』

秋池　武　2005『中世の石材流通』高志書院

秋間団研グループ　1971「秋間層」『日本の地質3』　共立出版

石田茂作　1969『日本佛塔の研究』講談社

五日市盆地団体研究グループ　1981「五日市盆地の新第三系」『地球科学』35巻4号

伊奈石研究会　1996「伊奈石の採石加工と多摩川流域の流通について」『伊奈石』

内山孝男　1996「伊奈石石造物の流通分布と造立年代」『伊奈石』

内山俊身　2002「戦国期古河公方周辺の流通に関わる人々」『茨城県立歴史館報』29

内山俊身　2002「常陸の二つの渡辺氏」『六浦文化研究』第11号

大石直正　1998「仙台市の板碑」『仙台市史』特別編

大木靖衛　1991「箱根火山」『日本の地質3』共立出版

大塚省吾・唐澤慶行　1998「群馬県内の信州石工作品資料と出身者地」『伊奈石』第2号

金子浩之　2005「伊豆石」『季刊考古学』99号　雄山閣

川勝政太郎　1956『日本石材史』日本石材振興会

群馬県商工労働部繊維工鉱課　1977『多胡石賦存量調査報告書』群馬県工業試験場

國井洋子　1997「中世東国における造塔造仏用石材の産地とその供給圏」『歴史学研究』702号

小花波平六・板橋春夫　1985「市内の石造物にみる石工名」『伊勢崎の近世石造物』

近藤清造　1991「銚子地方」『日本の地質3』共立出版

酒井豊三郎・天野一男　1991「宇都宮地域」『日本の地質3』共立出版

坂上澄夫　1997「銚子地域の地質」『千葉の自然史』本編2

佐藤正人　1983『板碑の総合研究』第2巻　柏書房

圭室文雄　1974「寛永の諸宗末寺帳について」『日本における政治と宗教』吉川弘文館

圭室文雄　1987『日本仏教史』近世吉川弘文館
津金澤吉茂　2009「甘楽町の組み合せ式大型石造地蔵尊について」群馬県地域文化研究協議会研究発表史料
坪井良平　1939「山城木津惣墓標の研究」『考古学』第10巻6号
十菱駿武・樽良平　1996『伊奈石』伊奈石石切場遺跡
千々和到　1995「石巻の板碑と「東北型」」板碑の再検討」『六軒丁中世史研究』第3号
徳橋秀一　1997「清澄山系の地質」『千葉の自然史』本編2
永広昌之　1998「石材としてみた板碑」『仙台市史』特別編
西本浩一　2003「都市下層衆の死と埋葬」『江戸の葬送墓制』都紀要37
端山好和　1991「八溝山地」『日本の地質3』共立出版
水澤幸一　1997「揚北の紀年銘板碑」『新潟史学』39号
水谷　類　2003「ラントウについて」『歴史考古学』第52号

報告書
厚木市教育委員会　1995「鐘ケ嶽東方の七沢石」『厚木市博物館紀要』4
伊東市教育委員会　2005『伊東市の石造文化』
大宮市立博物館　1983『私たちの博物館』4号
甘楽町教育委員会　2007『造石法華経供養遺跡』
㈶かながわ考古学財団　1995『宮ケ瀬遺跡群』
新宿区教育委員会　1987『自證院遺跡』
新宿区教育委員会　1991『自證院遺跡(2)』

自治体誌
『愛甲郡誌制誌』,『伊勢崎市史』資料編2,『伊東市史』本編資料編,『茨城県史料』近世地誌編,『岩手県史』3中世下,『大間々町誌基礎資料』Ⅶ,『神奈川県史』資料編,『郷土誌新屋村』新屋村,『静岡県史』資料編11,『新編埼玉県史』資料編10,『仙台市史』特別編5,『多摩市史』資料編2,『千葉県の歴史』資料編中世3,『東京市稿』遊園篇2・産業篇4・12・40,『真鶴町史』資料編1,『宮城村誌』,『与野市史』中近世史料編

史料集
『浅間山天明噴火史料集成』群馬県文化事業振興会,『和泉名所図会』角川書店,『江戸町触集成』塙書房,『近世職人尽絵詞』三一書房,『群書類従』続群書類従完成会,『慶長見聞録案紙』汲古書院,『皇国地誌稿本』文化図書,『古事類苑』吉川弘文館,『住友史料叢書浅草米店控帳』(上)思文閣出版,『祠曹雑識』汲古書院,『清水物語』東京堂出版,『住友史料叢書』14　思文閣出版,『摂津名所図会』古典籍刊行会,『新編武蔵風土記稿』雄山閣,『徳川禁令考』創文社,『播磨屋中井家永代帳』東京堂出版,『参河國名所図繪』愛知県郷土資料刊行会,『日本山海名産図会』名著刊行会,『日本産業史大系』東京大学出版会,『武蔵名勝図絵』慶友社,『北越雪譜』岩波文庫,『和漢船用集』巖松堂書店

巻末資料1　関東地方の調査寺院等一覧表

番号	寺院名	所在地	調査範囲	墓石数	年号確認数	台帳番号
1	西光寺	栃木県那須町芦野		288	88	126
2	専称寺	栃木県那須町伊王野		73	61	127
3	法輪寺	栃木県大田原市佐良土	部分	171	64	103
4	善念寺	栃木県烏山町金井	部分	181	104	102
5	洞泉院	栃木県大田原市山の手町		95	95	125
6	龍光寺	栃木県喜連川町本町		163	79	104
7	浄蓮寺	栃木県高根沢町上高根沢		107	37	106
8	慈眼寺	栃木県市貝町赤羽		126	66	99
9	荘厳寺	栃木県真岡市寺内		84	42	101
10	成高寺	栃木県宇都宮市塙田		148	78	107
11	龍蟠寺	栃木県鹿沼市寺前		170	31	105
12	満願寺	栃木県上三川町東蓼沼	部分	165	66	100
13	壬生寺	栃木県壬生町壬生		63	48	108
14	天翁寺	栃木県小山市本郷町		130	100	68
15	圓通寺	栃木県栃木市城内町		126	100	173
16	恵生院	栃木県岩舟町山の腰	部分	147	70	67
17	福厳寺	栃木県足利市緑町	部分	170	154	69
18	成就院	群馬県大泉町城之内		164	151	55
19	善長寺	群馬県館林市当郷町	部分	174	175	54
20	浄運寺	群馬県桐生市本町	部分	138	138	56
21	明王院	群馬県尾島町安養寺	部分	190	191	66
22	龍得寺	群馬県新田町上江田	部分	150	118	110
23	大聖寺	群馬県伊勢崎市大正寺町	部分	156	143	111
24	南光寺	群馬県笠懸町阿左見		159	129	113
25	長善寺	群馬県大胡町大胡	部分	110	91	118
26	石原寺	群馬県渋川市石原町	部分	154	108	124
27	日輪寺	群馬県前橋市日輪寺町		138	122	116
28	善勝寺	群馬県前橋市端気町		180	160	117
29	大圓寺	群馬県群馬町保渡田	部分	353	205	123
30	大信寺	群馬県高崎市通町	部分	236	160	128
31	常楽寺	群馬県玉村町五料		306	271	17
32	龍泉寺	群馬県高崎市正観寺町		391	273	13
33	九品寺	群馬県高崎市倉賀野町		645	478	12
34	天龍護国寺	群馬県高崎市上並榎町	部分	180	154	2
35	光明寺	群馬県榛名町中里見		145	94	5
36	全透院	群馬県倉渕村水沼		199	152	159
37	北野寺	群馬県安中市後閑町		68	46	3
38	補陀寺	群馬県松井田町新堀		327	232	53
39	今宮寺	群馬県甘楽町上野		364	276	174
40	高原禅寺	群馬県藤岡市東平井		598	423	175
41	常住寺	群馬県下仁田町東町	部分	238	231	52
42	興国禅寺	埼玉県上里町下郷		273	245	58
43	光明寺	埼玉県神川町新里		270	248	57
44	長松寺	埼玉県本庄市小島	部分	175	157	75
45	龍淵寺	埼玉県熊谷市上之		85	810	38
46	正光寺	埼玉県熊谷市大麻生町		151	138	30
47	満福寺	埼玉県川本町畠山	部分	173	168	25
48	光明寺	埼玉県長瀞町野上下郷		123	114	50
49	保泉寺	埼玉県江南町高根	部分	131	107	31
50	大梅寺	埼玉県小川町大塚		164	160	28
51	浄空院	埼玉県嵐山町上唐子		126	114	27
52	妙玄寺	埼玉県毛呂町毛呂本郷	部分	131	124	29
53	養竹禅院	埼玉県川島町表		205	200	33
54	勝願寺	埼玉県鴻巣市本町	部分	291	286	70
55	雲祥寺	埼玉県川里町境	部分	223	218	37
56	無量寺	埼玉県羽生市今泉	部分	135	138	36

57	養性寺	埼玉県北川辺町柳生		110	106	71
58	歓喜院	埼玉県久喜市上早見		87	85	39
59	女楽院	埼玉県春日部市粕壁町		59	59	35
60	報土院	埼玉県越谷市登戸町		73	73	78
61	長寿寺	埼玉県日高市きんちゃく田		68	64	46
62	東光寺	埼玉県入間市川合田町		359	303	49
63	瑞巌寺	埼玉県所沢市山口	部分	205	174	74
64	大仙寺	埼玉県志木市上宗岡		159	157	34
65	多聞院	埼玉県大宮市丸ケ崎町	部分	60	56	45
66	三学院	埼玉県蕨市北町		205	204	76
67	全棟寺	埼玉県川口市東本郷町	部分	149	146	77
68	東福寺	埼玉県草加市神明町	部分	148	144	79
69	正定寺	茨城県古河市太手町	部分	124	114	72
70	永光寺	茨城県三和町諸川		78	63	89
71	常繁寺	茨城県猿島町逆井		135	107	88
72	下陵共同墓地	茨城県境町染谷		83	70	87
73	阿弥陀寺	茨城県岩井市長須		40	39	86
74	弘経寺	茨城県水海道市豊岡		240	137	85
75	多宝院他	茨城県下妻市本宿町他	部分	86	82	93
76	興正寺	茨城県石下町木石下	部分	139	96	90
77	定林寺	茨城県下館市岡芹	部分	128	72	91
78	積善院他	茨城県下館市黒子		94	66	92
79	密弘寺	茨城県真壁町真壁		196	36	133
80	龍勝寺	茨城県つくば市小田町		357	42	147
81	長禅寺墓地	茨城県取手市新町		152	149	135
82	長福寺	茨城県太子町頃藤		89	51	157
83	常安寺	茨城県常陸大宮市山方町		149	76	156
84	大山寺	茨城県城里町高根台		57	43	158
85	神応寺	茨城県水戸市元山町	部分	154	133	154
86	七ケ寺	茨城県ひたち中市館山町		62	52	149
87	華蔵院	茨城県ひたち中市栄町		176	114	150
88	盛岸寺	茨城県笠間市笠間町	部分	151	112	134
89	光明寺	茨城県友部町太田		163	44	148
90	智教院	茨城県常陸太田市町屋町		56	49	153
91	東聖寺	茨城県ひたち中市稲田町		126	113	155
92	大雄院	茨城県日立市宮田町		114	28	152
93	日輪寺	茨城県日立市森山町		106	93	151
94	常林寺	茨城県八郷町柿岡	部分	205	65	132
95	清涼寺	茨城県石岡市国府町	部分	207	111	140
96	等覚寺	茨城県土浦市大手町		135	100	139
97	沖州共同墓地	茨城県玉造町沖州		162	103	141
98	無量寿寺他	茨城県鉾田市鳥栖町		43	32	143
99	三光院	茨城県鉾田市鉾田町		66	51	142
100	寿量寺	茨城県美浦村受領		80	66	138
101	大統寺	茨城県竜ヶ崎市横町		150	150	136
102	西泉寺	茨城県稲敷市桑山町		65	56	137
103	普門寺	千葉県野田市下三ケ尾町		81	66	44
104	持法院	千葉県柏市藤ケ谷町	部分	140	140	43
105	東大寺	千葉県印西市平岡町	部分	88	92	42
106	海隣寺	千葉県佐倉市海隣寺町		143	144	41
107	神光寺	千葉県成田市野毛平町		46	44	131
108	法界寺	千葉県佐原市佐原町		148	143	129
109	妙福寺	千葉県銚子市妙見町	部分	141	97	172
110	長興禅院	千葉県大栄町伊能		145	132	130
111	光明寺	千葉県成東市富田町		96	59	170
112	東榮寺	千葉県八日市場市若潮町	部分	168	139	171
113	藻原寺	千葉県茂原市中部町	部分	118	98	161
114	上行寺	千葉県夷隅町万木		71	67	164
115	法華経寺	千葉県市川市中山町	部分	152	151	98
116	金光院	千葉県千葉市若菜区金親町	部分	162	116	160
117	守永寺	千葉県市原市五井中央町		46	45	40

118	医光寺	千葉県市原市西国吉町		57	41	162
119	圓明院	千葉県市原市下矢田町		121	87	163
120	正原寺	千葉県久留里町久留里	部分	57	37	169
121	松翁院	千葉県富津市竹岡町	部分	127	121	168
122	妙典寺	千葉県鋸南町吉浜		147	80	167
123	三福寺	千葉県館山市館山町		132	110	166
124	本覚寺	千葉県鴨川市貝渚町		126	79	165
125	慈眼寺	東京都足立区千住		168	162	96
126	蓮花寺	東京都墨田区向島		165	141	97
127	寛永寺他	東京都台東区上野桜木他		105	92	64
128	極楽寺	東京都八王子市横山町		150	105	51
129	大悲願寺	東京都あきる野市横沢町		217	92	65
130	梅岩寺	東京都東村山市久米川町	部分	220	184	73
131	西蔵院	東京都府中市是政町	部分	133	114	182
132	善福寺	東京都杉並区善福寺町		168	146	185
133	薬王寺	東京都港区三田		41	35	95
134	本門寺	東京都大田区池上	部分	117	112	94
135	妙延寺	東京都町田市森野町		141	89	184
136	常安寺	神奈川県川崎市麻生区下麻生		93	66	177
137	常楽寺	神奈川県川崎市中原区等々力	部分	205	205	181
138	無量光寺	神奈川県相模原市当麻町	部分	194	144	84
139	常真寺	神奈川県横浜市港北区新吉田		76	76	180
140	西福寺	神奈川県横浜市瀬谷区橋戸		91	66	81
141	長昌寺	神奈川県横浜市旭区さちが丘		67	55	80
142	貞昌院	神奈川県横浜市港区上長谷		151	121	114
143	九品寺	神奈川県鎌倉市材木座町		152	104	179
144	広沢寺	神奈川県厚木市広沢町		118	82	60
145	妙純寺	神奈川県厚木市金田町		124	88	83
146	建徳寺	神奈川県厚木市金田町		98	35	82
147	無量寺	神奈川県伊勢原市岡崎町		125	69	61
148	浄徳院	神奈川県秦野市菖蒲町		83	54	63
149	蓮光寺	神奈川県綾瀬市南棚下町		194	138	59
150	薬師院	神奈川県平塚市平塚町	部分	126	75	178
合計				22910	17326	

巻末資料２　本州各地の調査寺院等一覧表

番号	寺院名	所在地	調査範囲	墓石数	年号確認数	年号未確認数
1	永泉寺	岩手県盛岡市	部分	３１８	１９４	１２４
2	荘厳寺	宮城県仙台市	部分	５４６	４５３	９３
3	三光寺	新潟県新発田市		２４９	１３８	１１１
4	大林寺	愛知県名古屋市		２２６	９６	１３０
5	尋盛寺	愛知県名古屋市		５３９	３	５３６
				７６５	９９	６６６
6	蓮長寺	奈良県奈良市油坂	部分	４５２	８３	３６９
7	西方寺	奈良県奈良市油坂	部分	４６６	２０９	２５７
				９１８	２９２	６２６
8	龍海寺	大阪市北区同心		２５５	８１	１７４
9	天徳寺	大阪市北区同心		２４６	１００	１４６
10	栗東寺	大阪市北区同心		２３２	７１	１６１
				７３３	２５２	４８１
11	能福寺墓地	兵庫県神戸市兵庫区北逆瀬川町		３６８	３７	３３１
12	正授寺・福善寺	広島県尾道市長江町		３２９	２３１	９８
		計		４２２６	１６９６	２５３０

巻末3　墓石型内訳式一覧

寺院名	所在地	墓石A	墓石B	墓石C	墓石D	墓石E	墓石F	墓石G	墓石H	墓石I	墓石J	墓石K	墓石L	墓石M	墓石N	墓石O	計
1 西光寺	栃木県那須町芦野	9		1		5	1	35	13		83	8	80	25	27	1	288
2 専称寺	栃木県那須町伊王野					1	3	7	8	5	19	5	4	4	17		73
3 法輪寺	栃木県大田原市佐良土	3	4			26	19	20	4		6		3		86		171
4 善念寺	栃木県烏山町金井		1	1		9	4	1	3	3	2	5	5		147		181
5 洞泉院	栃木県大田原市山の手町					6	13	10	5	2	31	26	1		1		95
6 龍光寺	栃木県喜連川町本町			4		14	4	6	9	11	11	48	16	1	38	1	163
7 浄蓮寺	栃木県高根沢町上高根沢	4	1			5	8	2	14		31	36	5			1	107
8 慈眼寺	栃木県市貝町赤羽	5	3			4	4	3	9	4	7	63	11	2	11		126
9 荘厳寺	栃木県真岡市寺内		18			8	6	21	3		11	15		2			84
10 成高寺	栃木県宇都宮市塙田	52		1		3	3		19		3	47	18	2			148
11 龍蟠寺	栃木県鹿沼市寺前	1		1	3	13	18		19		53	48	14				170
12 満願寺	栃木県上三川町東蓼沼	11				13	11		3	1	15	103	6	1	1		165
13 壬生寺	栃木県壬生町壬生	4				13	6	5	19		4	6	6				63
14 天翁寺	栃木県小山市本郷町	10	1	2		3	5	29	20	16	7	11	11	8	3	4	130
15 圓通寺	栃木県栃木市城内町	10		2		24	8	11	30	8	2	4	16			11	126
16 恵生院	栃木県岩舟町山の腰	17				17	9	21	17	21	21	7	12	3		2	147
17 福厳寺	栃木県足利市緑町	8		20	3	26	5	16	31	3	23	22	7	5		1	170
18 成就院	群馬県大泉町城之内	5	1	8	5	22	10	16	54	18	13	4	4			4	164
19 善長寺	群馬県館林市当郷町			2		35	5	32	47	42	3	3	2			3	174
20 浄運寺	群馬県桐生市本町		4	12	3	36	1	8	22	5	29	10	3	2		3	138
21 明王院	群馬県尾島町安養寺	4		8		27	5	7	88	9	12	4		8		18	190
22 龍得寺	群馬県新田町上江田	29		7	3		2	15	74		5	4	1	3	1	6	150
23 大聖寺	群馬県伊勢崎市大正寺町	11		2	1	5	21	16	58	2	16	2	4	1	8	9	156
24 南光寺	群馬県笠懸町阿左見	1	1	4	14	25	15	24	31	3	26	6	5	3	1		159
25 長善寺	群馬県大胡町大胡	2	5	7	10	5	5	20	46	1	2	3	2	1		1	110
26 石原寺	群馬県渋川市石原町	2			6	12	7	65	31	2	12	7	1	5	1	3	154
27 日輪寺	群馬県前橋市日輪寺町				3	15	11	21	57	7	10	4	1	6		3	138
28 善勝寺	群馬県前橋市端気町	19			5	17	41	53	35	2	1			2	1	4	180
29 大圓寺	群馬県群馬町保渡田	14	8	18	46	36	19	111	23	1	25	32		17	2	1	353
30 大信寺	群馬県高崎市通町	31	1		54	10	3	19	17		41	44	2	11	1	2	236
31 常楽寺	群馬県玉村町五料	17	8	3	5	23	24	38	78	6	44	17	15	20	4	4	306
32 龍泉寺	群馬県高崎市正観寺町	13	3	1	56	50	12	48	97	8	48	19	11	23		2	391
33 九品寺	群馬県高崎市倉賀野町	21	2	5	93	37	20	46	118	9	125	80	20	66	1	2	645
34 天龍護国寺	群馬県高崎市上並榎町	5	3	7	12	10	4	18	33	8	45	6	3	14	7	5	180
35 光明寺	群馬県榛名町中里見	22			9	16	6	24	8	10	21	11	4	10	4		145
36 全透院	群馬県倉渕村水沼	2		7	43	26	8	14	34	11	34	7	6	4		3	199
37 北野寺	群馬県安中市後閑町	6	5		3	3		26	6	3	7	8	1				68
38 補陀寺	群馬県松井田町新堀	2	2		22	15	1	108	40	19	9	1		1	107		327
39 今宮寺	群馬県甘楽町上野	9		1		26	4	38	17	54	77	16		46		76	364
40 高原禅寺	群馬県藤岡市東平井	1		3		4	8	41	42	25	106	57		173	72	66	598

41	常住寺	群馬県下仁田町東町	3			1	14	5	39	67	31	11	32	4	3	9	19	238
42	興国禅寺	埼玉県上里町下郷	3				20	10	31	77	22	54	5	7	37	2	5	273
43	光明寺	埼玉県神川町新里	2		1	2	14	6	54	49	9	65	3	14	40	8	3	270
44	長松寺	埼玉県本庄市小島	2		4	10	13	7	14	32	3	54	27	3	5		1	175
45	龍淵寺	埼玉県熊谷市上之	8	1	11		3		13	15	5	12	10	2	5			85
46	正光寺	埼玉県熊谷市大麻生町		1	1	1	14		16	50	24	20	9	5	5	3	2	151
47	満福寺	埼玉県川本町畠山			1		19	17	5	45	24	19	2	2	8	31		173
48	光明寺	埼玉県長瀞町野上下郷	1		1		10	4		10	1	17	3	1		75		123
49	保泉寺	埼玉県江南町高根					14	5	9	41	12	3	3	1	3	40		131
50	大梅寺	埼玉県小川町大塚				2	9	7	18	41	6	8	20	24	6	17	6	164
51	浄空院	埼玉県嵐山町上唐子	4	3	10	1	13	3	13	11	11	3	21	7		20	6	126
52	妙玄寺	埼玉県毛呂町毛呂本郷					9	6	12	12	13	25	12	21	6	6	9	131
53	養竹禅院	埼玉県川島町表	6				24	6	48	46	35	15	6	8	8		3	205
54	勝願寺	埼玉県鴻巣市本町	3	24	8		28	7	62	65	34	13	30	1	4	2	10	291
55	雲祥寺	埼玉県川里町境	2	2	6		19	2	20	66	65	5	18	11			7	223
56	無量寺	埼玉県羽生市今泉					40	8	23	34	26	2	1	1				135
57	養性寺	埼玉県北川辺町柳生			1		27	13	12	23	6	13	10	5				110
58	歓喜院	埼玉県久喜市上早見	1	2	1		6	2	20	23	13	3	7	7			2	87
59	女楽院	埼玉県春日部市粕壁町	1				7	5	6	20	6	6	3				5	59
60	報土院	埼玉県越谷市登戸町	1	1			13	8	7	6	9	1	17	9			1	73
61	長寿寺	埼玉県日高市きんちゃく田	1	1	2		9	3	5	16	13	9	4	2	2		1	68
62	東光寺	埼玉県入間市川合田町	2	30		5	40	14	57	46	45	39	1	43	9	22	6	359
63	瑞巌寺	埼玉県所沢市山口					55	27	19	30	27	11		22	10		4	205
64	大仙寺	埼玉県志木市上宗岡	3				36	13	7	24	30	19	6	14	3		4	159
65	多聞院	埼玉県大宮市丸ケ崎町					3	7	9	24	13						4	60
66	三学院	埼玉県蕨市北町	1	5	12		24	13	36	40	30	20	15	4	3		2	205
67	全棟寺	埼玉県川口市東本郷町		1	2		34	15	36	27	15	6	4	5	3		1	149
68	東福寺	埼玉県草加市神明町	3	4	4		25	9	20	30	26	1	7	11	5		3	148
69	正定寺	茨城県古河市太手町	3		3		15	5	19	24	6	23	23	2			1	124
70	永光寺	茨城県三和町諸川		1	1		9	13	4	14	9	2	7	15			3	78
71	常繁寺	茨城県猿島町逆井	5		1		32	10	20	21	27	6	5	5	3			135
72	下陵共同墓地	茨城県境町染谷					21	10	5	14	25	1		2	5			83
73	阿弥陀寺	茨城県岩井市長須	1		1		2	1	11	9	7	2		3	1		2	40
74	弘経寺	茨城県水海道市豊岡	52	3	1		22	21	89	18	13	2	11		6	1	1	240
75	多宝院他	茨城県下妻市本宿町他		4	5		7	2	10	17	13	1	7	10	7		3	86
76	興正寺	茨城県石下町木石下	43	2	2		8	5	35	8	2	2	20	2	9		1	139
77	定林寺	茨城県下館市岡芹	24	8			20	3	13	15	7	5	6		7	19	1	128
78	積善院他	茨城県下館市黒子	19	9			16	5	2	7	1	3	9	15	3	4	1	94
79	密弘寺	茨城県真壁町真壁	4				19	11	20	10		17	48	3	28	35	1	196
80	龍勝寺	茨城県つくば市小田町	23			4	26	3	150	6	1	6	1		8	128	1	357
81	長禅寺墓地	茨城県取手市新町					37	34	21	24	15	2	2	3	14			152
82	長福寺	茨城県太子町頃藤	15		1		2		1	20	1		1	1		47		89

83	常安寺	茨城県常陸大宮市山方町		27			9	9	14	47	1	4	1	4		32	1	149
84	大山寺	茨城県城里町高根台	1				7	5	3	5	4	2		10	3	16	1	57
85	神応寺	茨城県水戸市元山町	4				9	3	13	58	11	8	1	7	1	24	15	154
86	七ケ寺	茨城県ひたち中市館山町					1	1		3	6	2		8	37	2	2	62
87	華藏院	茨城県ひたち中市栄町	9				32	17	17	32	13	6	4	13	13	17	3	176
88	盛岸寺	茨城県笠間市笠間町	14				2		13	13	11	5	22		2	67	2	151
89	光明寺	茨城県友部町太田	6				5	1	29	13	9	24	1	9	1	62	3	163
90	智教院	茨城県常陸太田市町屋町	1		1		1			18	10			5	2	18		56
91	東聖寺	茨城県ひたち中市稲田町					4	15	10	56	3	3	2	8	1	24		126
92	大雄院	茨城県日立市宮田町	65				4	2		12	1	1		4		25		114
93	日輪寺	茨城県日立市森山町					4	4	1	45	5		1	6		35	5	106
94	常林寺	茨城県八郷町柿岡	19				35	6	81	7	3	13	8	11	15	5	2	205
95	清涼寺	茨城県石岡市国府町	24		1		12	14	64	20	13	8	5	5	16	21	4	207
96	等覚寺	茨城県土浦市大手町					5	8	2	19	5	26	3	9	21	26	11	135
97	沖州共同墓地	茨城県玉造町沖州		1	1	1	10	3	106	12	6		6	12		4		162
98	無量寿寺他	茨城県鉾田市鳥栖町	2				1	5	9	9	2	3	1	5	4		2	43
99	三光院	茨城県鉾田市鉾田町					14	8	8	11		6	5	5	3		6	66
100	寿量寺	茨城県美浦村受領	1				19	10	11	9	10	4		4	4	1	7	80
101	大統寺	茨城県竜ヶ崎市横町	3	9	4		25	28	20	19	9	2	19	12				150
102	西泉寺	茨城県稲敷市桑山町	1		1	2	17	9	1	9	7	6	2	3	3	1	3	65
103	普門寺	千葉県野田市下三ケ尾町	16				9	7	9	20	16	1	1		1		1	81
104	持法院	千葉県柏市藤ケ谷町			2		35	7	37	31	7	1	6	7	7			140
105	東大寺	千葉県印西市平岡町		2	1		12	6	11	19	15	2	2	6	8		4	88
106	海隣寺	千葉県佐倉市海隣寺町			1		18	8	15	34	27	13	4	13	6	1	3	143
107	神光寺	千葉県成田市野毛平町				1	4		2	12	11	3		6	4		3	46
108	法界寺	千葉県佐原市佐原町	3	2	2		8	4	34	34	1	25	4	13	5	7	6	148
109	妙福寺	千葉県銚子市妙見町		6		1	9	2	6	40	13	17	3	20	13	7	4	141
110	長興禅院	千葉県大栄町伊能				14	31	16	22	23	2	6		27	3		1	145
111	光明寺	千葉県成東市富田町					29	18	11	19	6	8	3	1	1			96
112	東榮寺	千葉県八日市場市若潮町		1	1	10	40	12	12	13	3	30	3	25	12		6	168
113	藻原寺	千葉県茂原市中部町		1	7		1		17	23	9	3	22	21	10	1	3	118
114	上行寺	千葉県夷隅町万木					3		11	18	22	3	5	5	3		1	71
115	法華経寺	千葉県市川市中山町		2	1		7	1	64	34	19	3	2	12	6		1	152
116	金光院	千葉県千葉市若菜区金親町	4	6			17	28	39	30	19		7	8	4			162
117	守永寺	千葉県市原市五井中央町	2				11	8	10	10	5							46
118	医光寺	千葉県市原市西国吉町	9		2		14	2	9	8	8		3	1			1	57
119	圓明院	千葉県市原市下矢田町	17			1	29	5	11	38	8		6	2	3		1	121
120	正原寺	千葉県久留里町久留里	9		2		2	9	18	10	7							57
121	松翁院	千葉県富津市竹岡町					28	29	19	20	18	1	5	3	3		1	127
122	妙典寺	千葉県鋸南町吉浜		3	1				39	11	3	7	79	1	3			147
123	三福寺	千葉県館山市館山町	2				11	11	3	24	12	26	6	26	11			132
124	本覚寺	千葉県鴨川市貝渚町	1				19	14	8	14	6	15	3	15	16	8	7	126

125 慈眼寺	東京都足立区千住	1	5	4		38	27	20	18	14	6	10	18	6		1	168
126 蓮花寺	東京都墨田区向島	3	6	2		21	19	45	14	9	1	13	16	11		5	165
127 寛永寺他	東京都台東区上野桜木他	15	7	12		8	1	6	9	2	6	30	1	7		1	105
128 極楽寺	東京都八王子市横山町	5		4		13	2	12	23	5	6	38	17	25			150
129 大悲願寺	東京都あきる野市横沢町	1	30	1		36	2	24	47	10	1	1	34	17		13	217
130 梅岩寺	東京都東村山市久米川町	19	1	2		21	15	37	43	37	5	5	15	14		6	220
131 西蔵院	東京都府中市是政町	8	1	1		10	7	25	65	7	8					1	133
132 善福寺	東京都杉並区善福寺町	8				34	13	34	42	30	4		3				168
133 薬王寺	東京都港区三田								8	3	9	6	6	7		2	41
134 本門寺	東京都大田区池上	1	3	11				14	28	11	8	32	6	1	1	1	117
135 妙延寺	東京都町田市森野町	5	3	4		3		53	53	6	3	7		1		3	141
136 常安寺	神奈川県川崎市麻生区下麻生		1			5	1	35	28	2	9	8		3		1	93
137 常楽寺	神奈川県川崎市中原区等々力		50			41	13	31	21	17	19	5	5	3			205
138 無量光寺	神奈川県相模原市当麻町	3	8	3		29	4	33	97	3	5	1	4	2		2	194
139 常真寺	神奈川県横浜市港北区新吉田		1			13	1	26	18	9	3	4	1				76
140 西福寺	神奈川県横浜市瀬谷区橋戸	6	1			15	8	30	22	3	4			1		1	91
141 長昌寺	神奈川県横浜市旭区さちが丘					5	8	13	23	7	5		2	1		3	67
142 貞昌院	神奈川県横浜市港区上長谷					27	24	16	43	21	7	1	1	6		5	151
143 九品寺	神奈川県鎌倉市材木座町					47	9	17	32	26	6	6	3	4		2	152
144 広沢寺	神奈川県厚木市広沢町	17	4			13	6	30	21		11		1	3	10	2	118
145 妙純寺	神奈川県厚木市金田町		1	1	1	3		18	52	7	15	14	2	3	1	6	124
146 建徳寺	神奈川県厚木市金田町	16				10	10	23	31	1	3	2		2			98
147 無量寺	神奈川県伊勢原市岡崎町	1		2		20	3	42	47	3	4		1	1	1		125
148 浄徳院	神奈川県秦野市菖蒲町	12				2	2	31	17		6	2		9	2		83
149 蓮光寺	神奈川県綾瀬市南棚下町	14	2	7		55	12	48	31	3	4	16		1		1	194
150 薬師院	神奈川県平塚市平塚町					18	4	35	40	3	13		1	6		6	126
		934	357	289	456	2463	1230	3513	4234	1605	2024	1661	1084	1104	1429	527	22910

巻末資料4　墓石型式年代推移

型式＼年号	1600～9	1610～19	1620～29	1630～39	1640～49	1650～59	1660～69	1670～79	1680～89	1690～99	1700～9	1710～19	1720～29	1730～39	1740～49	1750～59	1760～69	1770～79	1780～89	1790～99	1800～9	1810～19	1820～29	1830～39	1840～49	1850～59	1860～69	1870～79	計
墓石B	3	3	6	5	10	17	31	25	12	16	16	17	7	7	11	6	12	6	4	3	5	2	2	5	2	1	3		237
墓石C	3	2	15	31	11	22	27	15	13	18	15	15	19	12	5	5	2	3	1	1		3	2	1					241
墓石G		2	15	17	29	54	187	224	242	330	303	289	192	145	148	73	38	42	15	9	9	4	3	1	1	1			2373
墓石E			2	3	7	13	56	103	154	182	167	197	169	115	163	128	94	71	41	46	32	18	12	9	7	6	3	1	1799
墓石F				1	1	3	10	51	67	113	100	116	95	66	78	64	61	56	30	23	18	6	9	4	2	3	2		979
墓石H					1	5	8	25	31	51	96	213	267	322	347	385	340	350	313	232	240	174	135	98	76	67	37		3813
墓石I						1		3	7	4	7	17	40	38	74	88	125	129	134	133	145	133	108	111	63	58	39	2	1459
墓石J						2	1	6	8	6	20	33	40	42	71	107	100	163	159	122	180	167	143	131	88	66	51	8	1714
墓石L								1	4	1	8	11	7	10	13	23	26	30	27	61	75	97	106	142	98	89	55	3	887
墓石M												1	1	1		4	5	17	11	16	30	60	66	100	123	158	182	47	822
墓石K	1		1	2	2	4	21	42	51	76	78	91	92	99	102	79	66	78	79	67	72	55	52	44	35	33	24	1	1347
墓石A		1		1	1		6	4	9	9	20	19	16	15	24	19	21	18	12	16	18	11	7	12	5	6	8	2	280
墓石D			6	5	3	6	6	13	11	14	17	14	7	5	3	1			1		2	2	1						117
墓石N	2		2	5	3	13	17	13	24	23	44	58	71	61	64	46	37	58	55	38	40	33	22	33	23	26	39	2	852
墓石O					3	1	1	3	3	7	13	7	17	12	15	10	12	23	20	13	28	25	29	35	33	38	41	17	406
計	9	8	47	70	71	141	371	528	636	850	904	1098	1040	950	1118	1038	939	1044	902	780	894	790	697	726	556	552	484	83	17326

巻末資料5　墓石型式年代推移一覧

寺院名＼年号	1600～9	1610～19	1620～29	1630～39	1640～49	1650～59	1660～69	1670～79	1680～89	1690～99	1700～9	1710～19	1720～29	1730～39	1740～49	1750～59	1760～69	1770～79	1780～89	1790～99	1800～9	1810～19	1820～29	1830～39	1840～49	1850～59	1860～69	1870～79	計
1 西光寺						2	3			2	3	6	4	4	9	8	4	2	6	6	4	1	8	6	3	4	3		88
2 専称寺				1	2	2	1			2		2	3	4	4	3	7	7	1	4	7	1	4	2	1	2	1		61
3 法輪寺						1			1	3	4	6	5	4	2	3	3	9	6	4	1	1	3	1	2	2	3		64
4 善念寺				1		3	3	1	3	6	3	6	4	6	7	10	4	4	7	6	4	6	5	2	5	4	4		104
5 洞泉院								2	4		6	8	5		6	5	3	3	4	5	7	13	6	4	6	4	4		95
6 龍光寺					2	2	1	1	1	6	2	2	3	8	1	4	3	4	4	3	4	6	5	5	4	5	3		79
7 浄蓮寺									1						2		1	1	6	5	6	4	4	2	1	2	2		37
8 慈眼寺							2			1	2	1	2	1	5	2	2	3	5	3	6	4	3	9	6	2	7		66
9 荘厳寺							1	3	3	1	8	5	5	3	3	2	1	1	1		1			1	2		1		42
10 成高寺	1		1				1	1	3	2	1	2	3	8	3	7		3	3	1	4	2	4	3	8	8	9		78
11 龍蟠寺						1						1		2		3			3		3	3	5	1	4	4	1		31
12 満願寺							1	1	2		2	5	5		5	2	1	7	4	2	7	4	5	3	3	5	2		66
13 壬生寺								1	1	4	3		3	1	5	3	3	6	6	3	2	1	3	1	1	1			48
14 天翁寺			2	2	1		3		4	8	7	2	9	3	4	12	4	8	5	7	4	3	1	2	3	5	1		100
15 圓通寺						1	4	4	10	5	6	7	8	6	11	3	6	6	2	3	6	5	1	2	1	1	2		100
16 恵生院								3	4	7	2	4	3		3	3	2	3	3	4	7	5	4	6	3	1	3		70
17 福厳寺				2			2	1	8	6	3	5	10	10	10	7	12	17	12	12	11	4	11	5	4	1	1		154
18 成就院						2	2	3	3	8	6	7	7	9	17	14	7	10	15	16	10	3	6	4		2			151
19 善長寺			1		1		6	5	3	3	5	15	14	13	16	21	14	13	5	10	10	5	6	3	1	4	1		175
20 浄運寺				1		4	2	1	4	5	8	5	8	4	10	11	17	5	19	9	5	5		5	5	2	3		138
21 明王院							4	9	3	8	12	17	5	8	14	19	14	14	8	6	9	5	8	8	10	3	7		191

22 龍得寺				2		1	1	2	4	4	7	11	9	6	9	7	8	11	10	8	8	2	3	1	1		3		118
23 大聖寺							1	1	2	2	14	7	11	6	15	7	13	12	19	10	6	6	4	4	1	1	1		143
24 南光寺				1			2	1	1	2	9	11	14	3	8	12	7	19	10	3	3	5	4	4	4	4	2		129
25 長善寺			1		1	1	2	2	1	9	4	12	10	11	5	5	2	7	5	1	2	1	3	2		2	2		91
26 石原寺							4	3	3	6	3	11	9	19	8	9	4	6	4	3	6	3		2	2	1	2		108
27 日輪寺							1	3	2	3	8	3	5	4	6	7	4	8	9	7	10	6	10	5	13	6	2		122
28 善勝寺			2		1	1	3	3	6	9	12	13	9	18	15	12	12	12	4	6	6	2	4	1	3	6			160
29 大圓寺			1	2	3		5	4	7	4	16	15	10	19	16	27	12	9	8	7	11	9	4	9	1	1	5		205
30 大信寺				1		1	6	8	7	7	9	8	6	6	6	11	7	13	11	9	8	5	14	7	3	1	6		160
31 常楽寺				2	2	4	3	7	1	9	15	12	20	15	16	21	19	24	16	11	16	12	11	12	8	6	9		271
32 龍泉寺							1	6	3	3	7	8	12	28	17	21	23	27	20	12	15	16	13	14	10	9	5	3	273
33 九品寺						2	4	7	3	8	16	28	30	37	24	34	27	33	38	25	42	32	24	21	14	22	7		478
34 天龍護国寺						1		2	2	2	4	9	9	16	21	11	12	11	14	2	7	7	6	5	3	8	2		154
35 光明寺				1			3	1	1		2	2	5	4	2	2	7	10	10	3	8	11	2	7	6	2	5		94
36 全透院			2	1	1	3	3	5	4	8	2	5	10	5	14	17	9	9	18	6	6	5	8	4	3	2	2		152
37 北野寺								1	1	2		1	4	2	8	1	1	3	2	2	2	3	1	1	4	2	5		46
38 補陀寺			2				1	9	4	6	17	19	20	13	19	13	14	20	26	18	17	5	2	1	2	1	3		232
39 今宮寺						1	2	5	2	6	9	11	9	9	23	11	18	19	14	13	20	15	16	16	8	16	14	19	276
40 高原禅寺							4	5	4	10	12	13	17	22	21	27	23	34	39	24	17	19	11	20	15	17	25	44	423
41 常住寺							2	1	7	9	6	18	23	15	24	12	12	11	12	17	10	11	9	9	2	10	11		231
42 興国禅寺						1	3	6	7	13	10	21	15	11	23	19	15	12	18	12	11	9	7	10	8	6	8		245
43 光明寺					1	2	8	7	10	12	6	17	17	11	10	14	12	18	12	14	7	10	14	11	17	9	9		248
44 長松寺				1			2	3	10	6	8	10	6	13	11	16	12	11	7	14	6	11	2	3	2	2	1		157
45 龍淵寺		1	3	2		6	6	5	1	1	5	3	5	4	3	4	1		3	2	3	3	8	4	3	2	3		81
46 正光寺						1	1	6	5	5	5	13	12	9	7	8	5	10	5	13	8	4	4	3	4	4	5	1	138
47 満福寺					1		3	3	5	9	7	12	14	16	6	12	6	12	11	5	5	8	7	12	9	5			168
48 光明寺	1					1	1	2	2	1	1	3	2	10	6	10	4	12	6	13	7	7	7	4	6	3	5		114
49 保泉寺								1	1	1	2	4	7	5	7	6	7	6	2	7	12	7	5	12	4	4	7		107
50 大梅寺							1	5	2	9	9	10	4	10	13	7	6	9	9	7	4	8	7	9	9	12	10		160
51 浄空院	1	2		1		2	6	5	3	4	4	10	6	5	6	2	4	7		2	9	7	5	4	4	7	6	2	114
52 妙玄寺						1	2	2	3	5	5	3	3	7	6	5	7	9	5	4	15	4	8	10	6	5	9		124
53 養竹禅院				2	3	1	4	8	7	10	3	9	21	7	14	11	18	9	14	10	8	12	9	8	6	4	2		200
54 勝願寺	2	2	3	1	3	9	12	10	12	11	28	15	20	23	21	24	9	15	9	5	10	7	7	9	10	6	3		286
55 雲祥寺	2			2			2	8	11	6	6	9	7	18	22	19	17	13	13	5	9	11	8	14	2	6	7	1	218
56 無量寺			1	2		3	3	4	3	9	4	16	12	8	14	10	9	9	9	3	4	5	4	2	2	2			138
57 養性寺							2	4	8	14	9	6	8	6	7	3	4	5	5	7	4	2	4	3	2	2	1		106
58 歓喜院			1				6		5	6	6	5	9	6	9	6	6	6	2	1	1	3	1	3	1		2		85
59 女楽院						2		7	2	2	1	4	5	4	1	2	7	5	5	2		5			3	2			59
60 報土院				3		1	2	2	2	14	3	3	3	1	5	5	3	1	2	6	3	3	2	2	2	3	2		73
61 長寿寺							1	2	2	2	5	7	4	6	2	2	5	4	3	1	1	6	2	5	3		1		64
62 東光寺					1	3	8	10	6	7	9	20	18	17	14	17	14	15	17	12	13	18	14	20	17	20	13		303
63 瑞巌寺					1	2	2	1	6	10	2	9	16	9	22	10	12	13	6	3	6	14	5	5	6	4	10		174
64 大仙寺			1		1	1	3	2	10	5	8	13	4	5	14	13	6	10	8	6	9	7	9	10	6		2	4	157
65 多聞院				1			1	1	2	3	3	1	4	7	3	5	5	5	3	1	2	1	3	3		1	1		56
66 三学院			2	2		8	13	12	13	8	24	20	16	9	15	7	8	7	15	4	3	4	2	4	2	3	1	2	204
67 全棟寺				3	2	3	6	10	13	8	11	13	10	9	6	8	8	7	3	5	7		2	2		4	3	3	146
68 東福寺				3	2	2	9	5	9	8	10	7	7	12	13	6	8	3	5	2	4	2	2	6	5	9	5		144
69 正定寺			2	2		3	8	1	6	7	2	7	5	7	13	7	7	7	3	5	7	7	4	1	2		1		114
70 永光寺			2						2	6	3	6	10	5	3	1	4			4	1	5	2	4	1	2	2		63
71 常繁寺					2		5	6	9	8	10	7	4	3	4	7	6	6	4	4	6	3	2	5	3	3			107

72 下陵共同墓地					1		2	3	7	8	3	3	7	4	4	7	5	2	1	1	4		2	3	3				70
73 阿弥陀寺			2	1		2	3	5	1	3	1	1		1	3			2	1	2	3	2	1	3	2				39
74 弘経寺					1	2	14	11	15	12	22	16	9	3	5	4	1	4	2	1	4	4	3	1	1	1	1		137
75 多宝院他			1	1			3	2	3	5	7	7	10		3	1	3	6	1	3	4	4	2	2	6	6	2		82
76 興正寺				1		1	3	11	4	4	13	12	8	6	4	2	2	1	4	2	2	4	1	3	2	3	3		96
77 定林寺						1	2	2	5	7	5	6	6	1	3	6	4	2	1	2	5	3	2	1	5	1	2		72
78 積善院他					1	4	1	2	5	4	3	2	1	5	4	5		3	2	1	2	6	3	4	3	2	3		66
79 密弘寺					1		1			1	3		1	1		2			1	1	4		7	3	2	2	6		36
80 龍勝寺													3	2	3	1	4	5	4		1	6	3	5		4	1		42
81 長禅寺墓地							5	6	10	17	15	17	14	6	8	6	8	2	3	5	8	5	3	2	4	2	3		149
82 長福寺										1	3	7	5	1	6	1	4	4	1	1	8	2	1	5	1				51
83 常安寺									3	1	3	7	6	6	3	3	4	6	5	4	2	11		4	2	4	2		76
84 大山寺			1						1	1	1	2	2	2	4		2	1	2		4		3	8	3	5	1		43
85 神応寺					1	1		1	3	3	7	9	3	3	3	7	6	8	5	3	13	13	13	10	8	8	5		133
86 七ケ寺									1	1		1		2				1	1	1	1	2	3	4	9	14	11		52
87 華蔵院						2	2	7	2	3	5	9	2	7	7	9	7	7	4	4	6	5	5	7	6	4	4		114
88 盛岸寺			2			5	4	1	3		4	3	4	3	5	8	3	7	8	6	13	6	3	7	7	3	7		112
89 唯信寺							1	1		3	4	2		1	2		1		1	2	3	7	1	7	3	2	3		44
90 智教院											2	2	1	5	2	1	1	5	2	4	4	3	1	6	1	3	6		49
91 東聖寺								6	6	4	6	5	7	3	4	6	8	7	8	5	7	8	7	8	3	1	3	1	113
92 大雄院								1							1	2	2	2	1	3	2	3	5	2	1		3		28
93 日輪寺								2	1	5	4	2		1	6	3	6	7	11	7	5	5	6	4	6	5	7		93
94 常林寺					3		3	6	3	6	2	3		1		1	3	4	1	4	5	5	4	4	4	2	1		65
95 清涼寺						1	3	5	8	16	4	5	6	4	6	8	7	2	6	5	2	5	2	4	4	4	4		111
96 等覚寺									1	2		2	6	5	5	6	8	9	11	2	7	8	8	4	1	10	5		100
97 沖州共同墓地						1	2	8	6	16	10	14	8	3	6	3	1	2	5	2	2	6	3	2	1	1	1		103
98 無量寿寺他									1	1	1	4	4	3		3	3			2	4		4				2		32
99 三光院					3	1	1	3	2	4	4	2	5	5	3	3	3	2	2	2	1	1	1	2	1				51
100 寿量寺						1	1	2	2	5	1	2	4	2	5	6	4	3	2	4	7	2	3	5	1	3	1		66
101 大統寺			1		2	2	10	17	5	11	11	12	14	6	9	5	3	7	5	4	6	5	4	4	5	2			150
102 西泉寺								2	1	2	6	5	4	1	6	4	4	6	1	2	3	1	4	2	1		1		56
103 普門寺							1	2	3	2	3	4	5	9	2	5	3	4	5	2	4	3	3	4	1		1		66
104 持法院				4		2	5	10	10	8	12	9	12	4	8	13	13	3	3	8	3	3	2	5		2	1		140
105 東大寺							3	3	2	2	6	9	5	1	8	3	5	9	7	2	6	6	4	3	3	2	2	1	92
106 海隣寺				1			4	3	10	3	3	7	13	5	10	6	4	7	5	9	4	11	15	7	5	8	4		144
107 神光寺										1				1		1	1	3	6	5	3	4	3	4	7	3	2		44
108 法界寺	1			3		3	12	5	5	10	11	11	9	9	8	5	5	9	5	6	2	6	4	9	3	2			143
109 妙福寺										1	1	8	11	7	8	12	8	5	3	2	7	4	7	5	3	4	1		97
110 長興禅院					1	1	5	7	7	11	17	8	8	3	9	4	4	6	6	11	3	7	6		2	3	3		132
111 光明寺					1	1		2	3	4	9	6	6		2	8	6	4		2	2	2				1			59
112 東榮寺						1	1	6	9	13	4	9	12	12	6	11	7	5	10	3	7	6	3	5	3	5	1		139
113 藻原寺					1			3	4	11	8	10	4	5	4	4	4	7	3	5	5	3	4	4	3	4	2		98
114 上行寺							1		2	4	5	4	7	6	4	4	1	4		5	6	1	3	4	3	2	1		67
115 法華経寺			4	2	2	1	6	4	9	15	8	16	11	9	16	8	4	11	3	3	3	3	3	3	3	4			151
116 金光院					3	3	4	3	7	10	11	3	4	8	8	7	3	10	3	3	3	5	6	6	2	1	3		116
117 守永寺						1		6		4	7	3	3	5	4	2	2	3	1	3				1					45
118 医光寺				1	1			1	2	2	6	7	5	3	1			1	1	2	3	4		1					41
119 圓明院							3	4	9	8	2	2	8	4	10	6	8	5		5	5	3	1	2		1	1		87
120 正原寺			1		1	1		2	2	7	1	1		1	6	1	2	2	1	3	1	2			1		1		37
121 松翁院								1	7	6	4	8	7	5	8	12	11	10	11	10	5	8	4	1	3				121

122 妙典寺							1	4	2	6		1	2	4	2	5	1	10	9	6	7	3	4	3	6	3	1		80
123 三福寺									2		3	3	4	4	5	6	8	5	6	3	12	11	15	8	8	3	4		110
124 本覚寺								1	1	2	5	2	1	5	4	2	8	8	5	6	4	7	3	6	4	3	2		79
125 慈眼寺					1		3	8	6	17	17	12	10	8	8	11	7	9	7	7	5	3	3	4	2	9	5		162
126 蓮花寺			1	2			2	6	11	12	15	11	9	9	11	8	9	7	4	7	2	2	3	3	4	1	2		141
127 寛永寺他				2	2	3	3	10	5	7	4	2	3	5	5	5	5	3	5	3	5	1	3	2	2	3	4		92
128 極楽寺							1	1	7	9	9	6	5	2	8	3	7	3	1	8	6	3	3	3	4	9	7		105
129 大悲願寺			1				5		4	8	1	7	2	4	5	1	9	4	2	6	3	3	6	7	4	3	7		92
130 梅岩寺					1		2	9	10	8	6	9	7	11	13	12	17	12	7	8	12	4	9	15	3	5	4		184
131 西蔵院				1				13	4	9	6	8	5	5	8	3	10	7	7	2	7	7	4	3	2	3			114
132 善福寺						1	3	2	4	16	10	6	13	11	9	5	8	9	7	9	7	7	4	2	7	3	3		146
133 薬王寺										1		1	1			2	2	2	1		3	1		6	4	6	5		35
134 本門寺		2	5	3	6	2	4	4	14	9	12	5	4	7	1	5	3	6	2	3	2	6		1	2	3	1		112
135 妙延寺					1	2	1	4	4	6	4	3	4	2	7	4	1	4	6	6	7	2	7	4	3	4	3		89
136 常安寺			1					2	6	7	3	4	1	2	3	3	5	4	2	3	1	4	3	2	3	2	3	2	66
137 常楽寺				2		5	17	18	19	14	15	23	10	4	13	6	13	4	5	9	6	4	5	3	3	6	1		205
138 無量光寺				1	1	1		1	4	7	8	16	7	3	12	12	9	5	5	8	13	11	8	4	7	1			144
139 常真寺	1				1		4	4	8	4	7	8	6	3	4	3	7	4	4		1		2	3	1	1			76
140 西福寺							1	1	8	6	3	1	4	6	7	1	4	4	1	4	1	1	2	3	2	6			66
141 長昌寺							1		2	5	6	6	3	1	3	1	1	3	1	3	2	6	4	4	2		1		55
142 貞昌院							1	3	3	6	5	14	7	11	2	4	7	9	4	1	10	4	4	10	8	3	5		121
143 九品寺							2	2	3	6	6	11	8	9	2	7	3	3	2	3	5	5	5	7	4	8	3		104
144 広沢寺						1	1	1	3	3	7	9	7	5	3	6	1	4	3	3	8	5	3	1	2	4	2		82
145 妙純寺								1	1	1	3	4	7	6	5	3	7	5	3	1	9	6	7	4		4	11		88
146 建徳寺							1			5	4	5		3	1	1	2		3	2	1	3	1	1			2		35
147 無量寺							1		2	3	3	9	8	5	1	6	3	2	1	10	3	4	1	4	2	1			69
148 浄徳院								3	3	2		3		2	6	3		4	1	4	2	3	6	1	4	4	3		54
149 蓮光寺		1		3	3	2	6	10	9	5	5	6	9	7	12	7	5	6	5	3	8	4	8	8	1	4	1		138
150 薬師院					1	1	1	3	2	2	5	10	1	1	2	3	2	3		3	5	8	1	6	3	7	5		75
合計	9	8	47	70	71	141	371	527	637	850	904	1098	1040	950	1118	1038	939	1044	902	780	894	790	697	726	556	552	484	83	17326

巻末資料６

墓石石材占有率

	寺院名	所在地	石材名と利用率																			備考
			調査数	西湘伊豆	七沢石	利根川流域石材	芦野石	宇都宮周辺凝灰岩	岩舟石	秋間石	牛伏砂岩	椚石	荒川流域結晶片岩	伊奈石	筑波山周辺花崗岩	筑波山麓黒色変岩	町屋蛇紋岩	飯岡石	房州石	転石	その他	
1	西光寺	栃木県那須町芦野	288				100															
2	専称寺	栃木県那須町伊王野	73				100															
3	法輪寺	栃木県那須町佐良土	171	2,4			36,8													50,3	10,5	(部分)
4	善念寺	栃木県烏山町金井	181	2,8				1,7	0,5								3,3			81,2	10,5	(部分)
5	洞泉院	栃木県大田原市山の手	95	27,4			18,9	2,1												1,1	50,5	安山岩は那須火山依存分を含む
6	龍光寺	栃木県喜連川町本町	163	5,5				53,4									1,8			23,3	16,0	
7	浄蓮寺	栃木県高根沢町上高根沢	107	0,9				94,4									2,8				1,9	
8	慈眼寺	栃木県市貝町赤羽	126	2,4	0,8			73,8	0,8								9,5			8,7	4,0	
9	荘厳寺	栃木県真岡市寺内町	84	42,9	3,6			17,9	5,9						29,7							
10	成高寺	栃木県宇都宮市塙田町	148	6,1				87,1									6,8					
11	龍蟠寺	栃木県鹿沼市寺前町	170					97,6									2,4					
12	満願寺	栃木県上三川町東蓼沼	165	20,0				72,8	1,2						1,8		3,6			0,6		(部分)
13	壬生寺	栃木県壬生町壬生	63	52,1		1,9		42,9									3,1					
14	天翁寺	栃木県小山市本郷町	130	60,8	16,2	9,2		3,8	1,5											2,3	6,2	
15	圓通寺	栃木県栃木市城内町	126	59,5	15,9			7,1	11,9												5,6	
16	恵生院	栃木県岩舟町山の腰	147	20,4	21,0	0,7			56,5												1,4	(部分)
17	福厳寺	栃木県足利市緑町	170	6,5	14,1	76,5															2,9	(部分) その他は砂岩等を含む
18	成就院	群馬県大泉町城之内	164	39,0	15,2	36,6															9,2	その他には砂岩含む
19	善長寺	群馬県館林市当郷町	174	77,0	17,8	2,3															2,9	(無縁部分) その他は砂岩
20	浄運寺	群馬県桐生市本町	138	13,1		86,9																(部分)
21	明王院	群馬県尾島町安養寺	190	41,6	17,4	37,9															3,1	(部分) その他は角礫岩を含む
22	龍得寺	群馬県新田町上江田	150	3,3	0,7	91,3														0,7	4,0	(部分) その他は角砂礫岩等
23	大聖寺	群馬県伊勢崎市大正寺町	156	0,6		93,0							4,5							0,6	1,3	(部分) その他は砂岩、転石等

	寺院名	所在地	石材名と利用率																			備考
			調査数	西湘伊豆	七沢石	利根川流域石材	芦野石	宇都宮周辺凝灰岩	岩舟石	秋間石	牛伏砂岩	椚石	荒川流域結晶片岩	伊奈石	筑波山周辺花崗岩	筑波山麓黒色変岩	町屋蛇紋岩	飯岡石	房州石	転石	その他	
24	南光寺	群馬県笠懸町阿佐見	159	3,2		95,6														0,6	0,6	
25	長善寺	群馬県大胡町大胡	110			100																(部分
26	石原寺	群馬県渋川市石原町	154			96,8				0,6											2,6	(部分)
27	日輪寺	群馬県前橋市日輪寺町	138	0,7		98,6														0,7		
28	善勝寺	群馬県前橋市端気町	180			99,4														0,6		
29	大圓寺	群馬県群馬町保渡田	353			98,8				0,3										0,6	0,3	(部分)
30	大信寺	群馬県高崎市通町	236	2,5		95,4				1,3			0,4								0,4	(部分)
31	常楽寺	群馬県玉村町五料	306			97,7				0,7										1,3	0,3	
32	龍泉寺	群馬県高崎市正観寺町	391			99,2				0,8												
33	九品寺	群馬県高崎市倉賀野町	645	1,2		90,2				4,1	2,3										2,2	
34	天龍護国寺	群馬県高崎市上並榎町	180			88,9				7,2										3,9		(部分)その他には転石、多孔質角閃石安山岩含む
35	光明寺	群馬県榛名町中里見	145			61,4				32,4										2,8	3,4	
36	全透院	群馬県倉渕村水沼	199			100																
37	北野寺	群馬県安中市後閑町	68			2,9				95,6											1,5	
38	浦陀寺	群馬県松井田町新堀	327			63,0														32,4	4,6	その他は角礫岩等
39	今宮寺	群馬県甘楽町上野	364			22,0					78,0											
40	高原禅寺	群馬県藤岡市東平井町	598			50,2				9,7	40,1											
41	常住寺	群馬県下仁田町東町	238			0,9					2,1	88,2								3,8	5,0	(部分) その他は砂岩、角礫岩
42	興国禅寺	埼玉県上里町下郷	273	0,7		77,7				7,3	13,6		0,7									
43	光明寺	埼玉県神川町新里	270	1,5	0,4	82,9				3,3	8,9		3,0									
44	長松寺	埼玉県本庄市小島町	175	4,6	3,4	83,4				2,3	5,7										0,6	(部分)
45	龍淵寺	埼玉県熊谷市上之町	85	65,9	8,2	25,9																
46	正光寺	埼玉県熊谷市大麻生	151	60,9	9,3	25,1				2,0			0,7								2,0	その他は転石
47	満福寺	埼玉県川本町畠山	173	22,5	13,9	42,8				1,2			1,7							6,9	11,0	(部分その他は荒川転石を含む

	寺院名	所在地	石材名と利用率																			備考
			調査数	西湘伊豆	七沢石	利根川流域石材	芦野石	宇都宮周辺凝灰岩	岩舟石	秋間石	牛伏砂岩	椚石	荒川流域結晶片岩	伊奈石	筑波山周辺花崗岩	筑波山麓黒色変岩	町屋蛇紋岩	飯岡石	房州石	転石	その他	
48	光明寺	埼玉県長瀞町野上下郷	123	24,4									52,8							9,8	6,5	その他は荒川転石を含む
49	保泉寺	埼玉県江南町高根	131	32,8	27,4	6,9				0,8			31,3								0,8	(部分)
50	大梅寺	埼玉県小川町大塚	164	25,0	17,7	9,2				0,6			39,0	6,7							1,8	
51	浄空院	埼玉県嵐山町上唐子	126	50,0	9,5	11,9							15,9	12,7								
52	妙玄寺	埼玉県毛呂山町毛呂本郷	131	30,5	38,1	3,8				0,8			11,5	8,4							6,9	(部分)
53	養竹禅院	埼玉県川島町表	205	63,9	20,5	15,1															0,5	
54	勝願寺	埼玉県鴻巣市本町	291	81,8	16,5	0,3							0,7								0,7	(部分)
55	雲祥寺	埼玉県川里町境	223	71,8	24,3	3,1								0,4							0,4	(部分)
56	無量寺	埼玉県羽生市今泉町	135	80,0	11,9	7,4															0,7	(部分)
57	養性寺	埼玉県北川辺町柳生	110	73,7	23,6																2,7	
58	歓喜院	埼玉県久喜市上早見	87	76,0	14,9	8,0															1,1	
59	女楽院	埼玉県春日部市粕壁	59	83,1	11,9	3,3															1,7	
60	報土院	埼玉県越谷市登戸町	73	87,7	12,3																	
61	長寿寺	埼玉県日高市巾着田町	68	73,5	22,0									3,0							1,5	
62	東光寺	埼玉県入間市小谷田町	359	42,3	37,9									13,4						6,1	0,3	その他は入間川転石を含む
63	瑞巌寺	埼玉県所沢市山口町	205	61,0	34,6									3,4							1,0	(部分)
64	大仙寺	埼玉県志木市上宗岡町	159	52,2	35,2	12,0															0,6	
65	多聞院	埼玉県さいたま市丸ヶ崎町	60	75,0	25,0																	(部分)
66	三学院	埼玉県蕨市北町	205	93,7	6,3																	
67	全棟寺	埼玉県川口市東本郷	149	87,9	12,0																	(部分)
68	東福寺	埼玉県草加市神明	148	89,1	9,5																1,4	(部分)
69	正定寺	茨城県古河市大手町	124	83,9	15,3																0,8	(部分)
70	永光寺	茨城県三和町諸川	78	64,1	34,6																1,3	
71	常繁寺	茨城県猿島町逆井	135	83,7	15,6																0,7	

	寺院名	所在地	石材名と利用率																			備考
			調査数	西湘伊豆	七沢石	利根川流域石材	芦野石	宇都宮周辺凝灰岩	岩舟石	秋間石	牛伏砂岩	椚石	荒川流域結晶片岩	伊奈石	筑波山周辺花崗岩	筑波山麓黒色変岩	町屋蛇紋岩	飯岡石	房州石	転石	その他	
72	下陵共同墓地	茨城県境町染谷	83	67,5	32,5																	
73	阿弥陀寺	茨城県岩井市長須町	40	60,0	40,0																	(含周辺墓地)
74	弘経寺	茨城県水海道市豊岡町	240	92,5	5,0										1,3					0,4	0,8	
75	多宝院他	茨城県下妻市本宿町他	86	65,1	29,0										4,7						1,2	(部分)
76	興正寺	茨城県石下町本石下	139	79,1	10,8										8,6						1,4	(部分)
77	定林寺	茨城県筑西市岡芦町	128	49,2	9,4			0,8							22,7	11,7				3,1	3,1	(部分)
78	積善院他	茨城県筑西市黒子町	94	53,2	24,5			2,1							1,7						3,2	
79	密弘寺	茨城県真壁町真壁	196	1,0											80,6					17,9	0,5	
80	龍勝寺	茨城県つくば市小田町	357	4,2	2,5										53,0	34,7	0,8	4,5			0,3	
81	長禅寺	茨城県取手市新町	152	76,3	19,1																4,6	
82	長福寺	茨城県大子町頃藤	89														20,2			52,8	27,0	その他は転石と他
83	常安寺	茨城県常陸大宮市山方	149														14,8			21,4	63,8	その他は砂岩と転石
84	大山寺	茨城県城里町高根台	57		3,5												15,8			28,1	52,6	その他は砂岩と転石
85	神応寺	茨城県水戸市元山町	154	0,6											28,6		38,3	2,6		15,6	14,3	(部分)その他は転石と他
86	七ヶ寺	茨城県ひたち中市館山町	62	6,5											1,6		41,9			3,2	46,8	その他は海岸砂岩（飯岡石一部含む）
87	華蔵院	茨城県ひたちなか市栄町	176	8,0											9,7		21,6			9,7	51,1	その他は海岸砂岩等、(飯岡石一部含む)
88	盛岸寺	茨城県笠間市笠間町	151												55,7	37,0				7,3		(部分) その他には砂岩含む
89	光明寺	茨城県友部町太田	163	1,8				1,2							43,6	27,0	7,4			11,0	8,0	花崗岩に同石の転石含む
90	智教院	茨城県常陸太田市町屋	56														67,9				32,1	その他は転石
91	東聖寺	茨城県ひたちなか市稲田	126												8,7		49,2				42,1	その他は砂岩と転石
92	大雄院	茨城県日立市宮田町	114														49,1			21,9	29,0	その他は転石、石灰岩、砂岩
93	日輪寺	茨城県日立市森山町	106														51,0			33,0	16,0	その他は転石、石灰岩、砂岩、その他
94	常林寺	茨城県八郷町柿岡	205	19,5	1,0										67,8	2,4		6,8			2,5	(部分)
95	清涼寺	茨城県石岡市国府町	207	55,1	5,3										18,8	10,1		9,2			1,5	(部分)

	寺院名	所在地	石材名と利用率																			備考
			調査数	西湘伊豆	七沢石	利根川流域石材	芦野石	宇都宮周辺凝灰岩	岩舟石	秋間石	牛伏砂岩	椚石	荒川流域結晶片岩	伊奈石	筑波山周辺花崗岩	筑波山麓黒色変岩	町屋蛇紋岩	飯岡石	房州石	転石	その他	
96	等覚寺	茨城県土浦市大手町	135	45,9	28,1										3,0	11,9		7,4		3,7		
97	沖州共同墓地	茨城県玉造町沖洲	162	75,3	9,3											2,5	0,6	11,7			0,6	
98	無量寿寺他	茨城県鉾田町鳥栖	43	67,4	18,6													9,3			4,7	
99	三光院	茨城県鉾田町鉾田	66	98,5													1,5					
100	寿量院	茨城県美浦村受領	80	63,7	22,5											1,3		11,2			1,3	
101	大統寺	茨城県竜ヶ崎市横町	150	89,4	9,3													1,3				
102	西泉寺	茨城県稲敷市桑山	65	72,3	15,4											1,5		10,8				
103	普門寺	千葉県野田市下三ヶ尾	81	58,1	29,6	11,1															1,2	
104	持法院	千葉県柏市藤ヶ谷	140	87,1	10,0													2,9				(部分)
105	東大寺	千葉県印西市平岡町	88	69,4	26,1	1,1												1,1			2,3	(部分)
106	海隣寺	千葉県佐倉市海隣寺	143	79,0	16,1	0,7												3,5			0,7	
107	神光寺	千葉県成田市野毛平	46	34,8	63,0													2,2				
108	法界寺	千葉県佐原市佐原	148	81,0	12,2											3,4		0,7			2,7	
109	妙福寺	千葉県銚子市妙見町	141	39,7	18,4													34,9		4,3	0,7	(部分)
110	長興寺	千葉県大栄町伊能	145	64,8	20,0													13,8			1,4	
111	光明寺	千葉県成東市富田	96	61,4	5,2													9,4			24,0	その他は海岸性地石
112	東榮寺	千葉県八日市場市若潮町	168	66,1	26,2										0,6			6,5			0,6	(部分)
113	藻原寺	千葉県茂原市中部町	118	70,3	26,3										0,8					0,8	1,6	(部分)その他に転石含
114	上行寺	千葉県夷隅町万木	71	70,4	28,2																1,4	
115	法華経寺	千葉県市川市中山町	152	81,6	17,8																0,6	(部分)
116	金光院	千葉県千葉市若葉区金親町	162	85,2	14,8																	(部分)
117	守永寺	千葉県市原市五井町	46	91,3	8,7																	
118	医王寺	千葉県市原市西国吉町	57	87,7	10,5													1,8				
119	圓明院	千葉県市原市下矢田町	121	90,9	8,3																0,8	

	寺院名	所在地	墓石名と利用率																		備考
			調査数	西湘伊豆	七沢石	利根川流域石材	芦野石	宇都宮周辺凝灰岩	岩舟石	秋間石	牛伏砂岩	椚石	荒川流域結晶片岩	伊奈石	筑波山周辺花崗岩	筑波山麓黒色変岩	町屋蛇紋岩	飯岡石	房州石	転石	その他	
120	正原寺	千葉県久留里町久留里	57	85,9	5,3														1,8		7,0	(部分)
121	松翁院	千葉県富津市竹岡町	127	90,6	3,9														3,9		1,6	(部分)
122	妙典寺	千葉県鋸南町吉浜	147	20,4	3,4														76,2			
123	三福寺	千葉県館山市館山	132	56,9	37,1														3,0		3,0	その他に泥岩質砂岩含
124	本覚寺	千葉県鴨川市貝渚	126	5,6																6,3	88,1	その他に泥岩質砂岩。同転石含
125	慈眼寺	東京都足立区千住	168	92,9	5,3																1,8	
126	蓮花寺	東京都墨田区向島	165	92,7	6,7																0,6	
127	寛永寺他	東京都台東区上野桜木	105	95,2																	4,8	
128	極楽寺	東京都八王子市元横山町	150	30,7	57,3									11,3							0,7	
129	大悲願寺	東京都あきる野市	217	0,5										99,5								
130	梅岩寺	東京都東村山市久米川	220	59,1	36,8									3,2							0,9	(部分)
131	西蔵院	東京都府中市是政	133	51,9	47,4																0,7	(部分)
132	善福寺	東京都杉並区善福寺	168	62,5	33,3																4,2	
133	薬王寺	東京都港区三田	41	87,8	12,2																	
134	本門寺	東京都大田区池上	117	91,5	7,7								0,8									(部分)
135	妙延寺	東京都町田市森野町	141	12,8	79,4																7,8	
136	常安寺	神奈川県川崎市麻生区	93	36,6	63,4																	
137	常楽寺	神奈川県川崎市中原区	205	92,2	6,8																1,0	(部分)
138	無量光寺	神奈川県相模原市当麻	194	4,6	94,9									0,5								(部分)
139	常真寺	神奈川県横浜市港北区	76	94,7	1,3																4,0	
140	西福寺	神奈川県横浜市瀬谷区橋戸	91	30,8	69,2																	
141	長昌寺	神奈川県横浜市旭区さちが丘	67	47,8	52,2																	
142	貞昌院	神奈川県横浜市港南区上永谷	151	68,2	31,8																	
143	九品寺	神奈川県鎌倉市材木座	152	100																		

	寺院名	所在地	石材名と利用率																		備考
			調査数	西湘伊豆	七沢石	利根川流域石材	芦野石	宇都宮周辺凝灰岩	岩舟石	秋間石	牛伏砂岩	椚石	荒川流域結晶片岩	伊奈石	筑波山周辺花崗岩	筑波山麓黒色変岩	町屋蛇紋岩	飯岡石	房州石	転石	その他	
144	広沢寺	神奈川県厚木市七沢	118		91,6																8,4	
145	妙純寺	神奈川県厚木市金田	124	7,3	91,9															0,8		
146	建徳寺	神奈川県厚木市金田	98	10,2	89,8																	
147	無量寺	神奈川県伊勢原市岡崎	125	1,6	97,6															0,8		
148	浄徳院	神奈川県秦野市菖蒲	83	36,1	61,4															2,4		
149	蓮光寺	神奈川県綾瀬市南棚下	194	43,8	56,2																	
150	薬師院	神奈川県平塚市平塚町	126	34,1	65,9																	(部分)

【著者略歴】
秋 池　武（あきいけ　たけし）
1944年　群馬県下仁田町生まれ。
1967年　國學院大學文学部史学科（考古学）卒業
1977年　群馬県教育委員会事務局文化財保護課
1983年　㈶群馬県埋蔵文化財調査事業団調査研究部第二課長
1997年　群馬県立歴史博物館副館長
2001年　群馬県立文書館長
2002年　中央大学大学院にて博士（史学）学位取得
2005年　石川薫記念地域文化研究賞受賞
2009年　全国歴史資料保存利用機関連絡協議会会長

[主な著書・論文]
『中世の石材流通』(高志書院、2005年)「多胡碑の石材的検討」(『多胡碑と古代東アジア』共著・山川出版、2005)、『群馬の歴史散歩』(共著・山川出版社、1990年)、「関東管領山内上杉氏と牛伏砂岩・多孔質角閃石安山岩について」(『群馬の考古学』㈶群馬県埋蔵文化財調査事業団、1988年)、「利根川流域中世石造物石材流通と変遷」(『群馬県立歴史博物館紀要』第19号、群馬県立博物館　1998年)、「関東地方点紋緑泥片岩の分布と利用について」(『群馬県立歴史博物館紀要』第20号、群馬県立博物館、1999年)、「利根川流域における角閃石安山岩転石の分布と歴史的意義」(『群馬県立歴史博物館紀要』第21号、群馬県立博物館、2000年)

現住所
群馬県高崎市吉井町下長根233－1

近世の墓と石材流通

2010年5月25日第1刷発行

著　者　秋池　武
発行者　濱　久年
発行所　高志書院

〒101-0051 東京都千代田区神田神保町2-28-201
TEL03(5275)5591　FAX03(5275)5592
振替口座　00140-5-170436
http://www.koshi-s.jp

印刷・製本／亜細亜印刷株式会社

Printed in Japan ISBN978-4-86215-076-9